浙江省海洋发展系列丛书
浙江省海洋发展智库联盟

浙江近岸海域生态环境陆海统筹治理机制研究

胡求光　余璇　过梦倩　著

中国社会科学出版社

图书在版编目（CIP）数据

浙江近岸海域生态环境陆海统筹治理机制研究／胡求光等著．—北京：中国社会科学出版社，2023.5

（浙江省海洋发展系列丛书）

ISBN 978-7-5227-2333-4

Ⅰ.①浙…　Ⅱ.①胡…　Ⅲ.①海岸带—生态环境—环境综合整治—研究—浙江　Ⅳ.①X321.255

中国国家版本馆 CIP 数据核字（2023）第 139826 号

出 版 人	赵剑英
责任编辑	宫京蕾
责任校对	郝阳洋
责任印制	李寡寡

出　　版	中国社会科学出版社
社　　址	北京鼓楼西大街甲 158 号
邮　　编	100720
网　　址	http：//www.csspw.cn
发 行 部	010-84083685
门 市 部	010-84029450
经　　销	新华书店及其他书店

印刷装订	北京君升印刷有限公司
版　　次	2023 年 5 月第 1 版
印　　次	2023 年 5 月第 1 次印刷

开　　本	710×1000　1/16
印　　张	20.5
插　　页	2
字　　数	335 千字
定　　价	108.00 元

凡购买中国社会科学出版社图书，如有质量问题请与本社营销中心联系调换
电话：010-84083683

总　　序

　　海洋生态文明建设是美丽中国与海洋强国建设的重要组成部分。

　　海洋生态文明建设是一个复杂的系统工程，涉及海域使用、资源规划、环境保护、生态补偿等多个方面。同时，由于海洋具有区域范围广、流动性强的特点，海洋生态保护面临资源产权不清晰、污染责任难界定、环境治理成本高、生态产品价值难以实现等诸多现实问题，近岸海域环境污染、部分资源过度开发、海域使用冲突等问题长期未能得到有效解决。海洋已成为美丽中国建设的最大短板，而海洋生态损害也成为制约海洋强国建设的关键因素。鉴于此，推进海洋生态文明建设是当前生态建设工作的重中之重。

　　习近平书记高度重视海洋生态文明建设。早在 2003 年，时任浙江省委书记的习近平同志就提出，"治理修复海洋环境是一项造福子孙后代的大事，各级各地要高度重视这项工作"。2023 年 4 月，习近平总书记在广东考察时进一步强调："加强海洋生态文明建设，是生态文明建设的重要组成部分。要坚持绿色发展，一代接着一代干，久久为功，建设美丽中国，为保护好地球村作出中国贡献。"在习近平生态文明思想指导下，十八大以来党中央对海洋生态文明建设的重视程度不断加深，保护海洋生态环境在认识高度、改革力度和实践内容上发生了重大变化，提出了开发与保护并重、陆海统筹治理等海洋生态文明建设理念，推进实施了海洋生态红线制度、"湾长制"、海域排污总量控制等诸多创新举措。至此，我国海洋生态文明建设进入了创新突破的关键时期。

　　浙江省是习近平生态文明思想的主要发祥地，也是"绿水青山就是金山银山"理念的发源地。近些年，浙江省在推进海洋生态文明建设方面取得了一系列显著成效。立足浙江实践，认真梳理海洋生态文明建设中面临的问题，总结浙江推进海洋生态文明建设的战略举措，提炼海洋生态文明建设的"浙江样板",既是对美丽海洋建设浙江实践的一次全面回顾,也是对以生态为根基推进海洋强国建设的一次溯源剖析。浙江省拥有得天独厚的海洋资源禀赋,海岸线总长6486公里,海域面积约22万平方公里,面积大于500平方米的海岛有3061个,是全国岛屿最多的省份。如何在生态优先的基础上将海洋生态价值更好地转化为海洋经济价值,是推进海洋生态文明建设中面临的重要课题。浙江独特的海洋区位优势和海洋资源优势为海洋生态产品价值的多样化实现奠定了基础,进而为全国提供了生动的实践案例。同时,我们也应该看到,浙江近岸海域是全国陆源污染最为严重的海域之一。改革开放以来,填海造地和流域大型水利工程等生产性活动带来了诸多生态问题,海洋生态损害现象频发。因此,以浙江为典型案例,认真诊断和识别海洋生态文明建设中的难点、着力点和突破路径,可以为全国沿海地区海洋生态文明建设提供参考示范。

鉴于海洋生态文明建设的重要性和现实紧迫性以及"浙江样板"的示范价值,作为浙江省海洋发展智库联盟的牵头单位,宁波大学东海战略研究院课题组立足浙江现实问题和实践经验,针对海洋生态文明建设中的若干核心主题和前沿领域专门编撰了这套系列丛书。丛书包括五本专著,分别是胡求光教授编写的《浙江近岸海域生态环境陆海统筹治理机制研究》、马仁锋教授编写的《推进完善陆海区域协调体制机制研究》、余璇博士编写的《多级海域使用权交易机制设计与浙江实践》、乔观民教授编写的《美丽海湾保护与建设行动研究》和刘桂云教授编写的《港口船舶污染事故风险评价及应急研究》。丛书遵循从理念到模式再到实践的基本逻辑,围绕"坚持陆海统筹理念""创新海域利用模式"和"推进重点领域突破"三个维度,系统开展了海洋生态文明建设的理论分析、机制设计和政策探讨,总结了浙江省在海洋生态文明建设关键领域中的典型模式和成功经验。

《浙江近岸海域生态环境陆海统筹治理机制研究》和《推进完善陆海区域协调体制机制研究》是丛书的"理念篇"。两本书基于"坚持陆海统筹理念"的系统论视角,系统阐释了陆海协同推进海洋生态文明建设的理论机制。《多级海域使用权交易机制设计与浙江实践》是丛书的"模式篇",该书聚焦"创新海域利用模式"中的关键环节,探讨多层次、多主体的海域使用权交易模式和制度安排。《美丽海湾保护与建设行动研究》和《港口船舶污染事故风险评价及应急研究》是丛书的"实践篇",两本书聚焦"推进重点领域突破"，选取海湾保护与建设、港口船舶污染应急两大焦点领域，深入探讨了具体的实践路径和行动方案。

陆海统筹是建设海洋强国的核心要义。党的十九大报告指出，要"坚持陆海统筹，加快建设海洋强国"，陆海统筹发展理念也是海洋生态文明建设的基本遵循。海洋中80%的污染物都来自陆地，目前，陆地的污染物入海总量已经超过了海洋的承载能力。而陆源污染长期未能得到有效遏制的根本原因在于陆海分割的管理体制和机制。"条块分割、以块为主、分散治理"的传统陆海生态监管机制极易形成多头管理、无人负责的监管真空。《浙江近岸海域生态环境陆海统筹治理机制研究》和《推进完善陆海区域协调体制机制研究》聚焦陆海统筹发展理念，论述了陆海协同治理海洋生态环境的机制设计和陆海区域协调体制机制的构建。胡求光教授主编的《浙江近岸海域生态环境陆海统筹治理机制研究》选取受陆源污染影响严重的浙江近岸海域为对象，深入研究了陆海统筹的浙江近岸生态环境治理体制和运行机制，着力解决因管理体制制约而长期未能有效解决的陆海关联密切的生态环境损害问题。该书基于浙江近岸海域生态环境监管面临的现实困境，重点研究了以下问题：一是浙江近岸海域现行的海洋生态环境监管绩效；二是现行的浙江近岸海域生态环境治理体制机制存在的突出问题；三是机构改革后"市场—政府—社会"三元机制互补、协同联动的海洋生态环境治理机制如何发挥作用？四是体制机制创新后浙江近岸海域的海洋生态环境治理机制运行成效评价，系统设计治理体制机制和具体实现路径。该书的学术贡献在于：一是研究问题的突破。该书针对当前海洋生态环境治理"条块分割"以及无法适应海洋生态环境一体化治理需求的现实情况，围绕"陆海统筹"这一核心概念，从部门协作、多元参与等多个维度研究构建陆海统筹的浙江近岸海域生态环境治理机制，拓展了我国在改革生态环境治理机制和陆海统筹领域的研究。二是学术观点创新。该书立足陆海统筹视角探究海洋生态治理机制的构建，有助于推动近岸海域生态环境从管理转向治理，建立起从单中心管理模式转向多中心治理模式、从单一管理模式转向多元化治理模式、从碎片化管理模式转向系统治理模式。三是研究方法和分析工具的突破。该书成功运用文献计量分析知识图谱、合成控制法、系统动力学等多种定量研究方法和分析工具，实现海洋生态治理制度研究从定性分析到定量评估的学术跨越。

马仁锋教授编写的《推进完善陆海区域协调体制机制研究》系统诠

释了"八八战略"中"陆海区域协调思想"的形成、发展、升华，阐释了浙江省陆海区域协调发展的历史逻辑、理论逻辑和实践逻辑，指明了新时期浙江省开展空间发展均衡调控、市场与政府协同、三生空间耦合等陆海区域协调发展政策创新的理论逻辑与可能方向。首先，从陆上浙江、海上浙江及二者发展不均衡性、不充分性、不协同性维度，刻画了浙江省陆海区域协调发展的历史基础，阐释了"八八战略中有关陆海区域协调"的学理思想。在此基础上，聚焦浙江陆海区域协调发展的关键资源配置，深入解读了土地资源、人力资源、科技资源等事关浙江陆海区域协调发展的关键要素投入及其跨地域、跨主体的协调实践成效和政策创新，阐明了浙江陆海区域协调发展体制机制演进的实践逻辑及其理论创新。最后，基于实践逻辑和理论创新脉络的引导，锚定空间均衡的政策网络、市场与政府的协同效用、"三生空间"的价值耦合展望了迈向共同富裕示范区的浙江陆海区域协调新路径。该书的学术贡献在于：系统分析了"八八战略中有关陆海区域协调"的学理，解析了浙江陆海区域协调改革发展的政策实践成效及其创新之处。一方面，点面结合分析了浙江省港口、海湾、海域等类型国土空间在区域协调发展中价值及其实现方式；另一方面，概览式解析相关类型国土空间在陆海区域协调发展过程中生态环境一体化治理之路。该书既为新时期浙江省陆海区域协调发展政策创新提供了理论逻辑，又阐明了新时期浙江海洋发展理念与实践模式。

创新海域利用模式是提升海洋资源利用效率、推进海洋开发绿色转型发展的重要抓手，推进海域利用模式向高效、集约转变，关键在于海域使用权交易机制的优化设计。合理的海域产权制度安排能够激励用海主体更加高效地利用海域资源。基于当前自然资源资产产权制度改革的背景，深入研究和科学设计海域使用权交易机制，对于优化海域产权结构，提升海域资源配置效率，促进海洋经济可持续发展具有重要意义。余璇博士主编的《多级海域使用权交易机制设计与浙江实践》一书，在构建多级海域使用权交易的理论框架基础上，分析国外海域使用制度的发展历程，研究了浙江海域有偿使用的历史沿革和海域使用效率的静态数值和动态变化情况。该书认为，在海域国家所有制和海域有偿使用制度的约束下，海域使用权交易机制是一种多层次的结构，按照交易主体和主导机制的不同对应了"一二三"级海域使用权交易市场。其中一级交易市场主要解决初始海域使用权的配置问题；二级交易市场主要解决地方政府间海域使用权的交易问题；三级交易市场主要解决企业（个人）间的海域使用权交易问题。借助系统动力学模型，通过设定不同的情景对所构建的多级海域使用权交易机制进行动态仿真模拟，该书系统考察了交易机制的运行对海洋经济发展的影响。最后，该书分析了浙江海域使用权交易的政策背景，运用合成控制法评估政策绩效，提出了政策优化的现实路径。该书的学术贡献是：一是构建了多层次、多主体的海域使用权交易机制运行框架，包括政府机制主导下的解决初始海域使用权从中央政府到地方政府再到用海企业（个人）配置的一级交易市场、准市场机制主导下的解决地方政府间海域使用权交易的二级交易市场和市场机制主导下解决用海企业（个人）间海域使用权交易的三级交易市场；二是创新性地提出了海域产权制度安排的新思路，即地方政府间的海域使用权交易；三是基于数理模型的定量计算，揭示了海域产权制度安排对海域资源高效利用的重要性。

本丛书"实践篇"的两部专著立足浙江实际，分别选取典型的生境类型和典型的污染类型，系统探讨了海洋生态文明建设在具体领域中的实践方案。海洋生态系统种类复杂多样，因此，在推进海洋生态文明建设中，需要结合具体的海洋生境特征因地制宜制定保护和开发方案。在诸多海洋生态系统类型中，海湾因其半封闭的自然特征和特殊的地理区位，在经济发展中容易受到环境污染害且自净能力薄弱，进而造成不可逆的生态损害。因此，在海洋生态文明建设实践中，"美丽海湾建设"已成为沿海省市的面临的重要任务。

乔观民教授编写的《美丽海湾保护与建设行动研究》聚焦于典型的生境类型——海湾，具体研究美丽湾区的生态治理、修复行动及政策设计。通过美丽海湾认知历程，国内外海岸带管理（CZM）和海洋综合管理（ICM）经验，系统阐释了"走向湾区治理"的理论内涵。在三生空间视角下，该书系统总结了浙江省美丽海湾生态质量的演变过程，从宏观层面提出了由陆统筹走向湾区治理。在此基础上，通过总结浙江省湾区生态整治、修复行动的经验，系统梳理政策层面、行动层面和公民层面的行动范围和行动逻辑。开展浙江美丽海湾的生态环境风险识别，评估湾区陆海生态风险，揭示时空发展特征和分类治理。最后，科学构建了浙江省美丽政策设计、行动社区框架，提出了浙江省美丽海湾建设的行动方向和路径。该书的学术贡献在于：一是通过系统梳理美丽海湾建设的认知历程，梳理了由海陆分治、陆海统筹治理走向美丽海湾建设发展脉络；二是基于尺度政治理论，剖析了湾区治理的内在行动逻辑；三是通过网络行动者和 SES 治理理论，构建湾区行动治理行动框架，营造"水清、岸绿、滩净、湾美、岛丽"的实践路径，实现海洋生态文明的建设目标。

港口船舶污染是海洋生态损害中的典型类型。浙江省沿海港口众多，港口经济优势明显。然而，长期以来浙江省面临着较高的港口船舶污染风险。因此，研究港口船舶污染海洋环境污染风险及应急问题，对于完善海上污染海洋环境事故应急体系理论，提高应急物资的管理和使用效率，提升事故应急处理能力，保护海洋生态环境具有重要意义。为此，刘桂云教授主编的《港口船舶污染事故风险评价及应急研究》聚焦于典型的污染类型——港口船舶污染事故，针对船舶污染海洋环境事故的特征，研究船舶污染海洋环境事故的风险识别和分级评价方法、应急能力的评价、区域应急联动机制及应急物资调度等问题。该书首先分析了港口船舶污染海洋环境事故的类别、特征及事故后果，探究了港口船舶污染海洋环境事故的风险，包括风险识别、风险源项分析及风险管理流程。然后，基于港口船舶污染海洋环境事故风险评价，建立船舶污染海洋环境事故风险的评价方法，构建评价指标体系及分级评价模型，基于改进复杂网络的风险耦合 N－K 模型研究了风险耦合问题。在对港口船舶污染事故应急能力内涵分析基础上，建立了评价指标体系及静态综合评价、动态综合评价模型，进一步研究了港口船舶污染海洋环境事故应急能力的内涵，分析了应急联动体系的组成要素、结构及运行机理，并对船舶污染海洋环境事故应急联动体系的激励约束和区域应急联防成本分担机制进行了深入研究。最后，该书提出了针对需求信息变化的多陆上储备库、多港口储备库、多受灾点、多救援船舶的应急物资多阶段调度方法，研究了船舶污染事故应急物资陆路预调度系统，分别构建了靠近生态保护区时和远离生态保护区时的应急物资初始调度模型和实时调整调度模型。该书的学术贡献是：在分析港口船舶污染海洋环境事故的类别、特征和事故后果基础上，研究了港口船舶污染海洋环境事故风险评价方法，建立了评价指标体系及分级评价模型，并进一步研究了港口船舶污染海洋环境事故应急能力评价方法、应急联动体系建设方案及应急物资调度模型等。

综上，丛书聚焦于海洋生态文明建设主题，立足浙江实践，提炼浙江经验，总结浙江模式，基于理念、模式和实践三大维度对海洋生态文明建设的机制、路径和政策开展了系统梳理和研究，内容涵盖了陆海统筹治理机制安排、海域使用权交易模式创新、美丽海湾保护建设和港口船舶污染应急管控等多个前沿问题。我坚信，丛书的出版将为浙江乃至全国沿海地区推动海洋生态文明建设提供有益的借鉴，并为相关政策制定和宏观决策提供科学依据。

2023 年 5 月

自　　序

　　浙江是海洋大省，6486 公里的海岸线及 22 万平方公里的海域面积的开发利用与保护对于浙江省社会经济发展具有十分重要的意义。

　　我们知道，导致近岸海域污染的原因错综复杂，既有社会经济发展与生态保护、近期利益与长期发展之间的客观矛盾，也有个体行为外部性和地区性外部性带来的冲突；既有发展理念、文化等因素的作用，也有技术和体制机制方面的问题。我们尝试在对导致近岸海域环境污染的原因进行深入而系统分析的基础上，设计浙江近岸海域生态环境治理的创新机制。

　　我们首先针对浙江近岸海域受陆源污染影响严重这一现实问题，构建"海陆统筹治理机制"理论体系，评估陆海统筹的浙江近岸生态环境治理体制及其运行机制的绩效，揭示存在的问题，在借鉴国外治理经验的基础上，设计陆海统筹的近岸海域海洋生态环境治理机制，探索实现路径，并进一步运用情景模拟分析，提出政策优化。进一步的，从陆海统筹视角进行海洋污染治理机制的创新研究，尝试构建一套"多中心"、"多元共治"、"系统治理"为特色的陆海统筹治理的实现路径及政策体系。

　　在写作过程中，我们深刻认识到浙江近岸海域生态环境治理是一个复杂而艰巨的任务，不仅需要政府部门加大力度推进相关政策法规和管理措施的落实，还需要广大公众增强环保意识，积极参与到生态保护行动中来。同时，科学技术的创新和应用也是实现浙江近岸海域生态环境治理的重要支撑。因此我们提出"陆海统筹"这个治理机制，旨在通过协同管理、信息共享、多方合作等手段，推动浙江近岸海域生态环境治理工作的整体协调和高效运行。

　　我们相信，只要各方共同努力和积极参与，就一定能实现浙江近岸海域生态环境的可持续发展。随着经济的高质量发展，浙江必将实现从"绿色浙江"到"生态浙江",再到"美丽浙江"的蜕变,持续为"美丽中国"建设贡献浙江经验。

胡求光

2023 年 5 月

目　　录

第一章

导　论

第一节　研究背景与意义

海洋生态环境治理是建设海洋强国尤其是海洋经济强国的基础，也是浙江海洋强省战略及美丽浙江建设的应有之义。坚持陆海统筹，构建陆海一体化的环境治理机制，是破解海洋环境治理困境的关键。立足浙江省，开展近岸海域生态环境陆海统筹治理研究，具有深远的学术价值、应用价值和社会价值。

一　研究背景

第一，浙江近岸海域是全国陆源污染损害最严重的海域之一。浙江是海洋大省，拥有 6486 公里的海岸线及 22 万平方公里的海域面积。由于特殊的地理环境，浙江沿海一直是全国受陆源污染损害最严重的海域之一，2016 年监测数据显示，浙江省 35% 的入海监测排污口未能达到排放标准，45% 的综合等级评价处于 D 级和 E 级。近年来，浙江在局部海洋污染治理、生态保护等方面取得一定成效，但客观上仍未摆脱"先污染、后治理"路径，近岸海域环境持续恶化，典型海洋生态系统健康状况不佳。从浙江近岸海域污染来源看，80% 的近海污染来自于陆源污染，填海造地和流域大型水利工程等人类生产性活动对河口及近海生态环境也产生显著的负面效应，其中尤以杭州湾的海洋污染最为严重，被列为极难恢复的永久性或季节性"近岸死区"（邹辉等，2016）。近岸海域的生态环境损害已经成为浙江生态文明建设的"短板中的短板"。从生态损害最严重的海域入手，既具有紧迫性和必要性，同时也能够为全国其他海域的改革实践提供具有普遍意义的参考示范。

第二，海洋生态环境损害的主要原因是陆域生产开发活动及其造成的影响不断向海洋延伸。浙江近岸海域生态环境恶化是沿海区域工业化、城市化加速发展而海洋环境治理体制机制滞后的结果，也是浙江近岸社会、经济和环境等问题共存、叠加、相互影响的结果。具体地看，由于治理主体、治理客体的纵向和横向治理界面的异质性，以及传统的经济、政治体制和"重陆轻海"思想等的影响，导致了目前浙江近岸海域生态环境"治理危机"。一方面表现在治理体制失效。一是纵向治理主体权责边界不清晰，中央部委—省市—市县分级多层次委托—代理导致治理激励机制和约束机制不够完善。二是横向协调机制有待构建。党的十九大后新成立的生态环境部和自然资源部横向边界模糊、治理机构重叠、职责交叉、权责脱节等治理问题突出，职责缺位和效能不高问题依然存在。三是"信息孤岛"现象严重。陆域和海域监测在监测指标、频次和点位等方面既存在交叉和重叠，也缺乏统一的标准、技术和手段，同时监测管理职责、监测规范标准和监测技术体系方面缺乏时空尺度的统筹。另一方面表现在治理机制失灵。海洋生态环境治理中企业、公民、非政府组织（NGO）等社会主体参与和贡献不足，政府与私营部门、民间组织存在部门主义下的博弈冲突以及由此带来的"低效困境"导致政府唱独角戏；同时，市场机制、政府机制和社会机制三者的协同性、互补性、联动性不足。

第三，海洋生态环境治理低效的根源在于陆海分割的体制机制壁垒问题。现行海洋生态环境的治理危机表明以海陆"条块分割、以块为主、分散治理"的复合治理体制机制无法适应海洋环境治理"一体化"的现实需求，也制约着浙江近岸海域生态环境治理能力和治理绩效的提高。从本质来看，陆海生态环境治理信息不对称是造成严重的市场失灵（Sterner，2002）和政府分治失灵的根本原因，而信息不对称的产生既与海洋公共池塘资源的属性特征有关，同时也与海洋生态系统的随机性、人们对风险的厌恶等相关。在市场失灵和政府失灵的双重影响下，海洋环境治理体系极易形成监管真空，导致海洋成为"污染避难所"，遭受生态倾销，超过生态"承载阈值"（carrying threshold）。为此，2013 年中央明确指出要全力遏制海洋生态环境不断恶化的趋势，浙江在 2014 年通过《中共浙江省委关于建设美丽浙江创造美好生活的决定》，2017 年提出"建设美丽浙江、创造美好生活"的"两美"战略。学术界则从治理部门、多元主体间的协作视角探究破解海洋治理体制机制壁垒的途径，提出实行跨部门协作、跨区域治理、多元主体参与、一体化治理等诸多政策建议（王超，2017；

王幼鹏，2013；谢天成，2012；王琪、丛冬雨，2011；孙吉亭、赵玉杰，2011；王芳，2009）。总体而言，推进一体化的浙江近岸海域治理机制创新被视为解决多头管理、"碎片化"治理等行政壁垒的关键。

针对上述现实问题和制度约束，国务院开展了生态环境部制改革，设置了生态环境部，将原本分散于海洋、环保等不同部门的海洋生态环境监管职责统一归口，但其结构职责、运行机制及其内部各个利益主体间的关系仍有待厘清。浙江近岸海域生态环境治理要致力于实现从"体制失效"走向"体制有效"，从"机制失衡"走向"机制制衡"。"体制有效"就是要妥善解决"九龙治海"的体制性壁垒问题，形成公共治理的体制框架；"机制制衡"就是要明确政府、企业、公众的职责，构建起政府机制、市场机制、社会机制三种机制相互制衡的治理结构。

二　研究价值

（一）学术价值

第一，通过陆域生态问题与海洋环境问题的统筹研究推动海洋生态学学科发展。海洋与陆地作为全球生态系统的两大组成部分，彼此之间存在着频繁的物质和能量交换。通过阅读现有文献，发现现有生态学研究大多集中在陆域生态问题上，虽然海洋环境有着相对于陆域环境特有的性质，如海水具有流动性、海洋产权边界不清晰等，但陆域生态问题和海洋环境问题并不是完全对立的，陆域生态问题中的理论基础、研究方法、评价标准等同样可以适用于海洋环境问题的研究中。统筹研究陆域生态和海洋环境问题，将陆域生态系统中已有的知识体系和技术方法结合海洋的特性引入到海洋环境问题研究中，能够更好地促进海洋生态学科的发展。

第二，通过海洋自然科学和海洋社会科学的融合渗透推动海洋交叉学科建设发展。海洋生态环境治理体制研究兼具自然科学和社会科学的双重属性。一方面，海洋生态环境问题研究离不开海洋地理科学、海洋环境科学、海洋生态科学等自然科学的知识体系和技术方法；另一方面，海洋生态环境治理体制机制构建及其实现路径研究离不开经济学、法学、管理学等社会科学的理论体系和研究范式。在本书的研究过程中，不同学科、理论的相互交叉渗透将有利于促进海洋生态经济学、海洋生态管理学、海洋生态法学等交叉学科的建设发展，而不同学科的知识体系结合容易形成新的学科增长点，从而有助于寻求理论体系上的突破和技术上的创新。

第三，通过海洋理论问题与海洋现实问题的整体考察推动海洋社会科学方法创新。海洋生态环境治理体制属于应用对策研究，既包括理论问题又包括现实问题。但是，应用研究既离不开基础研究的支撑，也少不了成果的政策转化。海洋生态环境治理体制构建往往存在"理论研究"与"实际应用"脱节的问题，所设计的治理制度难以落地。对此，本书将综合运用合成控制法（SCM）、系统动力学模型（SD）等研究方法，实现理论研究向应用研究的转化、从静态研究向动态研究的转化、从定性分析向定量分析的转化，从部制改革、立法保障、创新试点等方面探讨海洋生态环境治理体制的实现路径。在这一过程中，实现海洋社会科学研究方法的"科学化"和"精准化"。

（二）应用价值

第一，贯彻落实党的十九大提出的"改革生态环境监管体制"，以浙江近岸海域生态环境治理为研究对象，创新海洋生态环境治理机制和制度。海洋生态文明建设作为生态文明建设重要组成部分，是科学发展的基本要求，也是协调发展的内在要求，更是海洋经济发展的现实要求。2015年国家海洋局印发的《国家海洋局海洋生态文明建设实施方案》（2015—2020年）为"十三五"期间海洋生态文明建设提供了路线图和时间表，凸显了国家对海洋生态环境问题的重视。梳理浙江现有海洋生态环境治理体制，探究其存在的问题及成因，创新治理机制和政策，对海洋生态文明建设有着重要的推动作用，更是贯彻落实"改革生态环境监管体制"思想的重大举措。

第二，贯彻落实"坚持陆海统筹"思想，以陆海统筹为切入点，提升浙江海洋生态环境治理能力。"坚持陆海统筹，加快建设海洋强国"，海洋强国不仅仅是海洋经济强国，更是海洋生态强国。海洋生态环境问题涉及陆地和海洋两个空间层面，国务院机构改革以后的生态环境部虽然从机构设置上解决了以往海洋生态环境治理受环保部门、海洋部门、地方政府等行政机构多头管理的部门分割问题，但破解浙江近岸海域生态环境治理难题，打破海陆之间的"行政壁垒"，需要从治理机构、环境规划、环境监测、治理手段、参与主体等多方面入手填补因碎片化的行政部门管辖导致的海洋生态环境治理真空。

第三，贯彻落实"绿色发展"思想，以陆源污染为研究重点，促进浙江生态经济绿色健康发展。党的十九大报告中指出："加快建立绿色生产和消费的法律制度和政策导向，建立健全绿色低碳循环发展的经济体系。"浙江具有发展海洋产业和临港工业的优势，但在发展海洋经济的过程中，出现了沿海滩涂和海域面积下降、近海水质退化、海洋生物多样性减少等一系列问题，对海洋生态安全和生态健康造成了严重威胁。2017 年公报表明，浙江海洋污染 80% 来源于陆源污染，因此以陆源污染为研究重点，探究陆海统筹下的浙江近岸生态环境治理机制创新及实现路径，从源头上对损害海洋生态环境行为进行治理，能在一定程度上约束粗放型的海洋经济发展方式，改善海洋生态环境损害现状，实现"蓝色经济"和"绿色经济"的有机嫁接，促进海洋生态经济绿色健康发展。

（三）社会价值

第一，通过研究海洋生态环境相关问题，近岸海域治理问题得到了社会广泛的关注。近年来我国海洋生态环境面临的形势严峻，海洋生态环境处于污染排放和环境风险的频发期，国内外学者开展了众多对海洋环境相关问题的研究。持续的关注和相关问题的不断暴露将提高国家政府以及社会对海洋生态环境问题的重视程度，促使有关部门积极应对问题、努力解决问题。

第二，对近岸海域污染问题提出有针对性的政策措施，有利于促进海洋的可持续发展以及整个社会的可持续发展。随着海洋开发利用的不断深入，生态资源、海洋环境等面临着巨大的压力和挑战。在大力开发利用海洋资源的同时，重视对海洋环境的保护，推动海洋资源开发利用的持续发展是十分必要的。在海洋环境的相关问题中，陆源污染问题尤其突出。基于此，本书以陆源污染为研究重点，通过研究浙江省近岸海域生态环境陆海统筹治理机制创新及政策优化，为其他城市提供试点经验，促进海洋环境的可持续发展。

第二节 研究框架和内容

一 主要研究内容

选取受陆源污染影响严重的浙江近岸海域为研究的"海域对象"，"问题对象"则是陆海统筹的浙江近岸生态环境治理体制及其运行机制，重点解决因管理体制制约而长期未得到有效解决的陆海关联密切的生态环境损害问题。基于浙江近岸海域生态环境监管面临的现实困境，重点研究以下几个基本问题：一是浙江近岸海域现行的海洋生态环境监管绩效如何；二是现行的浙江近岸海域生态环境治理体制机制存在哪些突出问题；三是机构改革后，"市场—政府—社会"三元机制互补、协同联动的海洋生态环境治理机制如何发挥作用；四是体制机制创新后，浙江近岸海域的海洋生态环境治理机制运行成效如何，治理体制机制的实现路径是否有效。

针对以上问题，本书主要研究以下 7 个方面的内容：

第一，"海陆统筹治理机制"理论体系构建。重点研究海洋生态环境"海陆统筹治理机制"的概念内涵、功能定位、关键要素、驱动机制、演变趋势等内容。从陆海统筹视角出发，梳理海洋生态环境海陆统筹治理的属性特征、制约要素、作用路径和协调模式，深入分析"海陆统筹治理机制"的功能定位和组织架构，努力构建海洋生态环境"海陆统筹治理机制"的理论体系。

第二，现有浙江近海生态环境监管制度绩效评估和存在问题分析。一方面，通过"社会—经济—生态"系统多维度、多层次识别浙江近岸海域治理体制机制的主要构成因素，运用合成控制法（SCM）评估现有浙江近岸海域治理制度的绩效。梳理浙江近岸海域生态环境治理机制的发展脉络，剖析不同历史阶段海洋生态环境监管的模式及特点，准确把握管理体制的演进趋势。另一方面，结合浙江近岸海域生态环境监管状况的现实调研，基于扎根理论的研究范式，总结和凝练出浙江近岸海域生态环境治理机制在部门结构、职责设置、运行模式等方面存在的问题。

第三，国外海洋生态环境陆海统筹治理机制的经验借鉴。国外先进的海洋生态环境陆海统筹监管经验是未来我国开展海洋生态环境治理机制改革的重要参考依据。通过对美国、英国、加拿大、日本、韩国等典型国家的海洋生态环境治理机制进行全面梳理，总结国外陆海统筹生态环境监管的组织架构、运行模式及保障机制，结合我国浙江近岸海域现行的生态环境治理机制开展对比分析。在此基础上，根据当前浙江近岸海域生态环境监管面临的行政分割、多头管理、"碎片化"监管等困境，剖析国外陆海统筹的治理机制对浙江近岸海域的经验启示。

第四，浙江近海海域生态环境陆海统筹治理机制功能与目标定位。基于我国生态环境治理机制改革的宏观背景，结合陆海统筹的基本概念和海洋生态环境监管的现实需求，科学阐释海洋生态环境陆海统筹治理体制的本质内涵。在此基础上，遵循生命共同体的系统治理理念，以打破行政壁垒、落实监管责任、提升监管效率为目的，进一步科学确定浙江近岸海域海洋生态环境陆海统筹治理机制的目标定位。

第五，浙江近岸海域生态环境陆海统筹治理机制设计。基于管理学、社会学、经济学的研究范式，综合运用政策模拟、专家咨询、案例分析等方法，全面解构浙江近岸海域生态环境陆海统筹治理机制的内在结构脉络。在此基础上，立足于国家生态环境治理机制改革的宏观背景，充分借鉴国外陆海统筹监管的经验做法，依据陆海统筹的发展理念，基于"市场机制—政府机制—社会机制"框架，分析"市场—政府—社会"三元机制互补、协同联动的海洋生态环境的治理机制，围绕目标定位、参与主体、运行机制等设计浙江近岸海域生态环境治理制度。

第六，浙江近岸海域生态环境陆海统筹治理机制的实现路径。在明确监管部门及其职责的基础上，结合陆源污染、围填海等具体的海洋生态损害类型，以克服因陆海分割导致的多头管理、"碎片化"监管等体制壁垒问题为目标，围绕监管机构陆海统筹、环境规划陆海统筹、环境监测陆海统筹、治理手段陆海统筹及参与主体陆海统筹五个重点领域，建立从中央到地方政府的纵向统筹协作机制和陆海跨区域的横向联动机制，探究纵横交错的立体式生态环境监管运行模式。

第七，浙江近岸海域生态环境陆海统筹治理机制运行仿真与政策优化。基于系统动力学模型，对推行陆海统筹的浙江近岸海域生态环境治理机制运行可能带来的效应进行情景模拟分析，通过与现实情境的对比分析，探讨陆海统筹下的治理机制是否能有效改善浙江近岸海域生态环境质量。依据仿真模拟结果，探究提升监管成效的关键政策因子，进而提出浙江近岸海域生态环境陆海统筹治理机制政策优化。

二 项目总体研究框架

遵循"背景分析—绩效评估—机制设计—实现路径—政策优化"的研究脉络，从理论到应用层面逐次展开。根据研究内容需要，研究采用一个总报告和3个分报告的研究框架设计（如图1-1所示）。

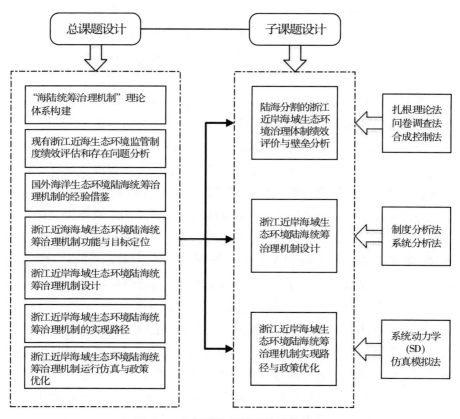

图 1-1　总课题与子课题的逻辑关系

总报告主要从整体角度对"海陆统筹治理机制"基本理论问题进行研究,在对子课题的观点、研究结论进行总结和提炼的基础上,提出浙江近岸海域"海陆统筹治理机制"战略总体构想和实现路径;分报告则针对"海陆统筹治理机制"的重点、难点问题进行深入分析。总课题研究突出整体性、系统性和战略性,着力把"海陆统筹治理机制"的理论体系构建完整、论述透彻,并提出切实可行的对策建议;子课题研究突出对"海陆统筹治理机制"关键问题的识别和难点问题的解决,强调分析深度和量化程度,突出课题研究的现实应用价值。

分报告1:陆海分割的浙江近岸海域生态环境治理体制绩效评价与壁垒分析。第一,立足顶层政策设计、治理部门结构、治理部门职责设置、治理体制运行等多个角度系统梳理浙江近岸海域现有的陆海分割下的海洋生态环境治理体制,基于扎根理论,通过深度访谈调研的方式定性剖析治理机制的演化过程。第二，应用合成控制法（SCM），以浙江近岸海域为例，构建可评估的虚拟对照区域，采用实证评估考察当前浙江近岸海域陆海分割的海洋生态环境监管机制的绩效。对浙江近岸海域生态环境治理机制运行绩效开展定量评估。第三，结合定性的扎根理论分析和定量的绩效评价结果，在综合比较陆域和海域生态环境治理的部门结构、职责设置、运行机制等关键要素的基础上，深入剖析陆海分割的治理体制与陆海联动的生态环境之间的内在矛盾和冲突，科学研判多头管理、"碎片化"治理等体制壁垒问题产生的根源，明晰陆海统筹的生态环境治理在打破行政壁垒、促进部门协作、提高机制运行效率等方面的关键作用。

分报告 2：浙江近岸海域生态环境陆海统筹治理机制设计。第一，系统梳理美国、日本、澳大利亚、韩国、欧盟等典型国家和地区的海洋生态环境治理体制，结合浙江近岸海域生态环境治理体制的现实问题，通过国内外对比分析总结、提炼切实可行的国际经验，解析陆海统筹治理体制改革的理论和实践依据。第二，在此基础上，以打破治理行政壁垒、提高治理效率为目标，立足于国家生态环境治理体制改革的宏观背景，从海洋生态安全保障、海洋资源环境可持续利用、海洋经济绿色发展等多个角度明确海洋生态环境陆海统筹治理体制的功能定位，并尝试基于治理机构陆海统筹、环境规划陆海统筹、环境监测陆海统筹、治理手段陆海统筹、参与主体陆海统筹五个方面探究浙江近岸海域生态环境陆海统筹治理体制改革的重点领域。第三，依据陆海统筹的发展理念，深入探析浙江近岸海域生态环境陆海统筹治理体制内的组织结构设计。立足于政府、企业、非政府组织、社会公众等多主体参与视角，构建"市场—政府—社会"三元治理框架，以克服因"政府失衡、市场失灵、社会失位"导致的多头管理、"碎片化"治理等体制壁垒问题为目标。第四，基于陆海统筹的系统治理理念，建立从中央到地方政府的纵向统筹协作机制和陆海跨区域的横向联动机制，促进浙江近岸海域生态环境治理体制向垂直治理、区域治理和整体治理的方向转变。

分报告 3：浙江近岸海域生态环境陆海统筹治理机制实现路径与政策优化。第一，在系统梳理、归纳当前制约我国推行陆海统筹治理体制改革因素的基础上，通过解释结构模型厘清各个制约因素之间相互作用的内在关系，探究实现浙江近岸海域生态环境陆海统筹治理的突破点和着力点，从加强顶层设计、优化治理结构、完善监督体系、开展创新试点等方面探究具体的实现路径。第二，运用系统动力学模型（SD），对推行陆海统筹的浙江近岸海域生态环境治理体制运行过程及预期效益进行仿真分析，同时借助系统动力学的因果关系分析，识别影响陆海统筹治理体制运行成效的关键政策因子。第三，从保障执行、错误跟踪、反馈响应等层面建立驱动海陆统筹治理机制可持续运行的政策优化，确保陆海统筹治理体制的顺利实施。

三　各部分之间逻辑关系

本书研究目标是构建浙江近岸海域生态环境陆海统筹治理机制，为解决我国海洋环境治理长期存在的多头管理、"碎片化"治理等行政壁垒问题提供理论依据和决策参考。

基于海洋生态环境陆海统筹治理体制创新研究的系统性和特殊性，课题研究采取总课题和子课题相结合的研究设计，在子课题研究基础上，对3个分报告研究成果进行有效整合，通过总课题研究对研究成果进行系统集成和凝练升华，形成逻辑严密的研究体系。

子课题1：陆海分割的浙江近岸海域生态环境治理体制绩效评价与壁垒分析。这是本课题研究的现实基础和逻辑起点。该子课题主要回答浙江近岸海域现有的海洋生态环境治理体制组织结构如何、现有治理体制的运行绩效如何、现有治理体制存在的问题有哪些等，在此基础上详细阐释陆海统筹在海洋生态环境治理中的关键作用。

子课题2：浙江近岸海域生态环境陆海统筹治理机制设计。该子课题主要通过系统研究典型国家的海洋生态环境陆海统筹治理模式及体制，为我国海洋生态环境治理体制改革提供参考依据，在此基础上结合现有的体制壁垒问题，基于陆海统筹视角，构建"市场—政府—社会"三元协调的统筹治理框架，从政策规划、部门设置、管理模式、运行机制及协调机制等多个方面阐述浙江近岸海域生态环境陆海统筹治理体制框架的构建，为子课题3实施路径和政策优化提供宏观指导。

子课题3：浙江近岸海域生态环境陆海统筹治理体制实现路径与政策优化。这是本书研究的第一个核心问题。该子课题主要基于子课题1和子课题2的研究结论，从制度设计、结构优化、政府监督、开拓创新等多个方面探析浙江近岸海域生态环境陆海统筹治理机制实现路径。从市场激励、财政扶持、技术支撑、人才培养及综合执法等视角探究实现陆海统筹治理机制运行的政策保障，并通过系统动力学（SD）模型对浙江近岸海域生态环境陆海统筹治理体制运行过程进行科学仿真，最后提出政策优化路径。

综上，课题以推动陆海统筹下的浙江近岸海域生态环境治理机制创新为目标，子课题 1 通过对浙江现实问题的定性和定量评估分析，探究陆海统筹的必要性和紧迫性。子课题 2 则借鉴国际经验，进一步提出改革的宏观战略思路，并从组织架构、运行机制、实现路径等层面探究治理体制的构建。基于子课题 1 的现实问题和子课题 2 的改革思路，子课题 3 分析陆海统筹机制实现路径，并在陆海统筹治理机制运行仿真基础上提出优化陆海统筹下的浙江近岸海域生态环境治理机制的政策保障。

四　内容安排

本书由四篇——一个总论和三个分论构成，四篇分别是"总论篇""评价篇""治理篇""优化篇"。

（一）总论篇

"总论篇"除了导论和文献综述之外，主要从整体角度对"陆海统筹治理机制"基本理论问题进行研究，主要回答了陆海统筹的基本概念以及哪些因素会影响陆海统筹治理机制，内容包括第一章至第四章。重点研究海洋生态环境"陆海统筹治理机制"的概念内涵、功能定位、关键要素、驱动机制、演变趋势等内容。从陆海统筹视角出发，梳理海洋生态环境陆海统筹治理的属性特征、制约要素、作用路径和协调模式，深入分析"陆海统筹治理机制"的功能定位和组织架构，着力构建海洋生态环境"陆海统筹治理机制"的理论体系。

（二）评价篇

本篇主要研究了四方面的内容，主要包括第五章至第七章。一是梳理浙江近岸海域生态治理体制演化趋势，从理论和实践两方面展开，全面剖析不同历史阶段海洋生态环境监管的模式及特点，为进一步探究现行海洋生态环境管理体制存在的问题打下基础。二是评估浙江近岸海域生态环境监管体制运行绩效。首先，应用扎根理论梳理当前浙江海洋生态环境的监管机制，识别和选择代表海洋生态环境监管制度运行绩效的关键指标；其次，采用极大不相关法与聚类分析法等构建海洋生态环境监管机制的绩效评价指标体系；最后，采用合成控制法（SCM），选取宁波市为研究区域，参考采用已构建的绩效评价指标作为观测变量并以合成控制地区作为浙江近岸海域的"反事实"替代，实证评估陆海分割下浙江近岸海域生态环境监管机制的运行绩效。三是揭示浙江近岸海域生态环境监管体制壁垒。立足陆海关系的系统论视角，基于浙江近岸海域生态环境监管体制演化机理和陆海分割的浙江近岸海域生态环境监管体制运行绩效的定量评估，在综合比较陆域和海域生态环境监管部门结构、职责设置、运行机制等关键要素的基础上，总结当前浙江近岸海域生态环境治理面临的壁垒。四是剖析浙江近岸海域生态环境治理问题的根源。在对陆海分割的浙江近岸海域生态环境体制壁垒问题进行揭示的基础上，深入剖析陆海分割的治理体制与陆海联动的生态环境之间的内在矛盾和冲突，明晰陆海统筹的生态环境监管在破除监管体制壁垒、促进部门协作、提高体制运行效率等方面发挥的关键作用。

（三）治理篇

本篇主要包含了三部分内容，主要包括第八章至第十章。一是国外海洋生态环境陆海统筹治理模式及体制的经验借鉴。通过对澳大利亚、欧盟等典型国家或地区的海洋生态环境治理机制进行全面梳理，总结国外陆海统筹生态环境监管的组织架构、运行模式及保障机制，结合我国浙江近岸海域现行的生态环境治理机制开展对比分析；在此基础上，剖析国外陆海统筹的治理机制对浙江近岸海域的经验启示。二是浙江近海海域生态环境陆海统筹治理机制功能与目标定位，基于我国生态环境治理机制改革的宏观背景，结合陆海统筹的基本概念和海洋生态环境监管的现实需求，科学阐释海洋生态环境陆海统筹治理体制的本质内涵；在此基础上，进一步科学确定浙江近岸海域海洋生态环境陆海统筹治理机制的目标定位。三是浙江近岸海域生态环境陆海统筹治理机制设计。基于管理学、社会学、经济学的研究范式，综合运用政策模拟、专家咨询、案例分析等方法，全面解构浙江近岸海域生态环境陆海统筹治理机制的内在结构脉络；在此基础上，立足于国家生态环境治理机制改革的宏观背景，充分借鉴国外陆海统筹监管的经验做法，依据陆海统筹的发展理念，基于"市场机制—政府机制—社会机制"框架，分析"市场—政府—社会"三元机制互补、协同联动的海洋生态环境的治理机制，围绕目标定位、参与主体、运行机制等设计浙江近岸海域生态环境治理制度。

（四）优化篇

本篇主要研究两部分内容，主要包括第十一章到第十三章。一是浙江近岸海域生态环境陆海统筹治理机制的实现路径。在明确监管部门及其职责的基础上，结合陆源污染、围填海等具体的海洋生态损害类型，以克服因陆海分割导致的多头管理、"碎片化"监管等体制壁垒问题为目标，围绕监管机构陆海统筹、环境规划陆海统筹、环境监测陆海统筹、治理手段陆海统筹及参与主体陆海统筹五个重点领域，建立从中央到地方政府的纵向统筹协作机制和陆海跨区域的横向联动机制，探究纵横交错的立体式生态环境监管运行模式。二是浙江近岸生态环境陆海统筹治理机制运行仿真与政策优化。基于系统动力学模型，对推行陆海统筹的浙江近岸海域生态环境治理机制运行可能带来的效应进行情景模拟分析；通过与现实情景的对比分析，探讨陆海统筹下的治理机制是否能有效改善浙江近岸海域生态环境质量；依据仿真模拟结果，探究提升监管成效的关键政策因子，进而提出浙江近岸海域生态环境陆海统筹治理机制政策优化方案。

第三节　研究方法

本书以定性分析类方法为主，综合运用定量分析类方法和综合分析类方法研究，涉及经济学、管理学、法学、统计学等学科。

一　定性分析类

定性分析法亦称非数量分析法，主要依靠预测人员的丰富实践经验以及主观的判断和分析能力，推断出事物的性质和发展趋势的分析方法，属于预测分析的一种基本方法。项目使用的定性分析法具体包括了系统分析法和案例分析法。

第一，系统分析法。系统分析方法是指把要解决的问题作为一个系统，对系统要素进行综合分析，找出解决问题的可行方案的咨询方法。在构建陆海统筹的浙江近岸海域海洋生态环境治理体制过程中，需将海洋生态环境治理体制看成一个整体，着眼于整体与局部、结构与功能、系统与环境之间的相互作用关系，强调对海洋生态环境治理机制的整体性、结构性、层次性和相关性分析。重点研究海洋生态环境"海陆统筹治理机制"的概念内涵、功能定位、关键要素、驱动机制、演变趋势等内容。从陆海统筹视角出发，梳理海洋生态环境陆海统筹治理的属性特征、制约要素、作用路径和协调模式，深入分析"陆海统筹治理机制"的功能定位和组织架构，努力构建海洋生态环境"陆海统筹治理机制"的理论体系。

第二，案例分析法。案例分析法是指把实际工作中出现的典型问题作为案例，然后通过案例的分析提炼出普适性规律。国外先进的海洋生态环境陆海统筹监管经验是未来我国开展海洋生态环境治理机制改革的重要参考依据。本书拟通过对美国、英国、日本、韩国、挪威等海洋研究起步较早的国家的案例分析，对这些国家的海洋生态环境治理机制进行全面梳理，总结国外陆海统筹生态环境监管的组织架构、运行模式及保障机制，结合我国浙江近岸海域现行的生态环境治理机制开展对比分析，在比较分析中汲取他国的成功经验，为浙江近岸海域构建陆海统筹下的海洋生态环境治理机制提供经验借鉴。在此基础上，根据当前浙江近岸海域生态环境监管面临的行政分割、多头管理、"碎片化"监管等困境，剖析国外陆海统筹的治理机制对浙江近岸海域环境治理的经验启示。

二 定量分析类

一方面，本书根据浙江近岸海域海洋生态环境治理的属性特征和数据基础，充分借鉴制度经济学、管理学及海洋生态学研究中常用的理论工具，在梳理浙江近岸海域海洋生态环境治理体制机制的历史脉络和现实情况的基础上，运用层次分析法构建海洋生态环境治理机制运行绩效评价指标体系，再运用合成控制模型（SCM）对浙江近岸海域海洋生态环境治理体制的运行绩效进行定量评估，探究存在的问题与不足，并分析其根源，为浙江近岸海域构建陆海统筹的海洋生态环境治理机制提供实证支持。另一方面，本课题利用系统动力学模型（SD），对浙江近岸海域生态环境陆海统筹治理机制运行成效进行仿真模拟，分析在不同情境下浙江近岸海域生态环境陆海统筹治理绩效的差异，并据此对海洋生态环境陆海统筹治理机制运行的预期效益进行评价。

三 综合分析类

本书所使用的综合分析法主要是实地调查法。当公开出版或发布的统计数据不足以解决所要研究的问题时，往往需要使用问卷调查法。本课题组前往浙江近岸海域沿岸地区开展实地调研，开展面向海洋环保系统内公务员、涉海企业家和沿海地区居民的海洋生态环境治理体制建设的问卷调查，综合运用扎根理论研究，为陆海统筹的浙江近岸海域海洋生态环境治理机制建设把准脉搏并提出合理政策建议。在构建陆海统筹的海洋生态环境治理机制框架基础上，向国内知名的 50 位相关领域专家进行问卷调查。通过专家调查法和模糊数学综合评价法，分析浙江近岸海域海洋生态环境陆海统筹治理机制实施的策略安排。

第四节　主要特点和对策

一　问题选择的突破

海洋生态环境治理是建设海洋强国尤其是海洋经济强国的基础，也是浙江海洋强省战略及美丽浙江建设的应有之义，而浙江近岸海域是全国陆源污染损害最严重的海域之一，海洋生态环境治理低效的根源在于陆海分割的体制机制壁垒问题，故本书以浙江近岸海域生态环境为研究对象，结合"陆海统筹"理念和"改革生态环境治理机制"思想，研究陆海统筹的浙江近岸海域生态环境治理机制问题。海洋生态系统本身有其特有的复杂性，例如长江入海口的污染物排放及生态工程的建设绝非东海沿海"两省一市"可以左右，应着眼于整个长江流域，而且海域生态的治理存在海水的流动性、海洋产权界限不明晰等特征，各种错综复杂的原因造成浙江近岸海域生态环境治理机制研究较为困难，研究成果也较少。党的十八大报告首次提出美丽中国建设和海洋强国建设的战略目标，党的十九大报告进一步强调加快美丽中国建设和加快海洋强国建设，但海洋生态文明机制方面的研究目前相对滞后。鉴于此，本书立足于国家海洋事业发展，基于党的十九大报告中提出的"改革生态环境治理机制"思想，以海洋生态系统为研究对象，以陆海统筹视角综合考虑浙江近岸海域生态损害和环境保护问题，重点研究浙江近岸海域生态环境治理机制创新对海洋生态治理的贡献，针对目前海洋生态环境治理"条块分割"以及无法适应海洋生态环境一体化治理需求的现实情况，围绕"陆海统筹"这一核心概念，从部门协作、多元参与等多个角度探究、构建陆海统筹的浙江近岸海域生态环境治理机制，拓展国家在改革生态环境治理机制和陆海统筹领域的研究。

二　学术观点的特色

明确陆海统筹的浙江近岸海域生态环境治理机制创新是保护浙江近岸

海域生态环境的重要战略选择。海洋生态系统作为生态系统的重要组成部分，对人类社会的生存和发展有着不可替代的作用。随着沿海地区海洋经济的不断发展，海洋资源的过度开发问题日趋严重，而针对海域生态环境保护的重视程度一直不足，导致浙江近岸海域生态环境受损严重。与此同时，近海资源、环境压力严重损害海洋经济可持续发展能力，与之相对的海洋生态环境治理存在分散化的现象，不仅表现在治理部门的权责脱节，还有其他社会主体参与度不高等问题，系统构建海洋生态治理显得十分必要。现有的相关研究虽然在海洋生态环境治理方面有一定的进展，但是仍然存在许多缺陷，比如现有研究对相关问题的分析主要停留在定性描述阶段，缺乏系统化建模的实证评价，并且未从海陆统筹的视角来设计治理机制。本书的研究有助于推动近岸海域生态环境从管理转向治理，建立起从单中心管理模式转向多中心治理模式、从单一管理模式转向多元化治理模式、从碎片化管理模式转向系统性治理模式。

三　研究方法的突破

运用多种定量研究方法和分析工具，实现制度研究从定性分析到定量评估的跨越。一方面，梳理浙江近岸海域生态环境治理机制的发展脉络，剖析不同历史阶段海洋生态环境监管的模式及特点，准确把握管理体制的演进趋势；综合考虑生态环境指标、经济指标和社会指标等因素，运用层次分析法构建我国浙江近岸海域生态环境治理机制运行绩效评价指标体系，在此基础上借助合成控制法（SCM）对浙江近岸海域生态环境治理绩效和存在问题进行评价；从陆海统筹的视角，依托"生态环境监管模式"走向"生态环境统筹治理模式"，构建"机制+路径+政策"的浙江近海生态环境治理运行框架，从而对我国浙江近岸海域生态环境治理机制绩效进行定量评估，探究浙江近岸海域现有生态环境治理机制绩效情况，分析其存在的问题及其根源。另一方面，运用系统动力学进行制度仿真（SD）模拟，从生态环境系统整体出发，在系统内部寻找和研究相关的影响因素，为解决近岸海域环境污染问题提供一个定量定性相结合的政策仿真平台，来比较陆海统筹的浙江近岸海域生态环境治理机制各因素之间的关系表达；模拟研究在不同情境下浙江近岸海域生态环境陆海统筹治理机制的运行效果；在此基础上，对浙江近岸海域生态环境陆海统筹治理机制运行的预期效益进行评价，实现制度改革从理论构想到仿真模拟的突破，最终探索设计出科学、合理的浙江近岸海域生态环境治理机制。

四　分析工具的突破

项目以定性分析类方法为主，综合运用定量分析类方法和综合分析类方法研究，具体来看，包含了系统分析法（将海洋生态环境治理体制看成一个整体，着眼于整体与局部、结构与功能、系统与环境之间的相互作用关系，强调对海洋生态环境治理机制的整体性、结构性、层次性和相关性分析）、案例分析法（通过研究美国、英国等海洋环境治理研究较早的国家的实际案例，总结其他国家海洋治理方案的先进经验）、实地调查法（前往浙江近岸海域进行实地调查，并向相关企业家、居民、公务员等展开问卷调查）、定量研究法等，通过多种分析工具的综合运用，突破机制研究难以量化的限制，将机制创新建立在科学量化的实证依据上。本书兼顾理论分析与实证研究，涉及计量经济学、管理学、资源与环境经济学、生态学以及海洋经济学的多元实证模型领域，运用多种定量研究方法和分析工具，实现制度研究从定性分析到定量评估、从机制设计到政策仿真的跨越。本书研究中综合运用了多种分析工具，应用文献计量分析知识图谱、扎根理论分析海洋生态环境现状，合成控制法评估监管制度绩效，多目标决策探索统筹治理机制，系统动力学仿真模拟统筹治理运行机制。

第二章

海洋生态环境治理机制研究文献综述

第一节　陆域生态环境治理体制研究

一　陆域生态环境治理体制的现状

随着生态环境问题日益突出，国内外学者针对生态环境治理体制开展了广泛探讨，研究主要涉及法律法规体系（Pontin B，2000；Madebwe T，2015；孟春阳等，2019；陈海嵩，2021）、组织体系及权利配置（武从斌，2003；褚添有，2020）、治理碎片化（周伟，2018；王向民，2013）等多个方面。针对生态环境治理的法律制度层面，李宏伟等（2015）指出我国已初步形成综合性法律和专项法律相结合的环境保护法律体系，但多为部门立法，强调部门权力、弱化治理职责，缺乏统一协调性的法律规定（何志颖，2012）。我国将《环境保护法》定位为"监管者监管之法"，在此基础上设立以区域管理为主的环境管理体制和以行政手段为主的监管机制（吕忠梅，2009）[①]，但生态环境治理法规中存在诸多不符合环境治理现代化要求的缺陷，其中最为突出的问题是生态环境治理法律法规中"权利—义务"的失衡（陈海嵩，2021）[②]。在组织体系及权力配置方面，王金南等（2015）等学者统计，目前我国有环保、水利等20多个部门，同时都具有环境保护监管责任，这使得职能过于分散，甚至存在交叉（张程，2014；高世楫等，2015），再加上现实中缺乏相应的法律规范具体的协调机制、监督机制，导致"统管"管不了、"分管"管不到的现象日益突出（汪劲，2012）。有学者认为，当前生态环境协同治

---

① 吕忠梅：《监管环境监管者：立法缺失及制度构建》，《法商研究》2009 年第 5 期。

② 陈海嵩：《生态环境治理体系的规范构造与法典化表达》，《苏州大学学报》（法学版）2021 年第 4 期。

理的弊端较多，如地方主义、地区部门之间管理割裂等，生态环境治理的碎片化问题突出，而产生这些弊端的原因则是各级政府之间以及地方行政管理层之间在跨区域协同治理时存在地区分割和功能分割的状况（周伟，2018）[1]。

二　陆域生态环境治理体制存在的问题

随着社会不断进步，人们的环保意识逐渐加强，仅对末端采取措施的应用型治理的生态环境治理模式已经无法满足环境治理的要求，社会正逐步转向从源头开始治理的整体型生态环境防控，治理主体也发生了对应的转变，从过去的政府为主的生态环境监管转向多元主体的协同治理（郑石明等，2018），无论是在美国、日本，抑或其他国家或地区，生态环境治理体制几乎都表现为从无到有、从小到大、从弱到强，从分散治理到单一治理再到综合治理的发展历程（熊晓青，2013）。但是，有许多学者指出，当前我国跨区域生态环境协同治理还存在许多问题，例如环境治理权力配置不合理、政府主导而其他主体参与不足（比如非政府组织、企业）、监督机制不完善等（肖攀等，2021；詹国彬等，2020）。

首先，政府在生态环境治理中处于核心地位，有效的政府监管是良好生态环境治理的基础。但是无论是关于污染的防治，还是生态环境的保护，都涉及众多公民、非政府组织不具备的专业技能和专业知识，这些复杂的治理过程要求政府来设立相应的环境监管机构来承担生态环境监管责任（陈健鹏等，2016[2]；Jordan A 等，2005；Greenstone M 等，2014）。我国的环境监管体制虽然采取的是"统管"与"分管"相结合的监管方式，但在运行过程中由于统一监管不足、分级管理不到位，致使其仍处于多头管理的状态（晏能文，2016）。诸多学者指出，当前，我国的环境治理体系在横向上存在生态环境治理职责分散、权责不对等、职能交叉等问题，导致在环境治理工作中经常出现互相推诿的现象；在纵向上，则缺乏有效的激励、考核机制（李侃如，2011；晋海，2012；常纪文，2015；李青，

---

① 周伟：《地方政府间跨域治理碎片化：问题、根源与解决路径》，《行政论坛》2018 年第 1 期。

② 陈健鹏、高世楫、李佐军：《"十三五"时期中国环境监管体制改革的形势、目标与若干建议》，《中国人口·资源与环境》2016 年第 11 期。

2015）。另外，吕忠梅（2009）、何志颖（2012）、钭晓东等（2013）等学者认为我国生态环境监管法律体系尚不完善，具体表现为社会监管机制缺失、"软法"问题突出、原则性规定过多等，这造成了我国生态环境监管持续低效。也有学者提出目前我国生态环境监管执行能力不足（高世楫等，2015；葛察忠，2016），监管技术装备落后（李宏伟等，2015）、人员配备不足（刘锐，2017）、环境执法信息化水平低（王金南等，2015），这些问题进一步影响了监管效率。此外，从制度保障层面，部分学者指出我国目前环境信息公开制度、社会公众参与机制、政府社会协调机制等保障制度尚未建立（赵美珍，2015）。

其次，是关于生态治理权力的条块分割方面，过去生态环境管理呈现出"碎片式权威主义"特征，政府处于绝对主导地位，各部门自行其是、利益互竞，社会组织、企业和居民参与不充分（刘建伟，2021）[①]。从纵向权力配置来看，中央政府构建生态环境治理的宏观决策，区域内的各个地方政府对各自辖区内的生态环境治理负责，但是并没有对各个部门的治理行为制定明确的奖惩制度，加之各层级地方政府利益诉求上的不一致，国家宏观的环境政策经过省级→市级→县级→乡级→村级等多层级一次次政策再规划和再细化，地方政府在生态环境治理中不可避免地存在相互推诿和机会主义行为，同时生态环境治理在执行过程中也不可避免地出现政策失真现象（肖攀等，2021[②]；刘志坚，2013；詹国彬，2020）。其次，从横向权力配置来看，部门间职责划分也存在抽象不明的问题，总体上看，生态环境治理机构的职责过于简单，职权范围没有明确具体的说明。而其他的单行法律，也未对这些问题进行改进，往往是先规定一个统一的治理部门，然后再规定有关部门按照自己的职责对环境保护进行监督管理（王树义等，2016）[③]，总而言之，环境保护部门无法充分发挥统管部门的作用（汪劲，2009），生态环境治理中主体的多元化与治理结构上职责部门的分散使得跨部门生态环境治理十分困难，信息共享受阻以及较差的跨部门协同性对生态环境治理效果的提高造成长期制约（詹国彬等，2020）。

---

① 刘建伟、许晴：《中国生态环境治理现代化研究：问题与展望》，《电子科技大学学报》（社会科学版）2021 年第 5 期。

② 肖攀、苏静、董树军：《跨域生态环境协同治理现状及应对路径研究》，《湖南社会科学》2021 年第 5 期。

③ 王树义、蔡文灿：《论我国环境治理的权力结构》，《法制与社会发展》2016 年第 3 期。

三 陆域生态环境治理体制的优化对策

针对现有生态环境治理体制存在的问题，学者从法律制度完善、生态环境垂直管理、跨区域协调机制构建、治理执法能力提升等角度探究了生态环境治理体制的优化对策。从法律制度层面，学者提出必须重塑协同合作的立法体系（袁小英，2016），提高法律的可操作性，推进环境司法常态化、规范化和专门化，进一步提升环境监管法治化水平（陈建鹏等，2016）。王金南等（2015）从生态环境垂直改革视角，进一步提出要确定生态环境监管执法机构依照法律规定独立行使调查监督权，强化执法力量，实行"国家—省—地市"三级生态环境监管执法体制。针对生态环境治理的部门条块分割、各自为政的问题，Aslan C E 等（2021）认为在环境和社会变化面前，加强管理连接性的跨界合作可能对生态连接性至关重要[1]；常纪文（2016）等学者提出通过行政协助的方式组织、协调各部门的环境治理工作，厘清"垂直管理"与"水平管理"的关系，在此基础上建立跨区域、跨流域的环境联合执法工作制度，强化部门间协调联动。刘建伟（2021）、姚雪梅（2015）、朱远（2020）、周鑫（2020）等提出要构建一个包含治理主体多元化、客体结构化、过程系统化、方式民主化等关键要素的现代化生态治理体系。

另外，也有学者从多元主体参与视角探究生态环境治理体制的优化问题。Arentsen Maarten（2008）指出在环境法律政策制定过程中，需要社会公众、非政府组织的参与才能施加压力给政府。Reyes-Rodríguez J F（2021）研究并肯定了环境保护中，中小企业参与的作用[2]。Koch L，Gorris P（2021）、Hamilton M（2021）等强调了生态环境相关的行动者之间的社会关系结构对提高环境治理合作方式的能力起着关键作用以及在碎片化的环境治理中，各个参与者之间合作的重要性。张恒（2017）等指出，公众作为具有特殊价值的环境监管主体，拥有对政府的监督权和环境

---

[1] Aslan C. E., Brunson M. W., Sikes B. A., et al., "Coupled Ecological and Management Connectivity Across Administrative Boundaries in Undeveloped Landscapes", *Ecosphere*, Vol. 12, No. 1, January 2021.

[2] Reyes-Rodríguez J. F., "Explaining the Business Case for Environmental Management Practices in SMEs: The Role of Organisational Capabilities for Environmental Communication", *Journal of Cleaner Production*, Vol. 318, No. 1, 2021 october.

事务参与权,戴维基(2012)、张永亮(2015)等进一步探讨了公众参与环境保护的信息公开与立法听证等制度的构建问题。此外,王莉(2010)、周生贤(2014)等结合我国生态环境评估面临的现实困境,提出必须进行环保系统事业单位环评机构脱钩改制,着力形成与行政主管部门脱钩、自主经营、自担责任的市场主体,确保环境监管的客观公正性。

综上,针对现有陆域生态环境治理体制存在的问题,现有研究从垂直管理改革、跨区域协调、法律完善、社会参与等视角提出了多种优化对策,为海洋生态环境治理体制改革提供了宝贵经验。不少学者指出,在现有的陆域生态环境治理职责划分下,环保部等陆域环境治理部门没有对海洋的治理权限,从而导致陆源污染等陆海关联密切的环境问题被人为地分割开来,带来行政壁垒问题。

第二节　海洋生态环境治理体制研究

一　海洋生态环境治理体制的现状

传统的海洋生态环境治理体制主要以政府单一主体模式为主,但由于受观念意识、信息平台、利益纷争等影响,各层级、各区域地方政府间往往存在不协作的问题(黄颖萍,2010;Luisa E. Delgado,2021)。吕建华(2012)、张江海(2016)[1]等指出政府单一主导下的海洋生态环境治理体制本身存在结构性缺陷,"碎片化"现象严重,导致海洋生态环境治理效率低下,海洋生态环境治理"公地悲剧"问题日趋严峻,且我国的海洋生态环境治理也是由上指挥、由下实施,地方政府是否能使相关政策落地成为关键一环。鉴于此,有学者(曹洪军等,2021)[2]提出应通过加强中央政府对地方政府的奖惩程度,来提升地方政府的治理能力。也有部分学者专门针对陆源污染问题指出陆域环境保护部门与其他相关部门之间属于支配与被支配的关系,而单一主体实施治理的过程及结果缺乏社会监督,导致治理的主动性和积极性不足(李宁,2014)。鉴于此,有学者提倡建

---

① 张江海:《整体性治理理论视域下海洋生态环境治理体制优化研究》,《中共福建省委党校学报》2016年第2期。

② 曹洪军、蔡学森:《地方政府海洋生态环境治理策略选择的演化博弈分析》,《中国渔业经济》2021年第1期。

立基于"谁污染，谁治理"准则的政府和企业二元治理体制（Erdem，2008），并开展广泛的实践探讨。如针对陆源污染问题，裴相斌（2000）提出按浓度分担率削减排放量的治理方式，让企业按照政府规定的最小排污量开展减排工作，逐步建立起政府与企业之间的互动治理体制。张继平（2016）在分析政府与企业在海洋陆源污染不同阶段博弈的过程中，提出了强化约束的管理策略。全永波等（2020）[①] 提出"微治理"的创新模式来治理海洋生态环境，其具体表现为以政府治理为核心，同时运用适当的科技手段，结合基层的多层级治理方式。但也有学者提出，由于企业、政府的发展利益冲突，企业通常是迫于政府压力被动参与污染的治理，与此同时政府面临较大的监督成本，因而政府、企业二元治理体制实质上依然难以有效解决海洋生态环境问题（易志斌，2014）。

鉴于单一或二元主体的治理体制存在诸多缺陷，国内外学者开始探索构建多元主体的海洋生态环境治理体制。目前，学者们主要从多元主体参与式治理（杨振姣等，2014；张劲松，2015；沈满洪，2018；McNeil Levi，2019）、整体性治理（Christopher，2003；吕建华等，2012）、协同治理（Perri，2002；司林波等，2017；Matines 等，2019；张晓丽，2021）、综合治理（赵志燕，2015）等理论视角探究海洋生态环境治理模式。张继平等（2016）和王艺霏（2017）等指出，多元主体的治理结构给政府以外的企业、公众以及第三方机构等提供了参与监督污染治理的机会，提高了污染治理主体的积极性。在多元治理体制中，社会公众、非营利组织等第三方治理主体的参与对海洋生态环境治理政策的落实具有极为重要的意义（Laurence，2008），在监督政府行为方面起着重要作用（宋宁，2010），有助于克服单一或二元主体的治理体制存在的缺陷，克服政府包揽管理事务的弊端，提高海洋生态治理效率和效益（Hubert 等，2008）。

二 海洋生态环境治理体制存在的问题

表2-1是根据《环保法》和《海洋环境保护法》整理得到的中央层面涉及海洋环境管理的职能部门。由于海洋生态环境问题涉及陆域和海域

---

① 史宸昊、全永波：《海洋生态环境"微治理"机制：功能、模式与路径》，《海洋开发与管理》2020年第9期。

两个空间，再加上传统的经济、政治体制及"重陆轻海"等文化的影响，现有的海洋生态环境治理体制仍存在诸多问题，其中以陆海分割导致的行政壁垒问题最为突出（崔旺来，2009）。我国海洋生态环境治理体制在演化过程中虽然逐步实现了治理体制综合管理与职能管理、统一管理与分级管理的统筹结合，但本质上还是一种"碎片化"管理体制（张江海，2016；王刚等，2017）。

首先，部分学者指出当前我国海洋生态治理体制面临机构设置不合理的问题，机构权限交叉、划分不明（张程，2014；张晓丽等，2021①），尤其在陆源污染治理方面，多头治理但无人负责的现象十分突出（曹宇峰等，2014）。陆海发展缺乏有效的统筹协调，海洋生态治理问题已成为制约海洋可持续发展的瓶颈（马永欢等，2021），并且由于海洋生态环境治理职责部门分割严重以及陆海统筹治理方面的法律法规缺失，海洋生态环境的执法容易受地方政府掣肘，治理执法效力无法得到保障（杨妍，2013；张程，2014；王金南等，2015；李俊龙，2017）。但也有学者经测算后认为东海海洋生态环境治理绩效水平总体呈上升趋势，其中浙江省和福建省在2011年之前经历总体的震荡下降后便开始回升，但与上海仍然存在显著差距（李加林等，2021）。

表2-1　　　　　　　中央层面涉及海洋环境管理的职能部门

职能部门	法律依据	部门职责
环保部	《环境保护法》《环境影响评价法》	负责环境污染防治的监督管理。承担从源头上预防、控制环境污染和环境破坏的责任
海洋局	《环境保护法》《海洋环境保护法》	负责海洋环境的监督管理，组织海洋环境的调查、监测、监视、评价和科学研究，负责全国防治海洋工程建设项目和海洋倾倒废弃物对海洋污染损害的环境保护工作
海事局	《海洋环境保护法》	负责所辖港区水域内非军事船舶和港区水域外非渔业、非军事船舶污染海洋环境的监督管理，并负责污染事故的调查处理；对中华人民共和国管辖海域航行、停泊和作业的外国籍船舶造成的污染事故登轮检查处理等

---

① 张晓丽、姚瑞华、严冬等：《近岸海域海洋环境问题及治理对策》，《中华环境》2021年第5期。

职能部门	法律依据	部门职责
渔业局	《海洋环境保护法》《渔业法》《防止拆船污染环境管理条例》	负责渔港水域内非军事船舶和渔港水域外渔业船舶污染海洋环境的监督管理，负责保护渔业水域生态环境工作，并调查处理前款规定的污染事故以外的渔业污染事故等
海军环保部门	《环境保护法》《海洋环境保护法》《中国人民解放军环境保护条例》	负责军事船舶污染海洋环境的监督管理及污染事故的调查处理

资料来源：根据《海洋环境保护法》《渔业法》等相关法律整理所得。

其次，治理体制内部的协调统筹能力不足，部门间缺乏联动机制，进一步加剧了海洋生态环境治理体制的低效运行（Hermanni Backer，2010；张舒平，2016；李俊龙等，2017；Ambio，2017）。有学者提出，目前海洋生态环境治理的主体过于单一，社会组织、新闻媒体和群众参与程度不够，也是导致治理体制壁垒的关键原因（杨振姣等，2014；Jiang Daokui①，2020；朱永倩等，2020，郑淑娴等，2020）。此外，在治理技术层面，有学者提出我国陆海之间在生态环境监测方面还存在技术性的壁垒，有关海洋生态环境和近岸生态环境的质量档案、质量通报等协作保障机制尚未建立，陆海监测机构间缺乏长效的互动共享机制（吕宝强等，2015；田为民等，2015）。

三　海洋生态环境治理体制的优化对策

国外学者早于国内对海洋环境治理展开了研究，认为海洋的继续发展意味着必须采取行动，采取更全面、跨学科、跨界协调和适当的综合方法来利用和保护海洋及邻近河流流域，同时要注意海洋的可持续发展（Jamieson，2006；Ottersen 等，2011；Skern-Mauritzen 等，2016）。对此，有学者从治理部门间的协作方面去探究，提出要加强各个政府间的互动协作（Hermanni Backer，2010），也有学者（Ambio，2017）从整个国际角度看，认为应采取若干举措来改善各国合作、协调和一体化，让不同组织之间实现更大的政策和战略一致性。另外，还有很多学者从多元治理方面研究海洋环境治理的优化对策，如 McNeil Levi（2019）建立了政府、企

---

① Jiang Daokui, Chen Zhuo, McNeil Levi, Dai Guilin, "The Game Mechanism of Stakeholders in Comprehensive Marine Environmental Governance", *Marine Policy*, Vol. 112, 2020, pp. 103728.

业、非营利组织三者关系的概念模型，并进行了纳什均衡解和策略选择分析，Koch Larissa（2021）也认为环境治理关乎行动者之间的社会关系结构，不能忽略任何一个主体。

国内学者也主要是从治理部门间的协作方面和多元治理方面探究解决海洋生态环境治理的体制壁垒问题。部分学者提出政府首要任务是创新政绩考核体系，转变政府职能和理念，确保各级政府部门的集体行动相容性，从而实现各层级、各区域政府间的互动协作（杨振姣等，2014）。王慧等（2012）结合我国现有的海洋生态环境治理体制，提议定期召开协商会议和开展海洋环境保护联合执法检查，形成环保、海洋部门从上到下的联动格局。张晓丽（2021）通过分析近岸海域存在的问题及其成因，提出应确定重点海域范围，建立区域合作机制，强化组织协调，加强纵向和横向协调，全方位搭建海洋生态经济圈。另外，从多元主体协作视角来看，有学者提出要进一步丰富非政府组织和社会公众参与的通道和途径（杨振姣等，2017；朱永倩、张卫彬，2020），充分调动公众参与、相关企业防治污染的积极性（梁芳，2008；张继平等，2013），通过"微治理"的创新模式来治理海洋生态环境（史宸昊、全永波，2020）。

除针对治理机构层面的优化对策研究外，国内外多名学者围绕海洋生态红线制度（黄伟等，2015）、海洋主体功能区规划（Douvere F，2009；路文海等，2015）、海洋生态补偿制度（杨振姣，2014；沈满洪，2018；胡求光，2017）、陆源排污收费制度（徐艳，2012；张继平等，2013；胡兴艳，2014）、海洋生态治理信息公开与共享制度（梁芳，2008；Cristina，2010；梁亚荣等，2010；赵丽，2013）、海洋环保法律制度（张式军，2004）等与海洋生态环境治理相关的制度层面探究体制的优化问题。

综上，已有越来越多的国内外学者关注到陆海分割下的海洋生态环境治理体制存在的多头治理和"碎片化"治理问题，并重点从部门协作层面提出治理体制的优化对策，相关研究成果对于后续探索建立陆海统筹的海洋生态环境治理体制具有重要的参考价值。

第三节 陆海统筹的海洋生态环境监管体制研究

一 陆海统筹的理论内涵与应用探索

我国 1996 年出台的《中国海洋 21 世纪议程》首次将统筹发展理念纳入到陆海关系之中，明确提出"要根据海陆一体化的战略，统筹沿海陆地区域和海洋区域的国土开发规划，坚持区域经济协调发展的方针"，关于陆地与海洋两者关系的研究最开始于 20 世纪 90 年代，主要提法有"海陆一体化""海陆互动""海陆联姻""海陆统筹"等，而"十二五"规划纲要则将相关的提法统一为"陆海统筹"，此后诸多国内学者从不同学科角度对陆海统筹的内涵做了丰富的阐释、解读。首先，部分学者从宏观战略角度将陆海统筹视为一种全新的发展理念和战略思维，认为陆海统筹是在综合协调和正确处理陆地和海洋开发关系基础上，统一筹划，加强海陆之间的联系和相互支援，在海洋和陆地两大自然系统中建立合理利用资源、保护生态环境安全的发展模式，确立陆海一体、陆海联动发展的一种战略思路（王倩等，2011；曹忠祥等，2015；李俊龙等，2017；环坚轩，2018；马仁锋，2020）。其次，有学者基于地理学（鲍捷等，2011；王芳，2012；姚瑞华等，2015；吕晓君，2015）、地缘政治学等空间角度对陆海统筹的内涵进行解读，将陆海统筹视为陆海发展空间与资源环境的整合（姚鹏、吕佳伦，2021）。此外，也有学者从区域经济学角度将陆海统筹定义为一种处理区域和产业发展的基本理念，着重强调了陆域和海洋区域的协同发展（韩增林等，2012）以及陆海区域间的联动作用。

国外虽然没有专门针对陆海统筹的相关理论研究，但近些年多个发达国家所倡导的海岸带综合管理（ICZM）理念与我国的陆海统筹发展理念存在诸多相通之处（Shawna A. Foo，2021；吕佳伦等，2021）。多名国外学者针对海岸带的统筹管理规划（K. Johnson 等，2014；Kristof Van Assche，2020；Luke J. Evans，2021）、海岸带综合管理实施效果（S. Kerr，2014；Baser 等，2016；Achim Schlüter 等，2020；Rachel R. Carlson，2021）等科学问题开展了广泛的实践探索，为国内探究陆海统筹监管体制提供了有益的经验借鉴。国内学者针对陆海统筹的对策实践研究则主要集中在宏观战略思路的设计（曹忠祥等，2012）和针对陆海产业经济统筹发展（纪学鹏，2019）、陆海区域经济统筹规划（谢成天，2012；陈逸等，2019）、陆海生态环境统筹治理（姚瑞华等，2015；吕晓君，2015；张扬等，2021）、陆海统筹下海岸带治理（杜蕴慧，2015；姚鹏等，2021）、陆海统筹下的海洋强国建设（曹忠祥，2014；李俊龙等，2017）等具体领域的实践探索方面。

二　陆海统筹的海洋生态环境治理体制改革实践

目前，已有越来越多的国内外学者认识到陆海统筹发展理念对于海洋生态环境治理具有重要的指导意义，并据此开展了广泛的实践探索。Erica L. (2014) 基于对海洋管理跨部门协作的长期跟踪调查，发现部门高层之间的横向交流以及目标的及早制定可以有效减少跨部门之间的冲突。Virginia Alonso 等（2019）提出了使用生态服务系统作为边界概念可以改善陆海系统治理部门之间的整合。Linda R. Harris 等（2019）在分析南非海岸的基础上，提出划分一个更广泛的生态确定的沿海区域，指定一个全球相关并适用的框架。国内学者同样针对海洋生态环境治理的陆海统筹协调问题开展了较为丰富的研究，通过广泛的实践探索提出了包括建立国务院海洋委员会或设立省级海洋委员会（张程，2014）、打造陆海联动的生态监管与海洋灾害防御体系（谭晓岚，2016）、建立跨区域的环境保护工作联席会议制度（张舒平，2016）、组建环境监测陆海统筹委员会（李俊龙等，2017）以及建立从山顶到海洋的生态环境保护体系并建立陆海生态环境监测预警体系，以海定陆，加强对生态环境敏感区的修复，实行海洋生态补偿制度（胡臣友，2021）等诸多政策建议。并根据我国近岸海域综合治理工作的现存问题，提出国家应建立长效机制，针对重点的海域出台区域性的办法，同时，成立各级部门共同参与的综合治理的协调小组（孙家文等，2019），比如浙江省利用高效能的数字化平台，实现各空间、部门统筹协调、共同治理（路雄英等，2021）。此外，部分学者根据陆海统筹理念和江苏沿海重工业现状（翟仁祥等，2021），围绕海洋生态环境保护重大工程、陆海污染防治重点工程、陆海环境事实监测网络、防灾减灾体系建设等提出应建立海洋生态文明治理体系，加强沿海岸线和近海区域海洋生态红线管控以及资源的开发利用管控和污染联防联控。

除了探索建立部门机构层面的陆海统筹机制，也有学者从多元主体参与的角度探究陆海统筹监管体制改革的实践问题。Jesper Raakjaer

（2014）审查了当前波罗的海、黑海、地中海和东北大西洋的治理结构，为嵌套治理系统提出了建议，指出哪些机构、政策、法律和部门嵌套在一个分层的、内部一致的和相互强化规划决策体系，能够强化区域海平面治理，确保海岸带监管社会效益的最大化。Björn Hassler 等（2018）通过调查 9 个欧盟国家，发现针对社会公众设立海岸带管理课程和培训活动有助于提高社会参与监管的效率，解决社会公众专业知识体系不足的问题。国内学者同样认识到多元主体的参与对弥补传统监管体制不足、实现陆海一体化治理具有重要意义，如胡求光等（2019）对政府、企业、公众、社会组织、媒体大众以及国际社会等相关者在陆海一体化监管中承担的具体职责进行探究，提出海陆统筹治理的措施，认为要从治理主体、手段、信息、政策等多方面进行统筹，实现海洋生态损害的有效治理。陈周鹏等（2021）以广西北部湾为例提出了陆海统筹、湖海共治的对策，从制度、技术和全民等多方面进行生态修复。谢婵媛等（2021）针对广西陆海现状，提出强化陆域源头治理，包括城镇、工业、农业、生活等多方面污水的处理，并加强区域、陆海之间的联防联治。同时，亦有部分学者指出应构建信息共享、数据互联的陆海环境监测管理合作机制，多方合作监管治理，统筹实施近岸海域水质考核，如徐文洁等（2021）以山东省为例，从空间、产业等多方面进行陆海统筹新探索，提出了从纵向和横向两方面统筹陆海生态系统保护修复，建立一体的生态网络，实施陆域、水域和近海海域环境共管共治，控制工业企业、城镇生活污水管理，多方共同完善强化沿海涉海重大工程环境监管。

综上，陆海统筹具有十分丰富的理论内涵，可被视为协调陆海之间的资源开发、经济发展、生态保护、社会发展及主权权益维护等多重互动关系，促进陆海一体化发展的科学指导理念，是破除陆海分割、重陆轻海等传统观念、推进海洋强国建设的重要战略方针。国内外学者围绕陆海统筹的海洋生态环境治理体制开展了广泛的改革实践探索，提出了包括陆海跨部门协作、陆海跨区域监管、陆海多元主体参与等诸多政策建议。

第四节　已有研究评析

一　总体发展

迄今为止，已经在以下几个方面取得了较为丰富的研究成果：

第一，从部门构成、职责设置及运行模式等层面对海洋生态环境治理体制现状及其存在的问题进行了较为广泛的研究，剖析了陆海分割下的海洋生态环境治理体制所面临的多头管理等行政壁垒问题，为本书探究陆海统筹的海洋生态环境治理机制创新提供了现实依据；第二，初步总结、提炼了部分国外发达国家的海洋生态环境治理体制经验，在此基础上立足于生态系统管理、部门机构协调、公众参与等视角提出了我国海洋生态环境治理体制的具体优化对策，为本书探究陆海统筹的海洋生态环境治理机制提供了决策参考；第三，围绕"陆海统筹"这一核心概念，从部门协作、多元参与等角度初步探究了我国海洋生态环境陆海统筹治理体制的构建和实现，为研究陆海统筹的海洋生态环境治理机制改革提供了丰富的理论基础和宝贵的实践经验。

二　研究不足

虽然有关海洋生态环境监管机制研究已经取得一定进展，但仍在多个层面留有缺陷和不足，具体表现在以下几个方面。

第一，对现有海洋生态环境监管机制存在的问题缺乏识别和评估，缺乏运用评价模型定量地、多维度地评价海洋生态环境监管制度绩效。一是现有研究多是针对宏观层面的海洋管理开展体制机制层面的探讨，对现有存在的问题分析多停留在定性描述阶段，缺乏系统化建模从定量角度对监管机制运行绩效的实证评价，研究结论科学性和可信度不足；二是对海洋生态环境监管成效偏低的成因分析过于片面，忽视了陆海之间的复杂作用关系，"就海洋论海洋"的问题比较突出。

第二，缺乏从陆海统筹的视域设计海洋生态环境治理机制。现有研究多集中在概念内涵的阐述及必要性的分析等理论层面，而在海洋生态陆海统筹治理领域缺乏实践探索。一是缺乏对海洋生态环境陆海统筹治理的体制内涵、构成要素、目标定位等进行系统性的机制设计；二是海洋生态环境陆海统筹治理体制构建的研究过于宽泛，对统筹治理体制的内部结构、部门职能、运行模式及协调机制等核心问题的研究尚未开展；陆海统筹治理机制的治理主体、运行机制、技术系统、目标功能等各构成要素之间的关系以及相互之间的协作方式都有待于探讨；三是缺乏运用决策模型对陆海统筹治理机制方案进行优选决策。陆海统筹的海洋生态环境治理机制是一个集"生态—社会—经济"多层次、多维度于一体的系统，不同维度导向可以设计出多方案统筹治理机制，需要找到一个可靠的决策模型进行优选。

第三，缺乏运用系统仿真的方法优化海洋生态环境陆海统筹治理机制的运行过程。现有海洋生态环境治理机制设计鲜有从系统管理角度对相关制度运行和政策实施进行仿真模拟分析。系统动力学 SD 仿真能从系统整体出发，在系统内部寻找和研究相关影响因素，为解决环境污染问题提供一个定量定性相结合的政策仿真平台，有助于陆海统筹的海洋生态环境治理机制各因素之间的关系表达。

三　未来拓展和突破的空间

从我国海洋生态环境陆海统筹监管体制研究的现实需求出发，立足相关领域的研究成果及存在的问题，未来应在以下六个方面实现拓展和突破：

（1）现有海洋生态环境监管体制存在的问题分析。现有研究文献依然局限从"就海洋论海洋"的视角探究海洋生态环境监管体制所存在的问题，忽视了对与海洋生态环境密切相关的陆域环境管理体制的对比分析。因此，未来应立足于陆海关系的系统视角重新审视现有的海洋生态环境监管体制，通过系统梳理和比较陆域和海洋的生态环境监管的部门结构、职责设置、运行机制等关键要素，深入剖析陆海分割的监管体制与陆海联动的生态环境之间的内在矛盾、冲突，科学解构多头管理、"碎片化"监管等现象产生的内在机理，探究推进陆海统筹的海洋生态环境监管体制改革的关键着力点。

（2）海洋生态环境监管体制绩效评价体系的建立。针对当前海洋生态环境监管体制评价缺乏定量分析的问题，应结合海洋生态环境监管的具体特点，引入绩效评价模型开展定量评估研究，在此基础上从陆海关联系统视角对其成因进行分解。首先，参考已有的生态环境监管绩效评价文献，结合海洋生态环境及管理体制的自身特点，构建海洋生态环境监管体制绩效评价指标体系；其次，选取适当的绩效评价模型评估现有监管体制的运行效率，重点探究现有监管体制在陆源污染治理、围填海管理等主要领域中发挥的成效；最后，结合绩效评价实证结果，基于陆海统筹视角深入探究背后的具体成因，为推进陆海统筹下的海洋生态环境监管体制改革提供理论依据。

（3）海洋生态环境陆海统筹监管体制的国际经验借鉴。随着国际社会对陆海之间的复杂关系认识程度不断加深，在海洋管理领域中逐步形成了基于生态系统的管理、海岸带综合管理以及多中心治理等诸多与陆海统筹理念十分切合的先进管理模式。并且美国、欧盟、澳大利亚、日本、韩国等海洋国家在海洋生态环境陆海统筹监管方面形成了许多成功的模式和体制，很多经验可以为我国推进陆海统筹的海洋生态环境监管体制改革提供经验借鉴。因此，未来应针对国内外海洋生态环境监管体制，从部门结构设置、监管运行模式及监管保障体系等多个层面开展国内外对比分析，结合我国的具体现实，总结提炼国外构建陆海统筹监管体制的先进经验。

（4）海洋生态环境陆海统筹监管体制的构建。现有文献对陆海统筹的实践研究相对薄弱，有关陆海统筹的海洋生态环境监管体制研究多停留在必要性的分析层面。鉴于此，未来首先应结合陆海统筹的基本内涵和海洋生态环境监管的现实困境，进一步明确构建海洋生态环境陆海统筹监管体制的目标定位；其次，充分借鉴国外经验，基于交叉学科的研究范式，综合运用政策模拟、专家咨询、案例分析等方法，明确推进陆海统筹的海洋生态环境监管体制改革的总体思路和重点领域，从政策规划、部门设置、管理模式、运行机制及协调机制等方面深入探究海洋生态环境陆海统筹监管体制的具体构建问题；最后，通过系统梳理、归纳当前我国推行陆海统筹监管体制改革的制约因素，探究实现东海生态环境陆海统筹监管的关键突破点，立足于加快部制改革、加强顶层设计、优化监管结构、完善监督体系、开展创新试点等方面探究切实可行的实现路径。

（5）海洋生态环境陆海统筹监管体制的成效预测。准确预测体制运行成效是判断海洋生态环境陆海统筹监管体制是否科学、是否具有可操作性的重要基础，也是建立纠偏机制、进一步完善优化监管体制的参考依据。但是，现有研究文献多集中在探究如何构建陆海统筹的监管体制，缺乏对运行成效的预测研究。鉴于此，未来应借鉴系统动力学方法，通过对不同情境下的浙江近岸海域生态环境陆海统筹治理机制运行效果进行模拟仿真，探究陆海统筹的监管体制是否能有效解决现实中的陆海分割、多头监管等行政壁垒问题，实现海洋生态环境的明显改善，进而依据预测结果建立动态的纠偏机制，实现陆海统筹监管体制的不断优化。

（6）海洋生态环境陆海统筹监管体制的法律保障。构建完备的法律体系是确保海洋生态环境陆海统筹监管体制能够有效运行的根本保障，但目前有关陆海统筹监管的法律制度研究尚属空白。虽然《海洋环境保护法》中提到了有关开展陆海统筹协调合作监管等内容，但相关机构设置及职权关系的界定、跨区域合作协商程序及法律效力的实现等核心的法律问题尚不清晰。鉴于此，未来首先要对现行的《环保法》《海洋环境保护法》等生态环境监管的基本法律制度开展系统梳理和对比分析，探究陆海生态环境保护法之间可能存在的法律空白和矛盾冲突，剖析现有法律在指导陆海统筹一体化监管方面存在的缺陷与不足。在此基础上，依据海洋生态环境陆海统筹监管的现实需求，基于立法目标、立法原则、主要内容及法律实践等层面系统完善海洋生态环境监管法律体系，并从执法、普法和法律监督等多个角度探究建立陆海统筹监管法律的保障体系，以确保法律制度的有效实施。

　　鉴于此，从我国海洋治理体制研究的现实需求出发，立足相关领域的研究成果及存在的问题，本书拟在对浙江近岸海域生态环境治理的体制机制现状进行科学识别基础上，借助合成控制法对浙江近岸海域生态环境治理绩效和存在问题进行评价，从陆海统筹的视角，依托"生态环境监管模式"走向"生态环境统筹治理模式"，构建"机制+路径+政策"的浙江近海生态环境治理运行框架，并借助系统动力学模型（SD）对浙江近岸海域生态环境陆海统筹治理机制运行效果进行仿真模拟，探索设计科学、合理浙江近岸海域生态环境治理机制。

第三章

陆海统筹治理机制理论体系
构建及问题分析

　　沿海地区对中国社会经济的持续稳定发展具有重大的战略支撑作用。陆海统筹治理是在近岸海洋环境面对持续危机的背景下提出的重要理念，目前其已成为沿海地区经济、社会以及生态发展的重要内容。对于陆海统筹治理机制方面的研究不仅有助于沿海地区陆地与海洋经济环境协调发展，而且对于优化国土空间、提高资源配置效率都具有深刻的意义。本章从概念内涵和影响机理两方面构建陆海统筹治理机制理论体系，陆海统筹治理机制的概念内涵包括陆海统筹治理机制的基本概念、功能定位和属性特征，陆海统筹治理机制的影响机理则由驱动机理、制约机理和作用路径组成，在此基础上，本章对监管机制、环境规划、环境监测、治理手段和参与主体等陆海统筹治理机制的关键要素作进一步分析。

第一节　陆海统筹治理机制的概念内涵

　　由于"九龙治海、各自为政"，海洋与陆地资源并未得到有效整合，加之长期以来存在的"重陆轻海"理念，中国海洋生态环境污染问题日益突出。因此，中国亟须对陆海统筹治理机制的基本概念、功能定位和属性特征进行明确界定，为探索陆海统筹治理机制实施路径，从而有效整合海洋与陆地资源夯实基础。

一　基本概念

　　传统陆海分治理论将海洋和陆地视作两个独立的系统，陆海统筹则是在地区发展过程中，对两者进行有机整合，综合考虑经济、生态和社会多方面的功能，利用好陆海之间的联系，达到资源顺畅流动、实现优势互补、强化陆地与海洋之间的关联性，从而促进地区更快更好的协调发展。陆海统筹治理机制在对陆地与海洋区域的生态功能、社会功能与经济功能进行综合分析的基础上，通过制定政策文件和法律法规，对陆地和海洋进行整体部署，促进陆海在产业发展、资源开发、环境保护等方面的全方位协同发展，实现海洋治理与陆地治理的互动与互补。在海洋生态环境监管领域，促进陆海统筹治理机制完善和海洋生态环境监管机制创新是打破多头管理、"碎片化"监管等行政壁垒的关键，是推进海洋强国建设的重要任务。

二　功能定位

功能定位指的是突出研究主体不同于其他研究对象的独特功能，明确与其他同类事物的明显区别。中国经济自改革开放以来迅速发展，但粗放式的发展模式带来的环境问题日益突出，学界对于环境问题的重视程度不断提高，尤其是海洋生态污染问题更是得到国内国际的广泛关注。在应对海洋污染问题方面，国外主要聚焦于海岸带综合管理（ICZM），其被定义为一个持续的、动态的、多学科的和迭代的过程。它既考虑到沿海生态系统的脆弱性，又考虑到现有活动及其相互作用的多样性。这种具有适应性和横跨多部门特征的治理方式为促进沿海系统可持续发展，必须聚集政府、社会团体、科学家、决策者、公共和私人利益等不同的行为者。中国坚持陆海统筹发展战略，习近平总书记多次强调坚持陆海统筹、发展海洋经济、保护海洋生态的重要性，各级政府也从管理、技术、经济等多方面提出了具体的政策方案。需要明确我国陆海统筹治理机制与其他国家相应政策的区别，突出陆海统筹治理机制对于国家经济、生态、环境多方面的促进作用，区别中国的陆海统筹治理机制与国外的海岸综合管理，正确解读两者的功能差异，这对更加精准理解陆海统筹治理机制的功能定位具有较大帮助。

中国作为一个海洋大国，具有丰富的海洋自然资源和海洋生态系统服务价值，巨大的海洋价值是中国国家经济社会发展的重要保障。在当下经济技术迅速发展，陆地资源逐渐衰竭以及中国海洋生态污染问题不断凸显的背景下，陆海统筹治理机制是符合当下中国发展需要的海洋生态环境治理机制。因此，我们必须立足于陆海统筹治理机制，科学开发海洋资源、积极保护海洋问题并坚持维护海洋生态环境，这是中国 21 世纪发展的必由之路。

三　属性特征

（一）综合性

传统的陆海分割将陆地和海洋视为两个独立个体，陆地部门与海洋部门彼此分开治理、互不干涉，这就导致了陆海发展极度不平衡，近岸地区陆海环境治理矛盾不断凸显。陆海统筹治理机制的提出，涉及经济发展、生态保护、国家安全等各个领域，使得陆地与海洋在发展环节上相互联系，陆海统筹不是将陆地和海洋作为两个独立的整体进行简单相加，而是将陆地与海洋的各个方面作为一个整体进行统筹，联动陆海内部各要素，以推进海洋与陆地之间的经济、安全、生态等一系列发展要素为出发点，综合分析陆海治理各方面的因素进行统筹推进与综合治理。

（二）丰富性

陆海统筹治理机制需要对海洋与陆地自然资源进行统筹治理，实现陆地与海洋经济、政治、生态相互促进、相辅相成，因此深入推进陆海统筹治理机制，必须从多方位、多层次把握陆海发展的整体趋势，不是仅仅依靠某个或某几个部门发挥作用，而是需要通过多种手段实现多部门的联动，统合中央政府、地方政府、企业、非政府组织、个人等多方主体共同参与，这凸显了陆海统筹治理机制的丰富性。

第二节　陆海统筹治理机制的影响机理

社会科学研究表明，只有在正确识别变量之间的关联关系以及因果关系的基础上，才能准确了解研究变量并结合模拟方式来定量分析各种可能发生的结果。本节通过梳理当下陆海统筹治理机制的驱动机理与制约机理、探讨这些影响机理对陆海统筹治理机制的作用路径，为进一步探索打破监管体制壁垒、促进部门协作、提高体制运行效率的途径提供理论基础。

一　驱动机理

（一）国家对生态文明建设的重视

近年来党和政府关于环境问题提出众多政策方针，关于生态文明建设做出许多重大论述，其中包括了加快生态文明体制改革、坚持绿色发展理念、坚持人与自然和谐共生的基本方略、尽早实现建设美丽中国的目标、将生态文明写入《宪法》、将美丽写入党章等一系列讲话①；中共中央办公厅和国务院办公厅等文件中明确表示要打好污染防治攻坚战、完善中央生态环保督察责任、建立生态文明试验区、建立生态环境损害赔偿制度、建立生态保护红线、保护自然保护地、建立生态环境监测网络以及维护资源环境承载能力。这一系列举措都表明了当下中国政府重视生态环境问题，绿水青山就是金山银山、人与自然和谐共生等生态理念深入人心。陆海统筹治理机制是在党和政府高度重视生态环境修复的背景下产生的一种生态环境治理机制，国家对生态问题的高度重视促成了陆海统筹治理机制的落实。

（二）陆海统筹的法规政策和战略规划的协同推进

生态环境部在《海洋环境保护法》修订过程中论证了陆海统筹的生态环境保护制度体系，并在"十四五"全国生态环境保护规划预研"打通陆地和海洋"的生态环境质量改善政策措施研究；自然资源部在陆海统筹的国土空间规划体系中进行海岸带综合保护与利用总体规划研究②；陆海生态环境保护修复一体化制度研究成为国家社科基金重点专项；陆海统筹加强海洋生态环境保护的政策建议成为中国工程院咨询项目。陆海统筹治理体系的政策与规划协同发展、同步推进，为陆海统筹治理机制的发展提供了保障。

（三）其他国家海洋生态环境治理模式的提出与发展

中国当前所面临的海洋环境问题往往也是国外部分发达国家面临过的问题，"陆海分治"问题在部分发达国家海洋环境治理中也曾长期存在，其基于生态系统的管理模式以及对海岸带综合管理的实践对中国陆海统筹治理机制的发展具有较大的借鉴意义。

基于生态系统的管理模式将人类社会在内的整个生态系统纳入考虑范围，以实现环境资源的可持续发展、保持生态系统的弹性和生产力为目

---

① 杨志华、刘薇、彭思雯：《为什么说生态文明建设站在了新起点》，《领导之友》2017年第24期。

② 董少彧：《"陆海统筹"视域下的我国海陆经济共生状态研究》，硕士学位论文，辽宁师范大学，2017年。

标，致力于为人类长久发展提供服务①。基于生态系统的管理可以被认为是构建陆海统筹治理模式的关键步骤之一，对基于生态系统管理的相关案例进行介绍对构建符合中国国情的生态系统管理具有重要推动作用；海岸带综合管理强调的是多个部门的参与，运用统筹的方法进行管理，其突出的特点主要体现在海洋和陆地综合、中央部门和地方部门的垂直综合、同级部门的水平综合、各方利益的综合、法规政策的综合、管理功能的综合、空间与时间的综合、理论与技术的综合以及不同学科的综合②。海岸带综合管理主要针对的是在海岸带管理中存在的治理碎片化、部门分割以及利益冲突问题，这些问题在中国近岸海域的环境管理中同样存在，因此，海岸带综合管理模式对中国近岸海域生态环境治理具有重要借鉴作用。

二　制约机理

陆海统筹治理机制提出之后，中国在经济、社会、生态等方面都取得了一系列重大成就，如海洋经济加快发展且海洋陆地一体化趋势显著增强、陆海交通基础设施建设进展迅速、陆海生态环境保护取得重大进展、涉海生态建设与科技水平取得一定成果等。但是，当前陆海统筹治理机制尚不完善，仍然存在众多制约发展的因素。海洋生态环境陆海统筹治理是按照陆海统筹的基本理念，将监管机构、环境规划、环境监测、治理手段及参与主体全面整合协调以实现陆海一体化管理的创新实践。体制的改革创新必然面临一定的阻力。清醒认识到中国当下陆海统筹战略发展所面临的制约因素，对于深入推进陆海统筹、加快发展海洋经济、维护海洋生态都具有举足轻重的作用，为更深刻地把握当下面临的问题、反思政策调整方向并提供基础性参照，本节将对制约中国陆海统筹治理机制的因素进行分析。

（一）海洋经济发展总体滞后

虽然在陆海统筹战略背景下，中国海洋经济加快发展，但是中国海洋

---

① 褚晓琳、许春凤：《基于生态系统的海洋综合管理研究——以美国大沼泽湿地项目为例》，《海洋开发与管理》2021年第3期。

② 黄惠冰、胡业翠、张宇龙等：《澳大利亚海岸带综合管理及其对中国的借鉴》，《海洋开发与管理》2021年第1期。

开发水平低，海洋经济发展方式粗放，海洋资源综合开发利用率不高①。科技创新能力不足严重制约了海洋经济发展进程。关键领域技术，特别是深海资源开发技术自给率和科技成果转化率低，空间利用处于传统阶段，部分领域的成果和专利转化率不足 20%，其中投入不足和投入结构不合理是重要原因。早在 1998 年美国的海洋科研经费投入已达到 21 亿美元，折合人民币 173.9 亿元；日本投入 776.07 亿日元，折合人民币 55.2 亿元。在海洋科技成果转化的研究和实验室阶段，美国、日本等发达国家中试（产品正式投产前的试验）、产品化阶段、产业化阶段投入资金比例大致为 1∶10∶100，而我国用于产业化开发的资金明显不足，比例约为 1∶1∶10，远小于发达国家的投入②。

（二）陆海经济关系不协调

大力实施陆海统筹战略之后，以"九龙治海、各自为政"为特点的陆海分割治理问题得到了一定的改善，陆地与海洋在经济、生态等各方面的联系得到了加深。但是仍然没有改变陆海经济联系层次低，相互支撑不足的本质。当下面临的陆海经济关系不协调问题主要包括：临港产业过快发展，加剧了陆海矛盾和冲突；结构性和区域性过剩倾向明显；部分海洋产业过度发展的同时另一部分海洋产业发展动力不足。海洋产业根据发展速度被划分为不同类型，包括快速增长型（如海洋电力业和海洋生物医药业等）、平稳增长型（如海洋渔业和海洋交通运输业等）、波动增长型（如海洋矿业和海洋油气业等）以及波动下降型（如海洋盐业等），不同海洋产业之间的发展极不平衡。

（三）规划管理体制与陆海统筹战略要求不适应

由于涉海地区陆地部门与海洋部门之间存在部门责任交叉、权责不明确等一系列问题，海洋生态环境的损害很大程度上是由陆域生产开发活动及其造成的影响不断向海洋延伸所致。沿海地区污染物治理问题的归责困难，导致涉海地区陆地污染物排放进入海洋，近岸海域环境污染呈交叉复合态势，危害加重，防控难度加大，体制漏洞不断凸显，海洋生态系统功能退化，处于剧烈演变阶段，海洋环境灾害频发，海洋开发

---

① 曹忠祥、高国力：《我国陆海统筹发展的战略内涵、思路与对策》，《中国软科学》2015 年第 2 期。

② 曹忠祥：《新时期我国海洋国土开发面临的形势》，《今日国土》2013 年第 1 期。

的潜在风险较高。近岸海域地区陆海环境污染交叉、多个部门机构治理任务重合，导致部门之间互相推责，这种管理机制与陆海统筹治理的最初要求背道而驰。

（四）近岸海域排污源头变化

沿海地区的工业企业是近岸海域污染的主要来源，同时也是近岸海域污染防治的重中之重，海洋生态环境损害严重，而其中很大程度上是陆域生产开发活动及其造成的影响不断向海洋延伸所致，具体包括陆源污染、填海造地等生态损害源。陆域沿海地区长期高投入、高消耗、高污染的传统发展模式是造成海洋生态环境受损严重的根本原因。全国沿海省级行政的公报数据与统计年鉴数据表示大部分人均 GDP 达到 4 万元的沿海省级行政区，其工业排污已呈下降趋势，工业废水排放增长势头得到遏制，而生活排污连续 11 年上升，2011 年后更加速攀升。从规划方面来看，全国国土规划中涉海部分仍然主要集中在临海的陆地区域，但相关部门对生活污染的监测明显不足，防控工作的重心仍然放在工业排污上，尚未充分关注新发生的变化，快速的城镇化加剧了海域污染[①]。

三　作用路径

根据系统协调理论，陆海生态系统要发展到一个理想的状态，就必须协调陆地与海洋两个子系统以及系统中的各个要素的关系，只有海洋与陆地的子系统之间相互协调，才能推动陆海两个系统持续协调发展。通过梳理驱动与制约机理，分析其中因素如何作用于陆海统筹治理机制，有助于推进陆海统筹战略的落实[②]。

（一）利用驱动因素

必须对陆海统筹治理机制的驱动路径加以利用，使其在推动陆海统筹治理机制过程中发挥更重要作用。其一，我国主要矛盾变化是陆海统筹治理机制产生的前提。在新时代我国社会主要矛盾尤其是生态文明建设方面矛盾突出，其中我国当前主要矛盾中的人民日益增长的美好生活需要，包括对于生态环境方面更高的需求，但目前我国生态文明建设仍突出存在不

---

① 林拓：《"十三五"规划应重视近海治理问题》，《光明日报》2015 年 10 月 29 日第 16 版。

② 李彦平、刘大海、罗添：《陆海统筹在国土空间规划中的实现路径探究——基于系统论视角》，《环境保护》2020 年第 9 期。

平衡不充分问题，难以满足老百姓的需要①。陆海统筹治理机制联动陆地与海洋两大生态系统、促进两大生态系统经济与环境共同前进发展，旨在有效缓解海洋污染，实现人民对美好生活向往中对美好生态环境的向往。当下我国主要矛盾的变化为陆海统筹治理机制提供了前提条件，为陆海统筹的生态环境保护提供了方向指引，为解决当下的主要矛盾，陆海统筹治理机制得到社会各界广泛关注。其二，陆海统筹的法规政策和战略规划的协同推进，为陆海统筹治理机制的发展提供法律保障。陆海统筹法律法规的完善这一驱动路径主要表现在环境基本法要反映"陆海统筹"的要求，以"系统保护"原则进行涵盖，直接适用于陆海资源开发利用和生态环境保护的法律规范应明确规定"陆海统筹"原则，涉及陆海自然资源开发利用、生态环境保护的法律均应反映"陆海统筹"这一具体制度要求等。实现"陆海统筹"原则，关键是规划制度、环境标准制度、排污许可制度、调查监测等制度的法律支撑②。陆海统筹自提出以来就得到广泛关注，陆海统筹相关的法律法规不断完善，这为进一步思考陆海统筹治理机制的不足提供了条件。其三，其他国家海洋生态环境治理模式为中国陆海统筹提供借鉴意义。中国当前所面临的海洋环境问题往往也是国外部分发达国家面临过的问题，"陆海分治"问题在部分发达国家海洋环境治理中也长期存在过，因此，通过对这部分国家海洋环境治理的体制进行分析和总结能够为当前中国进一步完善海洋环境的陆海统筹治理提供启示。美国、澳大利亚、欧盟等国家或地区的治理经验（重视立法工作、依法管理海洋环境、重视协调与协商、实行联合共治等）对我国推进陆海统筹治理具有较大的参考价值，因此需要进一步分析整理国外治理经验，使其成为推动我国陆海统筹治理的重要助力。

（二）克服制约因素

中国陆海统筹战略的推进存在一些制约因素限制了陆海统筹的进一步发展，需要克服制约因素以推动陆海统筹治理机制构建。首先，提升海洋经济发展水平，推动陆海关系协调发展。在陆海统筹背景下海洋经济得到

① 杨志华、刘薇、彭思雯：《为什么说生态文明建设站在了新起点》，《领导之友》2017 年第 24 期。

② 李挚萍、程晓娅：《"陆海统筹"的法律内涵及法律实现路径》，《华南师范大学学报》（社会科学版）2021 年第 4 期。

了大幅度提升，但相对于陆地经济系统而言仍有很大的提升空间，海洋经济发展相对于陆地而言仍然缓慢，陆海之间的发展协调度仍有待提高，这些问题都与陆海统筹的初衷背道而驰，海洋经济发展相对落后的现状阻碍了陆海协调发展战略目标的落实以及海洋经济强国目标的实现，因此需要从偏重陆域环境向陆海环境并重转变，改变海洋开发无序的现状，推进城市涉海规划转变①。其次，改革近岸陆海部门管理体制。部分陆地企业为达到自身减排目标，存在排污入海的行为，再加之海洋与陆地部门协调机制监管不足，中央和地方政府的财权、事权关系不顺等管理体制问题，使得涉海地区的污染物排放问题如污水排放，不仅导致陆地生态环境恶化，还带来海洋环境污染，陆地与海洋环保部门责任交叉、权责模糊导致海洋生态问题难以有效解决，亟待明确陆地与海洋各个部门的责任，建立完善的责任追查制度，对机构进行整合剔除责任交叉机构并对近海陆海部门实施整合规划。最后，准确识别与定位近岸海域排污源，实施有效源头治理。增强对污染来源的准确把控从而做到有的放矢，促进陆海统筹治理机制的有效落实，同时，推进多主体的广泛参与，形成海洋生态文明建设新模式。

第三节　陆海统筹治理机制的关键要素

随着我国对生态环境保护的重视程度不断提高，运用陆海统筹治理机制协调海洋与陆地的经济、生态等活动方兴未艾。当下陆海统筹治理机制不断得到深化，如何进一步推进陆海统筹、更好协调陆海关系从而为海洋环境保护做出贡献这一问题显得至关重要。未来有效推进海洋经济、生态等方面的发展，就必须深入了解陆海统筹治理机制所涵盖的关键要素。这就需要从陆海统筹的不同角度出发进行分析，如监管机制、环境规划、环境监测、治理手段、参与主体五个方面来了解"陆海统筹是统筹什么"这一本质性问题。可以说，准确地把握住陆海统筹治理机制的关键要素是持续有效推进陆海统筹治理机制建设的逻辑起点。本节在阐述理解陆海统筹的基本概念及影响机理的基础上，对包含监管机制、环境规划、环境监测、治理手段、参与主体在内的五大关键要素的陆海统筹进行分析。

---

① 林拓：《"十三五"规划应重视近海治理问题》，《光明日报》2015年10月29日第16版。

一　监管机制

海洋环境监管工作涉及环保、海洋、海事等多个部门共同参与，针对管理机构分散、各自为政和职能交叉等局面，应构建从中央到地方政府的纵向统筹协作机制和跨区域的横向联动机制。监管作为中间反馈环节，应建立一体化、联动性政府监管体系，在生态环境监管方面给予充分重视，科学制定特定空间范围内尤其是陆海相接地区的空气、水土质量标准，以最强的决心、最严厉的措施加强生态环境保护，满足居民对美好生态环境的追求①。

首先，明晰各机构的权责是浙江近岸海域生态环境陆海统筹监管体制改革的重点所在。基于管理学中的"责权三角定理"，在浙江近岸海域生态环境陆海统筹监管机构设置的基础上，明晰监管机构的职责，划分监管机构的工作范畴。一方面，将浙江近岸海域生态环境陆海统筹监管机构纳入政府行政执法保障序列，赋予其必要的行政级别，确保其绝对独立的浙江近岸海域生态环境监管权；另一方面，赋予监管机构组织编制浙江近岸海域生态环境陆海统筹监管制度和措施的权利，负责制定浙江近岸海域海域统一的生态环境监管目标、监测规范与标准，并监督地方政府及部门的海洋生态环境陆海统筹监管工作执行情况，确保各市、县、地区海洋生态环境陆海统筹监管工作的协同推进。

其次，在明确监管部门及其职责的基础上，结合陆源污染、围填海等具体的海洋生态损害类型，以克服因陆海分割导致的多头管理、"碎片化"监管等体制壁垒问题为目标，建立从中央到地方政府的纵向统筹协作机制和陆海跨区域的横向联动机制，探究纵横交错的立体式生态环境监管运行模式。

二　环境规划

党的十八届三中全会提出"建设陆海统筹的生态系统保护修复区域联动机制"②，关键在于认清生态系统的一致性，基于海洋资源的稀缺性、

① 张舒平：《山东半岛蓝色经济区海洋环境整体性监管的问题与对策》，《中国行政管理》2016年第11期。

② 张根福、魏斌：《试析习近平新时代陆海统筹思想》，《观察与思考》2018年第6期。

损害的不可逆转性，把生态保护的理念放在首位，坚持用陆海统筹的思想进行环境规划。完善海洋规划体系，须对海洋规划体系框架进行研究，确立海洋规划编制的原则与程序，拟定海洋规划编制办法，从而逐渐完善海洋规划体系，用于指导海洋规划的编制工作。具体来说应在以下几个方面加强规划布局：规划好产业布局、港口资源、科技力量、基础设施、环境保护、资金投资、人才资源、军事力量、短期目标和长期目标，增强规划的可操作性，从可持续发展角度助力规划布局。同时要注意与陆域规划的衔接问题，注重信息共享，统筹陆海规划，实施国家陆海统筹大战略。沿海地区作为区域与海域链接的重要纽带，起到了至关重要的作用，做好沿海地区的发展规划是重点。

陆域与海域的整体性格外重要。沿陆海域空间经济占据着海洋经济的大部分，因此不可忽视陆域对于海洋经济的重要影响。海洋开发过程中，很多海洋产业，如渔业、盐业等，其所有的生产制作工序全部在陆地上完成。虽然海上能够完成渔业、交通运输、采矿等现代产业，但其主要生产基地仍然在陆地上，很多辅助性或主导性的产业也在陆地上。由此可见，陆地产业的快速发展，对海洋经济的开发起着非常重要的推动作用。海域和陆域的发展具有紧密的关联性和整体性[1]。

此外，还要在关于两域规划体系匹配性方面有所重视。在设计海域规划体系时，必须做好短期规划、中长期规划、具体微观层面以及整体宏观层面规划，同时也要充分考虑体系结构，加强各级各类海域规划之间的相互配合，从而更好地促进海洋事业的发展。此外，进一步研究制定规划评估指标体系和考核办法，制定切实可行的海域规划年度实施计划以及保障政策和措施，加快完善海域规划评估制度、加快建立海域规划运行监督机制，确保能够建立相应实施保障与监督机制，促成海域规划落到实处[2]。

三　环境监测

陆海统筹治理也是生态、社会、经济系统信息和监管信息的传输过

---

① 李政道：《粤港澳大湾区海陆经济一体化发展研究》，博士学位论文，辽宁大学，2019年。

② 刘佳、李双建：《世界主要沿海国家海洋规划发展对我国的启示》，《海洋开发与管理》2011年第3期。

程，陆海统筹的信息支撑集中体现在"海—陆—河"协同监测机制的运用与监管部门厘清职能、统一标准、数据共享。

海洋环境的监测是监管的前提，应将陆海环境二分监测转变为"海—陆—河"协同监测机制，做到两者监测指标、频次和点位上的全重叠与时空尺度的统筹，同时借助 WebService、WebGIS 和三维 GIS 等现代信息技术，开发海洋环境监测监管业务化协同服务平台，以满足环境质量管理的需求。

通过健全的环境监测管理法规体系与统一的环境监测陆海统筹规定，建立标准化的环境监测规范，加强部门间统筹、协调的机制建设，从而使地方监管部门间配合和交流增加，有利于网络资源的优化和技术的发展。在数据传输与应用层面上，需要做到检测主体协同、检测点位选择互补、检测标准制定一致、检测频率统一、检测信息平台共享，以实现海洋生态环境监测从"数据获取—数据应用评价—产品发布"全流程信息化，解决质控溯源、数据规范管理、数据快速评价应用的陆海统筹治理的信息流程优化①。

四　治理手段

监管工作必须经过多方利益主体的协调才能实现，必须综合利用行政、经济、法律等多种手段，尤其是需要改变过去投入与监督成本巨大、污染治理效率低下的政府管控方式，进一步拓展到市场手段陆海统筹与社会手段陆海统筹。市场是陆海统筹治理环境的依托，作为弥补政府治理手段不足的关键发挥重要作用。充分发挥市场在创新资源配置中的决定作用，必须统筹多种治理手段共同参与陆海统筹治理机制建设。其一，积极发挥政府财政对创新的支持作用；其二，构建以企业为主导的技术创新模式，推动企业成为技术创新决策、研发经费投入、科研组织实施及成果转化应用的主体；其三，完善陆海两域生产性服务业市场机制，激发技术部门的创新活力的发展；其四，对传统海洋产业可进行改造提升，培育壮大海洋高科技产业与创新发展服务业②。

---

① 李亿红、徐韧、宋晨瑶：《海洋环境监测监管业务化协同服务平台开发与应用》，《国土资源科技管理》2014 年第 3 期。

② 牛彦斌：《供给侧结构性改革背景下河北海洋经济发展对策研究》，《经济论坛》2017 年第 5 期。

海洋生态安全的治理与维护需要多元主体的共同参与，通过社会的力量缓解单一主体治理模式对于海洋环境信息掌握得不充分、信息渠道闭塞、治理资源浪费等问题，极大地提高海洋生态安全治理的实际效果。这也是符合现实环境的实际需要。其基本框架是采用合作的网络化组织体系，针对风险和危机，共同配合和协作实施预防、响应、恢复等应急管理过程。其核心就是在突发环境事件应对过程中引入多元主体，形成一个权力分割、责任分摊、风险共担并广泛介入到整个危机周期的网络协作系统①。

五　参与主体

海洋生态安全的治理多元主体参与模式的基本特点是主体多元、合作协商，从而突破了联动机制的限制，将社会多元主体纳入到联动的体系中，最大限度地整合社会资源②。海洋生态环境治理除了政府失灵还存在着社会缺位和失灵，社会化组织企业、非政府组织、公众等既是海洋生态环境受益人，也应当是海洋生态环境治理的参与者。

陆海统筹监管机制设计需要调动海洋环境的利益相关者的积极性，实现海洋生态环境从碎片化监管到统筹治理、从单一参与主体到多元主体的共同治理；需要基于激励与约束视角，构建政府监管机构主导下的企业、公众、NGO 等社会化多元主体参与的统筹治理组织结构、运行模式与路径，通过协商对话、互换资源、优势互补等方式形成价值认同、互利共赢的集体行动，在共同治理中凭借各自的优势从而实现各自的诉求；维护海洋生态安全更需要全社会力量的整合，形成一股合力来消除海洋生态系统受到的威胁。从而构建"党委重视、政府领导、部门负责、社会参与"③ 的多方利益主体协同监管机制。

---

① 姜自福：《海洋突发环境事件应急管理多元主体参与模式研究》，硕士学位论文，中国海洋大学，2012 年。

② 杨振姣、吕远、范洪颖等：《中国海洋生态安全多元主体共治模式研究》，《太平洋学报》2014 年第 3 期。

③ 张舒平：《山东半岛蓝色经济区海洋环境整体性监管的问题与对策》，《中国行政管理》2016 年第 11 期。

第四章

海洋生态环境陆海统筹主体分析

作为实现浙江近岸海域生态环境陆海统筹的重要途径，"多元共治"同时也是政府建立激励制度的重要根据，是参考西方国家环境治理经验并应用于中国语境的重要实践。然而，近岸海域生态环境污染涉及多个利益主体，同时由于制度惯性、市场竞争、资源稀缺等原因，利益主体间的合作治理存在一定的路径依赖①。面对多个环境主体间错综复杂的关系，如何对其识别并进行详细阐述是实现陆海统筹治理近岸海域生态污染的关键问题与理论前提。具体来说，本章将生态环境陆海统筹的主体分为三类：污染主体、治理主体与收益主体，尝试从政府、企业与社会公众的视角对三者在污染与治理中扮演的不同角色做出回答。

第一节　污染主体

海洋是典型的"公共物品"，公共物品的产权边界难以区分的特点与海洋资源国家所有的特点相叠加，使得各个利益主体享用海洋资源的权力难以区分。与此同时，单个利益主体对海洋生态环境保护所带来的正外部性将由整个社会共享，而海洋生态环境污染带来的负外部性则由整个社会承担，这就带来了社会成本大于私人成本的现象，所以每个利益主体会为了实现个人利益最大化而采取向海洋排污或过度开发海洋生态资源的行为。海洋生态环境破坏表现为海洋水体污染、海洋生态灾难增加、海洋生物多样性减少等现象，其污染物重要来源是陆域污染，其根本是机制性危

---

① 方雷：《地方政府间跨区域合作治理的行政制度供给》，《理论探讨》2014 年第 1 期。

机，包括政府机制、市场机制与社会机制失灵①。

当前浙江近岸海域生态环境污染严重，固然与生态环境脆弱、遭受自然灾害等客观因素有关，但各个污染主体的排污行为和对海洋资源的破坏性开发利用是当前影响我国海域生态环境可持续发展的主要原因。本节将每个主体对海域造成污染的行为做详细阐述，从政府、企业与社会公众三个角度做出说明。

一　政府的污染行为

政府是海洋生态保护的主导者，但同样也是造成海洋生态污染的主体。政府对近岸海域造成的生态破坏主要包括海上工程项目、事故污染等造成的直接污染与管理缺位引起的间接污染。

海上工程项目如石化开采、围海造陆与港口设施建设是造成海洋污染的主要原因，同时一旦发生灾难事故将会污染大片海域。在工程建设要求中，明确规定应建设垃圾回收与处理设备，采取有效措施控制废水、废渣排放，运用清洁技术加设污染净化设备，依据法律条文规定在指定倾倒区内倾倒海洋污染物。然而地方政府官员在受到自上而下的政绩考核压力的同时存在谋求个人政治晋升的需求以及追求短期内政绩最大化的需求。对于政府官员而言，更倾向于任期内能得到明显经济效益、能得到上级政府赏识的项目，这也造成了政府竭泽而渔，面对当地海上作业、港口运输等污染源头采取视而不见的态度。此外，在地方保护主义的背景下，不少官员认为地方政府的环境治理是当地经济发展的"对立面"。地方政府为了保证税收收入与就业稳定会采取庇护企业污染的做法，面对企业排污采取选择性执法，以牺牲海洋生态环境换来经济发展。

管理缺位引起的间接污染同样严重。一方面，地方政府没有能够意识到陆源污染是造成近岸海域生态环境受损的主要原因，没有通过系统性和全局性的眼光进行全流域排污监督、污染治理、政策规划，实现海洋生态治理。另一方面，地方政府存在的本位主义使得官员缺乏全局性的眼光看待污染治理。地方政府间、政府部门间仅从本地方或本部门的利益出发治理污染，缺乏全局治理的动力，也缺少彼此共享的信息，这进一步推动地

① 沈满洪：《海洋环境保护的公共治理创新》，《中国地质大学学报》（社会科学版）2018 年第 2 期。

方政府采取孤立主义。正如张凌云所述，在压力型体制下，构成"理性人"的地方政府领导人兼具"政治人""经济人""道德人"三重特性，兼有政治晋升、经济利益最大化和高尚道德情操的价值追求①。

政府环境监督机制设计的失败会造成灾难性的后果。在当前零散化分局治理当地污染的当下，如果缺乏上一级的机构进行调度，极易出现环境保护相关部门在各自部门职权的模糊地带相互推诿、为能够获益的项目争抢功劳的情况，造成环境监督机制的低效率；极易出现各地方环境保护法律不一、标准不一、执行不一、处罚不一，导致重复立法与过度执法的问题。此外，寻租行为对于社会造成的损失同样巨大。寻租行为会直接导致个人获得巨额垄断财富，与此同时使得社会福利受损，资源配置效率降低，政府部门威信受损，造成社会生产率降低。

二　企业的污染行为

企业是造成海洋环境污染的核心主体。企业的本质特征是实现盈利，而其成立的目的则是追求利润的最大化，这直接导致了企业通过直接排放工业废水、倾倒工业废渣、过度水产养殖来追求经济效益。从经济学角度来分析，生态环境同样是企业生产的投入要素之一，但是由于政府监管不到位以及生态环境客观的公共产品属性等原因，企业的这一部分环境污染成本由广大社会来共同买单，即企业生产的成本有一部分被分摊到全社会。政府的监管与处罚直接决定了企业的排污行为。

在分税制改革以后，中央政府与地方政府的利益往往会出现不一致的情况。在生态环境治理领域，针对企业排污的行为地方政府往往会趋于消极监督，从地方财税领域考虑与污染企业形成默契，最终导致"有法难依"的现实。

三　社会公众的污染行为

垃圾丢弃、生活污水排放、农业生产污水排放是社会公众造成污染的主要形式，也是陆域污染海洋的典型实例。人们的日常生活造成的污染单位体量虽然不大，但却是涉及空间范围最广的污染源，结合水体流动与水

---

① 张凌云、齐晔：《地方环境监管困境解释——政治激励与财政约束假说》，《中国行政管理》2010 年第 3 期。

域扩散，具有难以监管、较难防治的特点。另外，诸如农业生产中化肥的使用与海洋水产养殖中饵料的使用不但会对当地水体产生污染，还会通过大气循环、水循环和生物循环对当地居民身体健康产生影响。

对公众造成污染的治理，深刻体现了陆海统筹、政府—企业—公众三方联动的思想，政府应在这一过程中发挥主要作用。地方政府应加强生活垃圾集中降解处理设施的建设、加强生活污水循环利用建设，尤其注意农村相关设施的建设，让垃圾污水排放符合国家标准；另外注意加强对水质的监测和管理，防治陆域污染排放入海。

第二节　治理主体

治理是在一个既定的范围内，为了满足公众的需要而运用权威维持秩序，其目的是在于各种不同的制度关系中运用权力去引导、规范和控制公民的各种活动，以最大限度地增加公共利益[1]。"跨界治理"的概念则更为宏大，包括因彼此间的功能、业务或疆界相接及重叠而逐渐模糊，导致权责不明的问题发生时，由公私部门和非营利性组织，通过社区参与、协力治理、契约协定或公私合伙等方式来解决原来诸多难以解决的问题[2]。跨界治理的目的是冲破地理界限的阻碍，摆脱原本政府单一式的管理，建立基于实现各方利益基础上的网络化的各方协调合作机制。

海洋生态环境治理涉及政府、企业与社会公众，包括国家、私营组织和公民个人，包括网络治理、协同治理、多中心治理和整体性治理四种主要的环境治理模式[3]，其根本目的是实现海洋生态环境可持续发展。本节将每个主体对海洋生态环境治理行为及其具体逻辑做出阐述。

一　政府的治理行为

依据经济学当中理性经济主体的假设，当经济活动中正向外部性产生时，经济主体付出的成本高于收益，经济活动可能被迫停止，此时整个社

---

[1]　俞可平：《治理和善治：一种新的政治分析框架》，《南京社会科学》2001 年第 9 期。

[2]　申剑敏：《跨域治理视角下的长三角地方政府合作研究》，博士学位论文，复旦大学，2013 年。

[3]　高明、郭施宏：《环境治理模式研究综述》，《北京工业大学学报》（社会科学版）2015 年第 6 期。

会的总收益增加，但并未付出对等的代价，必然会出现社会资源配置失当；而当经济活动中的负向外部性产生时，经济主体得到的收益大于成本，但社会中的其他经济主体必然承受额外的损失，此时也必然出现社会资源配置失当①。资源配置失当的后果是社会效率降低，此时政府干预是解决市场机制失灵问题的必然选择。针对浙江近岸海域生态环境污染暴露的问题，政府应从以下几个方面加强陆海统筹治理：

（一）纵向协调

中央与浙江近岸海域沿岸地方政府需加强在浙江近岸海域生态环境监管上的协作，构建浙江近岸海域生态环境监管上的从中央到地方的纵向协作机制，确保浙江近岸海域生态环境陆海统筹监管体制的运行。海洋生态环境治理机制的构建需要实现层级界面和委托—代理缺陷界面的突破，实现属地化分散管理向垂直化综合管理的转变。具体来说，政府责任管理体制的纵向优化包括区域性地方两极垂直管理与省直管县。

区域性地方两级垂直管理即中央与地方权责的分配。正确处理中央与地方的关系，应从自然资源部层层分级向下，到地方各级海洋与渔业事务管理部门、水务部门、生态环境部门等，在本地区形成责任清晰、职责明确的区域海洋环境管理体制。在实际治理中，由中央政府统筹指导生态环境部门制定海域使用规划，科学划定海洋生态红线，明确所辖区内海洋环境治理具体章程和计划，由地方政府作为海洋环境治理的责任主体，地方生态环境部门作为治理执行主体落实具体治理工作。

省直管县是由省级行政区直接管理县级行政单位的各项事务的一种方式，由省、自治区政府赋予县（市、区）财政自主权或享有其他社会管理权利，但行政区划仍旧隶属于原地级行政区，从而释放了县域经济的活力。一方面，它减少了地级市上传下达的环节，有利于政令的畅通；另一方面，有利于省、县直接管理环境保护补贴资金的分配和调度。

（二）横向协作

为了改变浙江近岸海域长期实行的基于陆地"行政区划行政"延伸到海洋的属地化管理模式，需要构建陆海不同区域之间、不同部门之间、不同主体之间的横向联动、协调，突破空间分治性、功能同构性、界面异质性的陆海"碎片化"治理，以加强海岸各地方政府、内陆各流域地方

---

① 郭建斌：《跨域生态环境多元共治机制研究》，博士学位论文，江西财经大学，2021年。

政府在海洋生态环境陆海统筹治理上的跨区域合作，从横向构建陆海跨区域的联动机制，确保东海生态环境陆海统筹监管体制的运行。具体来说，政府责任管理体制的横向优化包括地方政府间的协作与平行监管机制。

地方政府部门面临重大生态问题时应以合作取代竞争，以交流互助取代本位主义，用实际行动促成地方政府间的横向协作。地方政府之间应完善以行动协调、利益共享、合作互惠为核心的协同合作发展关系，整合区域资源，组织交流互动，努力实现跨区域公共问题的共同治理，提升解决跨区域环境问题的能力。

平行监管体制要求地方政府建立跨省级行政区河流跨界污染防治机制与跨省级陆源污染防治的层次化与网络化管理体系。区域海洋环境治理中需要打破行政区域壁垒，从陆海生态系统的整体性视角实施海岸带综合治理，以期形成污染治理合力。有关部门应协调不同水系区域内的各省、区、市，共同确定跨省级行政区重要河流交界断面的水质控制标准，结合各种污染物排放特征，由环境保护部联合不同流域管理机构、省级环境行政主管部门共同制定相关标准、对策，共同对各种陆源污染行为进行监管。

（三）网络联动

为了实现构建平台信息共享、政府合作联盟等陆海统筹治理的多方利益相关者协同的网络治理机制，需要打破政府组织部门的界限与行政区划界限，运用互联网技术，建立有助于实现政府间信息共享、情报互通的平台，促进横向信息交流、地方政府之间的信任与协调合作，以及共享关于海域污染情况的信息。具体来说，包括要素联网、法制联网与主体联网。

要素联网包括以科学、合理、全面、可行、可拓展为出发点，构建数据共享、陆海一体化的海岸海洋监测体系；推进陆海污染同步综合防治，以着力调整产业结构、加强沿海城镇和临港工业区污水处理设施建设等具体措施推进陆海污染防治；实现陆海各类生产要素（土地资源、人才、技术等）的整合，促进生产要素在陆海产业、区域间的自由流动以引导陆域产业能够更好地发展并进入海洋产业领域，最终实现陆海产业全面协调发展。

法制联网要求地方政府积极整合区域间相关国家政策资源，推进平台对接、规划对接、高位统筹、交叉互通管制模式与行政问责制度设计。政府责任的构建关键在于正确确定归责原则的基础上进行行政问责制的设计。因此，建立政府责任管理体制的法律制度要更多地涉及综合性、全面性的污染防治，聚焦责任主体、明晰污染者范围，解决主要矛盾，强化法律责任的实用性，同时增强法制刚性。以流域、海湾等生态系统为治理对象，通过明确省、市、县、乡各级党政领导干部责任，推动跨区域的环境治理合作，努力实现建立综合性、一体化的环境监管体制，实现政府责任的真正落实。

主体联网包括通过政府主体间区域合作以实现政策协同，把海域作为整体研究制定排污规定，有效地规制并处理陆源污染问题，有效打破陆源污染防治中的"行政壁垒"或属地管理的限制，打破行政壁垒、破除环境管制中的区域性；以行政区域间纵横互补污染防治为原则，其首要之义是预防入海河流的流域污染，各个入海流域是治理重点之处，应针对污染物的特点，从源头增强监管，逐层确立社会责任，弥补环境治理综合体系的欠缺之处。为实现污染成本内部化，实现陆海利益平衡和互惠互利，应在不同行政区域建立污染者负担原则和生态补偿原则。

二 企业的治理行为

企业社会责任理论的倡导者认为利润最大化仅仅是企业目标之一，除此之外企业应以承担社会责任为其目标[1]。在这一基础上企业发展的追求发生了变化，由追求股东利益最大化变为了追求企业价值最大化，从而赢得了各社会主体的信赖与支持，构造良好的发展环境，有利于企业实现进一步发展[2]。在近岸海域生态环境陆海统筹多元共治的背景下，企业的社会责任表现为企业应承担生产绿色产品、减少污染排放的环境责任。

消费者与投资者的偏好变化是企业主动履责的内因所在。消费者的购买行为能切实影响企业的经营行为。当前中国消费者关注企业生产中是否使用清洁技术，是否产生高污染排放与高能源消耗，企业生产的产品是否符合绿色可循环可降解的标准。从经济学的角度来分析，个体消费者对绿色产品的敏感度极高，如果一家企业使用了绿色技术进行生产且产品价格具有竞争力，理性的消费者会增加对该产品的偏好，将产品消费转向该企

---

① 卢代富：《国外企业社会责任界说述评》，《现代法学》2001 年第 3 期。

② 张兆国、梁志钢、尹开国：《利益相关者视角下企业社会责任问题研究》，《中国软科学》2012 年第 2 期。

业生产的产品。因此，企业积极承担环境责任是迎合消费者偏好，进行差异化竞争的必然选择。另外，在资本市场上投资人同样看中企业是否主动履行环境责任。对于披露出履行环境责任较差的企业，投资者由于担心其未来发展前景、遭受政府规制审查而倾向于选择提高其贷款利率、减少其贷款规模或是在企业出售资产时压低对其的估值。这些因素共同促使企业向环境友好型企业进行转型。

政府对企业污染排放的管制是企业主动履责的外因所在。一方面，政府通过制定命令控制型政策直接限制企业排污行为，如政府通过出台相关的法律法规限制企业排放污染的类型与标准、限制企业生产所消耗的能源以及限制企业生产的产品绿色环保程度等；另一方面，政府通过出台激励型环境规制政策，通过市场资源配置、价格信号机制来让企业自发性地选择绿色清洁生产，如政府出台环境税收取、排污权交易政策、碳排放交易政策，又或者是对清洁生产的企业予以补贴等。但需要注意的是，无论采用哪种方法，企业的主动履责程度与政府对环境监管的执行力度、对污染排放的监控程度密不可分，一旦企业判断认为直接排污所取得的收益大于采取污染治理措施后的收益，企业就会采取直接排放污染的措施。

根据企业类型划分，三大产业类型的企业应分别采取措施减少污染排放、治理浙江近岸海域水体污染。

（一）农业企业

农业生产中化肥的不合理使用直接导致了当地土壤的板结与土地肥力的退化，随着雨水的冲刷，氮、磷、钾等营养物质进入河流海洋，导致水体富营养化，这也是浙江近岸海域发生赤潮现象的原因之一。此外，水产养殖及畜禽养殖产生的粪尿、废水与粪尿堆置场的地面径流是造成地表水、地下水及农田污染的另一主要因素。对此，企业应加强绿色生产技术的使用、限制生产规模来治理污染。

农业企业应加快推进绿色生产技术在农业生产中的使用，加强农业生产技术创新。企业应使用可降解地膜来代替传统地膜以降低农业生产中地膜在土地中的残留量；企业应加强绿色食品种植、无公害食品种植的推广，使用物理防虫、生态驱虫，使用有机肥等方式建设生态农业，减少对环境的污染；企业应改进畜禽业养殖方式，通过加强对生物粪便收集处理减少对水体的直接污染。另外，农业企业生产规模的限制需要政策规划的设计，更需要企业自觉履行保护环境的义务、遵守指导规划。

（二）工业企业

未经处理的工业"三废"，即废气、废水和废渣构成了最主要的工业污染源。工业废气直接排放使得大气遭受污染，而经过大气循环后以降雨的形式再一次污染近岸海洋水域；未经处理的工业废水如电镀工业废水、工业酸洗污水、冶炼工业废水、石油化工有机废水等或是直接排放入河海，或是通过地下水间接污染近岸海域①；工业废渣主要由重工业产生，或是由于露天堆放、保存不当而下渗入地下水，或是由企业为节省处理成本而选择偷偷排放入河海进而污染近岸海域。对此，在政府监督得当、企业环境责任充足的前提下，工业企业的集聚化生产是进行污染处理的重要基础。

工业生产在一定范围内的集聚是达到规模经济的前提。一方面，大量同质化工业生产在一定地理范围内的集聚使得企业能够共享交通运输、水利电力等基础设施，还能共享污染治理设备。这不仅使得污染治理设备使用率提高，而且还能分摊单一企业在这方面的购买安装设施成本、使用成本、维护成本，增加企业参与治理污染的热情。另外，企业的发展壮大、充足的资本投入是企业参与治理污染的基础。另一方面，异质性企业的聚集使完整产业链上的企业可以在最短的距离内实现中间投入品的共享。通过节省中间投入品的仓储、运输、装卸等成本，有利于企业实现资本积累，扩大生产规模，从而引进绿色生产技术、加强绿色生产研发、改造排污去污设施来实现企业的环境责任，达到一种良性循环。除此之外，人力资源共享效应和知识溢出效应也有助于实现这样的良性循环。工业生产集聚产生的这些效应都是正外部性的一种体现。厂商的经济活动产生的正向影响并不完全由厂商自身承担，规模经济效应、设施共享效应、中间投入品共享效应、人力资源共享效应、知识溢出效应使得集聚的工业区内每一家厂商都能发挥技术特长处理污染物，提高绿色生产率。

（三）服务业

服务业产生的污染总体较小，主要以餐饮企业的油污、污水排放为主。首先，餐饮服务业从业者首先应注意选址应符合城市功能分区，应注意不在城市规划禁止的无污水管网的地点兴办企业。其次，餐饮服务业从

① 罗兰：《我国地下水污染现状与防治对策研究》，《中国地质大学学报》（社会科学版）2008 年第 2 期。

业者应及时向有关部门办理审批程序，其污水排放要符合地方要求，对于超额排放的部分应及时缴纳排污费。最后，餐饮服务业从业者应加强环境责任感。从规划设计、生产消费起就应注意减少垃圾产生，避免污水垃圾直接排放入河流下水道，最后导致近岸海域受到污染。同时，有条件的企业应建立隔油池等设施。

三　社会公众的治理行为

在关于社会公众造成近岸海域污染及参与污染治理的研究中，本章关注的是抽象的"公众"，不仅包括公民个体，更重要的是具有营利性或非营利性特点的非政府组织（NGO）。在实施环境规制决策的过程中，地方政府偏好与政绩、民生相关的政治经济利益，社会公众偏好与生存、健康相关的环境利益，而中央政府作为偏好中性的一方，始终扮演着利益仲裁者和监督者的角色①。因此，基于偏好的选择问题，社会公众需要参与公共环境治理。

一方面，社会公众参与社会环境治理具有充分依据。从法理学的角度来看，所有公民都拥有环境权，即所有公民都拥有在生态良好的环境中生存的基本权利。联合国《人类环境宣言》中就指出："人类有权在一种能够通过尊严和福利的生活环境中，享有自由、平等和充足生活条件的基本权利，并且负有保护和改善当代和后代环境的庄严责任。"另一方面，社会公众参与环境治理又有其必要性。正是由于多方利益主体在环境问题上的博弈，当前的环境制度法案才得以完善、充分协调各方利益并最终顺利颁布。由此可见，公众参与社会治理，充分表达自身的需求，有利于避免出现可能的矛盾，与政府、企业实现环境治理问题上的多元互补。

以非政府组织的形式直接参与生态环境治理是纠正"政府失灵"的重要手段。在现实生活中，基于就业率、经济增长指标、官员晋升、污染企业等种种现实压力，原本与社会公众保持委托—代理关系的政府更倾向于获取经济效益而忽视生态环境，导致环境规制政策难以推行，其结果是"政府失灵"。因此，社会公众除了以投票、表决、选举等形式间接行使民主权利，与政府合作参与环境治理，更需要以非政府组织的形式，作为与政府平等的主体直接参与社会环境治理。在这样的背景下，公众与政府

---

① 郭建斌：《跨域生态环境多元共治机制研究》，博士学位论文，江西财经大学，2021年。

为了实现共同的目标而维护共同利益，公众与政府从原来的单一控制指令型关系变为平等合作协商的关系。

具体来说，应分为普通民众与社会组织两个方面进行分析。

（一）普通民众

普通民众与政府合作参与环境治理需要培育主体意识与参与自信，即需要政府赋权释放民众活力，使民众享有知情、表达，参与听证、监督的权利，使民众拥有参与环境治理的自信。环境治理中的精神获得感缺失和物质激励缺失直接导致了普通民众做出了"搭便车"的理性行为①。因此，为了实现公共利益的最大化，政府要及时公开信息，开展海洋环境污染治理圆桌会，召集普通居民代表、企业代表和技术专家等共同参与监督政府治理污染工作，对政策法规的可行性予以论证，以信息交流透明化、下达决策透明化为原则进行规范组织。

普通民众对于治理环境污染的诉求往往具有碎片性与自利性。一方面，每个民众提出的诉求都是基于个体自身的角度，难以形成统一的意见和强大的力量来撼动以污染企业为代表的利益集团；另一方面，普通民众往往满足于自身局部利益的实现，遇到困难挫折容易退缩、畏惧不前、放弃斗争，缺乏大局性、长远性的视角。对此，也应在两个方面给予帮助。一方面，政府层面的激励措施非常重要。激励产生信任和满足感，而激励通常是认同的产物。对于积极参与海洋环境保护、海洋污染治理的公众个体，政府应通过评选优秀个人、表扬信等方式来直接培育其成就感与自信心，各级社区街道应不吝惜于海报电视的宣传报道，用称赞表扬的方式来培育道德层面上的模范效应。"典型事迹"、"示范人物"可以通过熟人社会得以迅速传播，贴近生活的例子可以得到极大的支持与精神上的认同，由此能得到广泛的认同与效仿。

（二）社会组织

按照专职性来划分，我国目前的生态环境类志愿组织可以分为生态环保志愿组织和生态环保专职组织，而从志愿组织向专职组织的转变是当前生态环境社会组织中出现的大趋势。除此之外，还有一部分政府宣导型组织，其特点是采用行政编制、接受财政拨款，起到引领和推动中国生态环

---

① 张同斌、张琦、范庆泉：《政府环境规制下的企业治理动机与公众参与外部性研究》，《中国人口·资源与环境》2017年第2期。

境类组织发展方向的重要作用。

　　成功构建平等协调的公众与政府关系的关键除了政府让渡权利以外，还在于强化公众的力量，建立环境保护、污染治理方面的社会组织，从而打破普通民众表达意见散乱无章、看待问题缺乏长远目光、遇到挫折畏惧不前的僵局，有利于减少政府在相关领域的精力投入与财政开支，建设民主政府与环境友好型社会。一方面，社会组织是宣扬环保思想理念的重要渠道，而了解当前近岸海洋生态破坏、环境污染的严峻情况是发动民众参与共同治理的前提条件。通过组织内部对当前环保政策法规的整理与政策执行、落地方面经验的总结，可以统一组织内部成员的意见；通过社会组织对外组织环境调研，可以更为深入了解当前近岸海洋生态破坏与环境污染情况；通过发行报纸、期刊，组织宣讲会、竞赛、展览等方式可以促进生态环保理念在民间的宣传。另一方面，社会组织是参与生态环保类技术成果推广应用的重要渠道。社会组织基于其专业性，可以与政府、社会开展广泛的合作，推广资源回收、再生能源类的项目，参与企业高污染生产设施的改造，参与社会科研环保项目，推动污染源方面的污染减少。与此同时，社会组织深入一线开展诸如海洋水质净化、垃圾捕捞等活动，用实际行动为广大公众做表率。

第五章

陆海分割的浙江近岸海域生态环境治理体制的历史沿革

海洋是重要的"蓝色国土"，浙江省具有大量的优质的海洋资源，为当地海洋经济发展提供了良好的基础。但是，海洋经济的发展不仅会促进沿海地区社会发展和生活水平的提高，也必然会带来相应的负向产出——一系列污染物。从新中国成立至今，与国家层面的步调相吻合，浙江省近岸海域生态环境治理体制不断发展，呈现出"萌芽—发展—成熟—改革"的历史沿革，每一个时期近岸海域生态环境治理体制都有其鲜明的特点。

第一节　1949—1978 年：萌芽阶段

从 1949 年新中国成立一直到 1978 年改革开放开始，浙江近岸海域生态环境治理体制一直呈现出"行业分散"的特点。在这一时期，浙江省乃至全国的海洋事务管理集中于关注"海防"问题和海域资源开发问题，还未将重点关注到近岸海域生态环境的保护与治理问题。新中国成立后，沿海地区的海防体系迅速得以建立，各项社会生产秩序得到迅速恢复，浙江省的海洋事业开始快速恢复和发展。在我国浙江省内，各个地区的政府机构针对海洋事务加大了管理力度，为海洋运输、盐业以及渔业的发展提供保障。对于各种海洋资源的管理主要基于各个海洋产业所属的行业主管部门进行，体现出强烈的分散化管理特色，各主管部门彼此之间缺乏综合协调，从而形成了行业化、分散化管理的海洋治理格局。

基于海洋渔业管理的角度来看，在 20 世纪中期，以我国食品等相关的部门为主导，开展全国性的水产工作，与此同时设置了渔业组，负责包括海洋渔业在内的全国渔业的恢复和建设工作。1950 年 12 月，食品工业部被撤销，轻工业部正式产生，农业等相关的部门负责接手原来食品部分所管理的水产工作，并且农业部门也积极设立下属部门——水产处，并由其负责我国的水产工作①。基于海洋交通管理的角度来看，在 20 世纪中期由我国政府机构为主导，正式设立了交通部门，并由其负责我国全部水运工作。在 1951 年中，交通部门也设立了几个下属机构如下：一是航道工程管理局，二是海运工程管理局，三是海运管理局等，其中我国全部海上的交通运输由海运管理局全权负责，而我国浙江省海洋交通则由华东海运管理局负责②。

1963 年 3 月，国家科委海洋专业组开展了会议，会议地址在我国山东青岛，会议内容主要是我国海洋科学未来 10 年的发展规划，首次提出建议成立国家海洋局，用以统一管理国家的海洋工作。在 1964 年初，中共中央同意了成立国家海洋局的建议，指出"统一在国务院下成立直属的海洋局，由海军代管"③。在 1964 年 7 月，我国人大会议上通过了中央国务院下设国家海洋局的方案，并由其管理我国各级海洋行政部门。自从我国海洋局正式成立之后，中国的海洋事业进入新的发展阶段。这时的国家海洋局的主要职能是负责海洋资源调查、水文监测、资料收集整理和海洋公益服务，目的是把临时性的、分散的涉海科研调查队伍转化为一支稳定的海洋工作力量④。1964 年 11 月，中共中央、国务院作出《关于国家海洋局管理体制问题的批复》，同意国家科委的意见，国家科委负责管理海洋年度计划、发展策略等工作，在这一领域，由我国海军负责监管，与此同时我国海军还负责海洋局海上指挥、组织等相关的工作⑤。此外，为加强对地方海洋事务的管理，1965 年 3 月，经国务院批准，我国海洋局分别设立了南海、北海、东海三个分局，分别设立在我国广东广州、山东青岛与浙江宁波，并由这三个分局承担各个海区海洋行政主管单位，工作内容如下：一是管理好沿海地区的各个分站，同时也要做好海洋水文预报相

① 仲雯雯：《我国海洋管理体制的演进分析（1949—2009）》，《理论月刊》2013 年第 2 期。

② 曾呈奎：《中国海洋志》，大象出版社 2003 年版。

③ 严宏谟：《回顾党中央对发展海洋事业几次重大决定》，《中国海洋报》2014 年 10 月 8 日第 4 版。

④ 郑敬高：《海洋行政管理》，中国海洋大学出版社 2002 年版。

⑤ 严宏谟：《回顾党中央对发展海洋事业几次重大决定》，《中国海洋报》2014 年 10 月 8 日第 4 版。

关的工作；二是做好海岸与海面相关的检查工作；三是负责管理海洋研究所，全面落实船队建设等相关的工作。位于东海沿岸的浙江省近岸海域就属于国家海洋局东海分局管辖。

尽管国家海洋局的成立，标志着中央政府开始将海洋管理工作视为整体进行考虑，但从其机构性质和职能配置方面来考察，国家海洋局距离行使近岸海域生态环境治理职能仍较为遥远。在成立之初，国家海洋局的机构性质被确定为事业机构，其核心职责为组织海洋科研调查工作，并不具备海洋行政管理的职能。而且国家海洋局长期由海军代管，这也意味着当时全国海洋工作主要服务于国防事业，从而在很大程度上限制了国家海洋局的职能范围①。可以说这一时期近岸海域生态环境治理工作的优先级远排在海洋资源开发管理、国防等事务之后，基本是由陆上相关职能部门兼管，因此在浙江省乃至全国都未能形成较为健全的近岸海域生态环境治理体制②。

唤起对近岸海域生态环境治理意识的是联合国于 1972 年在瑞典斯德哥尔摩召开的全球第一次环境会议。此次会议通过的《人类环境宣言》明确指出"各国应该采取一切可能的步骤来防止海洋受到那些会对人类健康造成危害的、损害生物资源和破坏海洋生物舒适环境的或妨害对海洋进行其他合法利用的物质的污染"，该宣言促进了为各国海洋环境保护立法和区域间的海洋环境保护协议的制定。这一宣扬在通过之后，我国中央政府单位也积极响应其号召，并于 1974 年出台了《中华人民共和国防止沿海水域污染暂行规定》，在这一文件中针对海域污染提出了十条规定，针对沿海油轮企业、炼油企业、船舶企业等有排污需求的企业，有针对性地作了相应的规定。国务院基于《交通部关于〈中华人民共和国防止沿海水域污染暂行规定〉的报告》一文，进一步明确了沿海水域污染监管的工作职责。《中华人民共和国防止沿海水域污染暂行规定》的出台，是国内首部专门关注近岸海域生态环境治理的法规，为后续近岸海域生态环境治理体制的发展奠定了一定的基础。

---

① 张海柱：《理念与制度变迁：新中国海洋综合管理体制变迁分析》，《当代世界与社会主义》2015 年第 6 期。

② 王刚、宋锴业：《中国海洋环境管理体制：变迁、困境及其改革》，《中国海洋大学学报》（社会科学版）2017 年第 2 期。

第二节　1979—2011 年：发展阶段

改革开放之后，随着沿海地区对海洋资源大肆的开发，导致了一系列的海洋问题显现，沿海地区对近岸海域生态环境保护也愈加重视。1979 年 9 月，第五届全国人民代表大会常务委员会第十一次会议原则通过了《中华人民共和国环境保护法（试行）》，其中着重强调了"围海造地必须事先做好综合科学调查，切实采取保护和改善环境的措施，防止破坏生态系统"，"保护江、河、湖、海、水库等水域，维持水质良好状态"①。为了全面落实《中华人民共和国环境保护法（试行）》，1981 年，浙江省第五届人民代表大会常务会第七次会议通过了《浙江省防治环境污染暂行条例》，其中专门设定"防治水域污染"一章，明确规定"禁止向港口倾倒垃圾、废渣以及带有病原体的其他有毒有害的废弃物。排放的污水必须符合国家和地方规定的标准"，"保护渔场和渔业水域水质，禁止各种有毒的工业污水污物排入渔场和渔业水域，污染水质，危害渔业生产"②。

1982 年 8 月，我国人大会议通过了《海洋环境保护法》，并于1983 年 3 月正式实施。这一法律出台之后，是我国海洋环境立法工作的开端，具有一定的里程碑意义。为了保证这一法律能够全面地落实，我国相关的部门在 1983—1990 年先后出台了《防止船舶污染海域管理条例》(1983)、《海洋石油勘探开发环境保护管理条例》(1983)、《海洋倾废管理条例》(1985)、《防止拆船污染环境管理条例》(1988)、《防治陆源污染物污染损害海洋环境管理条例》(1990)、《防治海岸工程建设项目污染损害海洋环境管理条例》(1990) 等一系列制度。为了进一步规范我国海洋环境保护准则，我国相关的部门也陆续出台了一系列政策，其中比较典型的政策有：《渔业水质标准》《海洋调整规范》《海水水质标准》《景观娱乐用水水质标准》等。自我国改革开放之后，沿海地区经济进入了快速发展时期，国际海洋事务日新月异，为了保护海洋环境，我国相关的部门在 1999 年底的人大会议上通过了对《海洋环境保护法》的修订，并在

---

① 《中华人民共和国环境保护法（试行）》，《环境保护》1979 年第 5 期。

② 《浙江省防治环境污染暂行条例》，《环境污染与防治》1981 年第 2 期。

2000 年 4 月全面落实。这一法律在经过调整之后，更注重全方位地维护海洋生态平衡，进一步健全了海洋环境监管体系，针对核心海域，加大了综合管理力度，针对海洋污染事故这一方面，也进一步完善了应急报告制度；与此同时申报制度、排污收费制度、环境影响评价等一系列的制度的内容也更加明确，并且强调了相应的法律责任，因此与国际法更好地衔接。

在浙江省级层面，2004 年 1 月，浙江省第十届人民代表大会常务委员会第七次会议通过了《浙江省海洋环境保护条例》，条例设有 7 章共 49 条，条例第 4 条对沿海地方海洋管理机构在海洋环境保护方面的职责作了明确规定。具体规定如表 5-1 所示。为了适应时代发展的要求，在随后的 2009 年、2011 年、2015 年和 2017 年，该条例进行了多次不同程度的修改和完善。

表 5-1　　　　《浙江省海洋环境保护条例》对各级机构职责规定

机构	职责
沿海县级以上人民政府环境保护行政主管部门	作为环境保护工作统一监督管理的部门，对所管辖海域的海洋环境保护工作实施指导、协调和监督，并负责防治本行政区域内陆源污染物和海岸工程建设项目对海洋污染损害的环境保护工作
沿海县级以上人民政府海洋行政主管部门	负责所管辖海域的海洋环境的监督管理，组织海洋环境的调查、监测、监视、评价和科学研究，负责防治海洋工程建设项目和海洋倾倒废弃物以及其他有关海洋开发利用活动对海洋污染损害的环境保护工作，组织海洋生态保护和修复
海事管理机构	负责所管辖港区水域内非军事船舶和港区水域外非渔业、非军事船舶污染海洋环境的监督管理，并负责污染事故的调查处理；对在所管辖海域航行、停泊和作业的外国籍船舶造成的污染事故登轮检查处理。船舶污染事故给渔业、海洋生态造成损害的，应当吸收渔业、海洋行政主管部门参与调查处理
沿海县级以上人民政府渔业行政主管部门	负责所管辖渔港水域内非军事船舶和渔港水域外渔业船舶污染海洋环境的监督管理，负责保护管辖海域的渔业水域生态环境工作，并调查处理前款规定污染事故以外的渔业污染事故

资料来源：作者根据《浙江省海洋环境保护条例》（2004）整理所得。

在管理机构方面，1980 年 1 月，中共中央批转了《中央科学研究协调委员会会议纪要（第一号）》，指出已有管理体制已经不利于海洋事业的发展，需要尽快研究国家海洋局领导体制改变和交接问题①。1980 年 10

---

① 严宏谟：《回顾党中央对发展海洋事业几次重大决定》，《中国海洋报》2014 年 10 月 8 日第 4 版。

月起，国家科委负责管理国家海洋局，我国计委联合多个单位针对全国海岸开展了全面的调查活动。这次历时七年的调查促进了中央对于近岸海域生态环境实行综合治理的认知，拉开了近岸海域生态环境综合治理的序幕[1]。随着中国海洋事业的快速发展，国家海洋局最初的职能设置已经不再适应我国海洋行政管理现阶段的基本需求。在 20 世纪 80 年代初期，我国中央部门正式出台了《海洋环境保护法》，该法律实施之后，以行业为前提、综合为导向的中国海洋环境管理体制基本格局确立。在 1983 年的国务院机构改革中，国家海洋局成为了其下属的机构，并成为其在我国范围内海洋工作职能单位。其机关设办公室、综合计划司、科学技术司、调查指挥司、物资装备司以及环境保护司，除组织和进行海洋科研与调查、海洋公益与管理等任务之外，其主要任务还包括了负责组织协调全国海洋工作。

然而，国家海洋局的职能仍主要集中于海洋科研调查领域，无法对不同领域的海洋工作进行协调管理。为打破这一不利局面，国务院于 1986 年成立了由时任国务委员宋健任组长领导的"海洋资源研究开发保护领导小组"，试图在各个涉海部门与行业之间建立起一套有效协调机制。然而，这一尝试并没有取得明显成效，领导小组很快便在 1988 年的国务院机构改革中被撤销。尽管如此，"综合管理中国管辖海域"的职能正是在此次机构改革中被正式赋予了国家海洋局。在我国海洋局"三定"的层面上强调"海洋不仅需要各类开发活动的行业管理，更需要从权益、资源和环境整体利益出发实行综合管理"[2]。自此以后，负责全国的海洋环境保护与监督成为国家海洋局的主要职责。

通过建立一系列海洋环境保护法规和机构，国家海洋局加快推进了中国海洋环境管理体系的建构。1989 年 10 月，国家海洋局对北海、东海和南海分局的 10 个海洋管区和 50 个海洋监察站的具体职责进行了明确下达。具体而言，进一步明确了海洋管区的定位，将其设为其辖域内海区的管理单位，基于领导所属海洋监察站的角度来看，主要是全面维护海洋权益，与此同时在海洋资源开发的过程中要负责协调好各方的权益，也要全

---

[1]　王刚、宋锴业：《中国海洋环境管理体制：变迁、困境及其改革》，《中国海洋大学学报》（社会科学版）2017 年第 2 期。

[2]　仲雯雯：《我国海洋管理体制的演进分析（1949—2009）》，《理论月刊》2013 年第 2 期。

面落实海洋环境保护法等。海洋监察站也进一步明确了分工，并更侧重于对海洋的监管，针对其中存在的不法行为及时进行调查并收集相关的证据，针对海洋倾废区选划也积极地参与，维护海洋生态平衡。在这行政管理制度完善了之后，有效地提高了我国中央海洋环境行政管理能力，促进海洋管理等一系列制度的全面贯彻。

而后数年间，国家海洋局经历了多次机构改革。在1993年的机构改革中，专门在国家海洋局下设立了"海洋综合管理司"这一机构。并且，这一轮机构改革方案中明确指出，国家海洋局要"加强海洋综合管理，减少具体事务"。我国海洋局在1998年由国务院下属直属局整合为国土资源部直属单位，进一步提升了中国近岸海域生态环境治理体制的集中性。"国家海洋局—海区海洋分局—海洋管区—海洋监察站"的四级管理体系得以确立。此后一个时期，中国近岸海域生态环境海洋治理体制从机构设置、法律制定、功能区划施行等方面获得了快速发展完善。

在浙江省地方层面，最具有代表性的事件是2000年浙江省海洋与渔业局的成立。2000年，浙江省决定将所有的水产局、海洋局都撤销，与此同时建立海洋与渔业局，是省级政府部门的直属单位。他们的主要工作内容是设计与执行渔业以及海洋相关的政策制度，合理地配置海洋资源，从而实现海洋全面管理，维护海洋生态平衡，履行综合执法的任务，不断加大渔业管理力度。浙江省海洋与渔业局的成立是浙江省近岸海域生态环境治理体制迈出的重要一步，在该部门的主要职责中，涉及近岸海域生态环境治理问题，具体如表5-2所示。

表5-2　原浙江省海洋与渔业局涉及近海生态环境治理的主要职责与工作事项

主要职责	具体工作事项
贯彻执行国家有关海洋与渔业的法律、法规和方针政策	拟订海洋与渔业法制建设规划，起草海洋与渔业法规、规章草案
	组织实施海洋与渔业法律、法规、规章
	承担海洋与渔业行政执法监督、行政复议工作
	承担海洋与渔业政策法规的咨询和普法宣传工作
	实施海洋督察制度
	组织开展对设区市政府海洋与渔业工作考核

续表

主要职责	具体工作事项
负责对海洋事务的综合协调管理	拟订全省海洋与渔业发展战略、政策
	拟订海洋功能区划、海洋与渔业产业发展总体规划
	组织编制省海洋主体功能区规划并实施
	组织编制省海岛保护规划
	承担市县海岛保护规划审核工作
	承担海洋资源要素保障和海洋环境容量控制工作，有效促进海洋经济可持续发展
	牵头统筹协调海岸线保护与利用工作，组织编制并监督实施海岸线保护与利用规划
	承担海洋空间资源综合协调工作，协调各涉海部门、行业的海洋开发活动，推动完善海洋事务综合协调机制
承担规范管辖海域使用秩序的责任	承担海岸线和海岛等海洋资源调查、监测与评价工作
	监督管理海域、无居民海岛使用的论证、评价、权属登记
	组织实施海域、无居民海岛使用许可制度和有偿使用制度
	承担海域、无居民海岛使用项目和使用权招标、拍卖、挂牌出让方案的审核工作
	负责管辖海域内海底电缆、管道勘察铺设和海上人工构筑物设置及海矿开采用海的监督管理
负责海洋环境、渔业水域生态环境和水生生物资源	承担海洋环境监督管理工作
	组织海洋与渔业水域环境的调查、监测、监视和评价
	承担发布海洋环境质量公报和渔业环境质量公报工作
	承担建设和管理海洋环境监测、监视网络工作，会同有关部门拟定污染物排海标准和总量控制制度
	监督陆源污染物排海
	组织开展海洋生态保护与修复
	承担海洋工程建设项目、海洋倾废以及其他活动开发利用活动对海洋与渔业水域环境污染的损害防治工作
	监督管理开展海洋和渔业水域污染事故监测
	组织开展海洋生物多样性保护，监督管理海洋自然保护区、特别保护区
	承担渔业资源、水生野生动植物和水产种质资源的保护工作
	承担水生野生动物自然保护区、水产种质资源保护区、水生生物增殖放流区和水生生物湿地的监督管理工作
	承担水生生物增殖放流、人工鱼礁和海洋牧场建设工作
	组织拟定重点保护的渔业资源品种及其可捕捞标准
	承担代表国家向海洋与渔业生态环境损害责任人提出赔（补）偿工作

续表

主要职责	具体工作事项
负责渔业行业管理	组织制定并监督实施渔业资源调查监测和评价监管制度
	监督管理海洋捕捞许可、水产苗种生产许可、渔业船舶检验许可制度的实施
	负责渔药、渔用饲料、渔用饲料添加剂等水产养殖投入品使用的监督管理
	承担无公害产水产品养殖产地认定等相关工作
	监督管理水产种子种苗资源保护、渔业"三场一通道"（产卵场、索饵场、越冬场、洄游通道）、鱼虾贝藻类的养殖场等重要渔业水域
	指导渔业标准化生产和健康养殖
承担海洋环境观测预报和海洋灾害预警预报的责任	承担海洋观测、预报和评价的责任，规范海洋观测预报活动，防御和减轻海洋灾害工作
	承担海洋灾害风险评价、区划工作，确定重大海洋灾害防御区，组织开展沿海警戒潮位的核定
	承担审核其他单位或者个人因生产、科研等活动需要设立、调整海洋观测站点工作
	承担组织编制并实施防灾减灾应急预案工作，编制海洋观测网规划，指导海洋观测预报网络建设和管理
	承担发布海洋预报警报、海洋灾害公报工作，组织海洋观测活动的单位开展海洋观测资料的汇交、存储、保管、共享和使用
	牵头组织实施海洋领域应对气候变化工作
组织实施海洋与渔业行政执法管理工作	依法承担海域使用、海洋环境保护、无居民岛保护的执法监察工作
	依法承担渔港渔船管理、渔业资源与环境保护、渔业生产安全、水生野生动物保护、水产养殖与初级水产品质量安全的执法查处工作
	依法承担海洋自然保护区、特别保护区、水生生物保护区的执法管理工作
	组织实施禁渔区、禁渔期制度
	依法调查处理海洋与渔业水域污染事故
负责海洋与渔业的科技管理工作	组织实施海洋与渔业基础调查
	承担组织开展海洋与渔业技术研究与成果转化工作
	承担海洋与渔业标准体系建设工作
	指导海洋与渔业节能减排工作

资料来源：作者根据浙江省政府部门责任清单整理所得。

除了海洋与渔业局外，2009 年度，我国浙江省成立了环境保护厅，其基本职责是负责省内环保工作，其中有多项职能直接或间接地与近岸海域生态环境治理有关，具体如表 5-3 所示。

表5-3 原浙江省环境保护厅涉及近海生态环境治理的主要职责与工作事项

主要职责	具体工作事项
贯彻执行国家环境保护的方针、政策和法律、法规	起草有关环境保护地方性法规、规章草案；开展地方性法规、规章立项前评估和实施后评估；承担行政规范性文件合法性审核；拟定各类环境保护政策和制度体系；推进环境保护依法行政工作；开展环境保护法律知识教育培训；参与制定与环境保护经济、资源配置和产业政策；组织制定地方环境保护标准；监督实施地方及国家环境保护标准；承担环境行政复议、行政应诉工作
组织拟订和监督实施环境保护规划及重点区域、流域污染防治规划	组织编制全省环境保护五年规划并评估实施情况；组织拟订重点区域、流域污染防治规划并监督实施；审核省级各类计划、规划中环境保护内容；组织编制全省环境功能区划；组织开展全省生态保护红线划定工作；组织制定和修编全省水环境功能区划分方案；审核调整水环境功能区、近岸海域环境功能区；参与制定全省国民经济和社会发展五年规划纲要并开展中期评估等工作；参与制定全省主体功能区划；制定环境保护目标责任制并实施；推进长三角区域联防联控机制建设
负责落实国家和本省减排目标	制定全省主要污染物五年减排规划及年度减排计划；制定总量控制相关政策制度；确定全省年度及各设区市五年及年度减排目标；核查各设区市政府污染减排情况并公布考核结果；监督处理各设区市减排工作；做好污染源普查工作；开展总量控制制度改革
负责从源头上预防、控制环境污染和生态破坏	制定环评豁免审批名录；开展相关规划环评审查；实施环保区域限批措施；配合环保部修订建设项目管理制度；配合环保部对环境影响评价单位资质审核和管理审批重大开发建设区域、建设项目环境影响评价文件，指导建设项目环境保护
负责环境污染防治的监督管理	对水体、大气、土壤、噪声、固体废物、化学品以及机动车等的污染防治进行监管；会同水利厅等开展饮用水水源地环境保护工作；组织和协调重点流域、区域污染防治工作；组织对重点行业、重点企业整治工作；组织开展对机动车污染排放管理工作；组织开展对重金属污染防治工作；指导"环境保护模范城市"创建工作；组织指导农村环境综合整治工作；指导、协调和监督海洋环境保护工作；做好排污申报登记工作；做好排污许可证管理工作；做好排污收费管理工作
指导、协调、监督生态保护工作	牵头美丽浙江建设工作，组织开展美丽浙江建设目标责任考核及奖励，组织开展部省共建美丽中国示范区工作；牵头"811"美丽浙江建设行动；组织编制自然保护区发展规划、生物多样性保护规划；组织编制农村环境保护规划及畜禽养殖污染防治规划；组织指导中央农村环境综合整治示范工作；制定自然保护区管理制度；组织开展省级以上自然保护区规范化评估；组建省自然保护区评审委并负责日常工作；组织开展省级生态文明示范创建；组织评估生态环境质量状况；开展生态文明建设评价
负责环境监察与稽查工作	组织开展环境保护执法监督检查；办理省本级环境涉访事；指导、规范全省环境涉访调处工作；制定省本级突发环境事件应急预案；牵头协调、调查处理重大环境污染事故和生态破坏事件；协调解决跨区域、跨流域环境污染纠纷；拟定环保行政执法规范；对环境违法行为调查取证，作出相关处理决定；开展环境风险损害评估工作；开展环境应急演习；开展生态环境监察；参与处置环境群体性事件；开展环境监察稽查；开展企业、农村环境监督员制度建设；指导全省环境监察机构队伍建设和业务工作；组织开展环境保护督查工作，组织开展对下级人民政府及其有关部门的环境监察

续表

主要职责	具体工作事项
负责环境监测和信息发布	组织编制并监督实施环境监测及信息化建设规划；组织建设和管理环境监测网和环境信息网；制定环境监测制度和技术规范并监督实施；组织对环境质量状况进行调查评估、预测预警；组织编制全省环境质量报告书、组织编制和发布环境状况公报；组织开展全省环境监测质量管理；开展"两高"司法监测报告认定工作；指导全省环境监测队伍建设和业务工作
开展环境保护科技工作	组织实施环境保护科技发展、科学研究和技术示范项目；推动环境技术管理体系建设；参与推动环境保护产业发展；参与应对气候变化组织协调工作；开展环境科技交流；负责环境保护标准管理工作
组织、指导和协调环境保护宣传教育工作	组织、指导和协调全省环境保护宣传教育工作；拟订全省环境宣传教育规划和年度计划并组织实施；承担生态省建设、"两美"浙江建设和重大环境保护工作宣传，开展环境新闻报道工作；承办浙江生态日、"六·五"世界环境日等相关纪念日的重大主题活动；承担全省绿色系列创建的具体工作；开展生态、环保培训；推动社会公众和社会组织参与环境保护
负责环境保护政府财政性资金安排的初步意见	会同制定省级环保专项资金管理办法；提出年度省级环保专项资金初步安排意见，会同下达补助资金；会同组织申报和参与管理中央财政环保专项资金；参与省级以上财政环保资金使用监督，配合开展绩效考核等工作；配合做好扩大有效投资"411"重大项目工作；配合做好年度省级政府投资项目组织实施工作
开展地方党政领导班子和领导干部环保实绩评价工作	配合地方参与环保系统领导干部双重管理工作；组织开展全省环保专业职称评定工作；开展全省环保系统领导干部环保教育培训；开展地方党政领导班子和领导干部环保实绩评价

资料来源：作者根据浙江省政府部门责任清单整理所得。

第三节　2012—2017年：成熟阶段

2012年，在党的十八大报告中明确提出了建设"海洋强国"的战略目标，对中国海洋事业的发展提出了更高要求，明确指出："提高海洋资源开发能力，发展海洋经济，保护海洋生态环境，坚决维护国家海洋权益，建设海洋强国。"同年2月，国家海洋局下发《关于建设海洋生态文明示范区的意见》，这一文件明确指出了在推动海洋经济发展的进程中，要注重生态文明建设，要保证海洋生态平衡，要改变发展模式，尊崇科学发展观，不断增强海洋资源开发、环保与综合管理能力以及海洋对于气候的适应力，帮助"十二五"海洋事业发展目标实现，促进我国沿海经济可持续发展①。其中也着重强调了建设海洋生态文明示范区的基本原则与相关的指导意见。以"生态文明、科学发展"为基本理念，为沿海地区的经济发展提供一定的引导，以"统筹兼顾、科学引领、以人为本、公众参与、先行先试"为基本原则，争取在"十二五"末在全国范围内能够建立 15 个国家级海洋生态文明示范区。2013 年初，浙江省的象山、玉环、洞头三县成为全国首批国家级海洋生态文明示范区。2015 年，浙江省嵊泗县也被增加进其中。

2013 年 1 月，国务院出台了《国家海洋事业发展"十二五"规划》，在综合考虑海洋环境治理的历史经验及发展情况的基础上，明确说明了"十二五"期间，针对我国海洋环境治理方面，不仅要实现海岸环境治理，与此同时针对陆源污染也要进行全面治理，为海洋生物生存提供一个良好的环境。基于具体的目标出发，提出了在维护海洋生态环境的过程中，要实现河海、海陆全面管理，从而进一步健全海洋环保协作体系，加强建立近海污染排污控制制度，才能从根本上解决海洋环境恶化的难题。主要包含以下几个方面：一是加大对海洋生态环境的监测力度，二是提升海洋污染事务的处理能力，三是增强海洋污染的防控能力等。同时也说明了要不断加大海洋环境修复力度，针对海岸要加强建立海岸带蓝色生态屏障，从而保证海洋生态功能更好的恢复，那么海洋生态承载能力才能不断的提升。我国浙江省相关的部门在 2012 年度也出台了《浙江省海洋事业发展"十二五"规划》，在海洋生态环保的层面上指出，在省内针对海洋污染，海洋功能区以及生态环境要加强建立相应的预警机制，并不断扩大其覆盖范围。要积极使用海洋环保生态技术，从而提高其中典型海域生态健康指数。希望在 2015 年度我国海洋功能区水质能有 32 个百分点符合标准，清洁海域面积能够实现 15 个百分点，促进海洋生态良性发展，从而达到改善海洋环境的目的。

2013 年 3 月，国务院机构改革重新组建了国家海洋局，并对其进行综合型管理，进一步明确了协调职责。在这一次的改革当中，强调了国家海洋局要履行以下两个方面的职责：一是要促进与健全我国海洋事务协调与统筹机制，二是提高我国海洋综合管理能力，并且将原来的渔政、海监

---

① 赵建东：《海洋局下发关于建设海洋生态文明示范区的意见》，《中国海洋报》2012 年 2 月 10 日第 2 版。

等相关的部门联合起来组建为国家海警局，负责海上执法工作。与此同时，在这一次的改革过程中，建立了国家海洋委员会，并由其承担研究国家海洋发展规划的工作，并将海洋事务纳入我国高层议程当中，也为相关单位沟通提供有效的协调机制①。国务院在 2013 年 7 月初出台了《国务院办公厅关于印发〈国家海洋局主要职责内设机构和人员编制规定〉的通知》，对国家海洋局的责任又进行了调整和细化，在海洋生态环境保护方面，国家海洋局要制定海洋生态环境保护相关标准、规范和制度，负责海洋生态环境损害相关的索赔工作，并且针对气候的变化，也要完善海洋应对策略。国家海洋局下设生态环境保护司，负责陆源污染物排海、海洋自然保护区和特别保护区、重大海洋生态修复工程等方面的海洋污染防控及生态保护方面的工作。

　　2013 年 7 月，习近平总书记在中共中央政治局就建设海洋强国进行第八次集体学习时的讲话中表示：海洋经济发展的过程中要全面贯彻海洋思想，这也是落实我国海洋强国战略的表现形式之一。与此同时还提出了为保证海洋可持续发展，要坚持"四个转变"和"四要"，即"要提高海洋资源开发能力，着力推动海洋经济向质量效益型转变"；"要保护海洋生态环境，着力推动海洋开发方式向循环利用型转变"；"要发展海洋科学技术，着力推动海洋科技向创新引领型转变"；"要维护国家海洋权益，着力推动海洋维权向统筹兼顾型转变"。习近平总书记针对维护海洋生态环境也明确强调了"要从源头上有效控制陆源污染物入海排放，加快建立海洋生态补偿和生态损害赔偿制度，开展海洋修复工程，推进海洋自然保护区建设"。

　　2015 年 5 月，中共中央和国务院联合印发《关于加快推进生态文明建设的意见》，强调了要不断提高近岸海域的水质，在建设海洋生态文明的过程中，要科学开发，要以维护生态平台为核心，把海洋生态文明建设纳入生态文明建设之中。2015 年 4 月，国务院发布《水污染防治行动计划》即"水十条"，改善近岸海域海水具体工作目标。2016 年，浙江省印发《浙江省水污染防治行动计划》，明确提出要加大对海洋近岸海域的保护力度，要全面落实海洋功能区划，制定科学的海洋开发制度，合理开

---

① 史春林、马文婷：《1978 年以来中国海洋管理体制改革：回顾与展望》，《中国软科学》2019 年第 6 期。

发，从而来增强海域利用集约度。不断完善海洋资源监测预警机制，全面分析海洋资源环境，并研究其最大承载力，然后在能够进行开发的海域，不断地优化产业布局，改善经济结构，促进海洋新兴产业快速发展，完善海洋生态环境的评价机制，不断提升综合开发水平，从而将给海域环境带来负面影响的因素控制在最低的水平。针对海洋的排污量要加强控制，尤其是总排污量，将海域和陆域生态相互融合进行治理，从而达到保护自然生态系统的目的。针对海洋生态环境与海洋资源要不断建立相应的评估体系。针对围海填海等也要加强控制，尤其是围海与填海的规模，要进行严格管控，以海岸为主导地位，要引导开发活动主动遵守我国环境相关的法律制度，针对自净能力不足的海域，不能进行围填海。直至 2020 年度，修复和整治的海岸线要达到 300 公里，大陆自然岸线保有率超过 35 个百分点。针对不法的围填海问题，要严格调查与处理，并要追究法律责任。针对区域联动以及海陆统筹，要不断地完善生态环保体系。要进一步完善破坏海洋生态的赔偿制度。针对违法围填海问题，要严格调查与处理，并要追究法律责任。针对区域联动以及海陆统筹，要不断地完善生态环保体系，进一步完善海洋生态补偿和生态损害赔偿制度。

为了保证"水十条"全面实行，在 2017 年度，国家海洋局联合环保局等多个机构出台了《近岸海域污染防治方案》，提出促进沿海地区产业转型升级、逐步减少陆源污染排放的措施，充分体现了以海定陆、陆海统筹的思想。同时指出要加大海上污染的管控力度，要维护海洋环境，避免近岸海域环境风险。陆地海洋两手抓，齐头并进减少海洋污染，提高近岸海水质量。依照中央的要求，浙江省也印发了《浙江省近岸海域污染防治实施方案》，其中明确强调了要以改善近岸海域环境质量为切入点，要海域与海岸统筹管理，严格控制海域污染的总排放量，从而来达到改善近岸海域环境质量的目的；与此同时要加大对围填海的控制力度，加强维护近岸海域自然岸线，使海域自身净化能力不断提升；针对过度捕捞行为也要加以管控，从而保障海洋生态修复能力；要加强环境风险的防范意识，不断增强海洋环境风险防范能力，保证其应急处置能力提升。

可以说自海洋强国战略提出以来，不论是中央层面还是浙江省地方层面，都在不断深化近岸海域生态环境治理工作，将生态管海贯穿于海洋工作全过程。进一步完善海洋主体功能区相关的体系，并保障其全面实施。完善围填海控制制度，加强完善海岸线保护制度，以及不断完善无居民海岛与海域有偿使用制度，充分发挥海洋空间规划作用，并且将生态与海洋金融融合管理。完善海洋资源承载力预警制度，并设立试点，保证蓝色海湾工程顺利开展，海洋生态环境治理成效逐步显现。

第四节　2018年至今：改革阶段

2018年，全国第十三届人大决定实施国务院机构改革。撤销原国土资源部和环境保护部，成立了自然资源部和生态环境部，将国家海洋局的职责整合到自然资源部，国家海洋局所承担的环保工作以及农业部的农业污染与水利部的排污口陆源污染管理工作由生态环境部负责，并且慢慢完善海洋环境治理体制，使其逐步实现海陆一体化。此次国务院机构改革在对海洋环境治理职能的整合上起到了重要的推动作用，但是仍然存在一些问题，主要体现在自然资源部和生态环境部在海洋环境污染治理上依然存在着职能交叉的问题。海洋环境的治理不仅包括海洋环境的保护，也包括海洋资源的合理开发与利用，两者无法完全分割，这就导致了海洋环境治理的职能并不能由生态环境部全权负责，自然资源部依然有对海洋资源的开发利用和保护进行监管的职能。表5-4梳理了国务院机构改革后自然资源部和生态环境部中涉及海洋环境治理的具体机构。从中可以发现，虽然生态环境部承接了国家海洋局海洋环境保护的职责，但现有的机构设置中，具有海洋环境治理职责的部门仍大多集中于自然资源部中。

表 5-4　国务院机构改革后涉及近岸海域生态环境治理职责的主要机构

所属部门	机构类型	机构名称	海洋环境治理职责
自然资源部	内设机构	海洋战略规划与经济司	拟订海岸带综合保护利用、海域海岛保护利用等规划并监督实施
		海域海岛管理司	拟定海域使用和海岛保护利用政策与技术规范，监督管理海域海岛开发利用活动，组织开展海域海岛监视监测和评估
		海洋预警监测司	开展海洋生态预警监测、灾害预防、风险评估和隐患排查治理，参与重大海洋灾害应急处置
	派出机构	自然资源部北海局	监督管理海区海洋自然资源合理开发利用、海岸带综合保护利用、海域海岛保护利用等规划和政策实施。承担海区海洋生态保护修复工作。负责海区海洋观测预报工作
		自然资源部东海局	
		自然资源部南海局	

续表

所属部门	机构类型	机构名称	海洋环境治理职责
自然资源部	直属单位	国家海洋信息中心	承担海洋环境信息保障体系的建设
		国家海洋技术中心	为海洋环境治理提供技术支撑
		国家海洋环境预报中心	国家海洋环境、海洋灾害的预报和警报
		国家海洋标准计量中心	制定和管理海洋环境治理标准、计量和质量
		海洋减灾中心	海洋防灾减灾、海洋应急指挥平台运行管理
		海洋咨询中心	海洋环境影响评价
		海岛研究中心	海岛开发与保护研究工作
		海洋发展战略研究所	开展国内外海洋资源开发、生态环境保护、海洋灾害防治的政策和措施的研究
生态环境部	内设机构	海洋生态环境司	负责全国海洋生态环境监管工作
	直属单位	国家海洋环境监测中心	全国海洋生态环境监测与保护工作

资料来源：作者通过自然资源部和生态环境部官网资料整理所得。

在浙江省层面，结合《浙江省机构改革方案》中的规定，建立省级单位的自然资源厅。然后将省国土资源厅、省海洋与渔业局、省发展和改革委员会、省住房和城乡建设厅、省水利厅、省林业厅、省海洋港口发展委员会和省测绘与地理信息局等部门的相关行政职能整合。自然资源厅是省级政府机构的组成部门，加挂省海洋局牌子。撤销省国土资源厅和省海洋与渔业局。其中关于近岸海域生态治理职责主要包括以下两个方面：

一方面，要承担国土空间生态修复与管理等相关的工作。以自然资源厅为主导，负责制定我国国土空间生态修复规划，然后落实生态修复工程。不仅要负责海域海岸线修复工作，与此同时也要负责土地、国土空间以及矿山等环境的综合治理与修复工作。并由其为主导，进一步完善生态保护补偿制度，合理规划资金用途，实现生态环境修复与治理，并制定备选项目。

另一方面，要做好维护海洋生态环境，促进海洋可持续发展监管工作。针对海域海岛要进一步完善其相应的保护规划，然后有效落实。与海域相关的部门单位要协调关系，保证海洋资源开发活动顺利实施。做好无居民海岛、海域、海底地形地名管理工作，尤其是对于有特殊用途的海岛，要加强监管与保护。最后要负责核算海洋经济并进行统计。

除此之外，结合方案提出的要求，建立省生态环境厅。全面地整合省水利厅、省发改委、省农业厅、省环保厅、省国土资源厅等相关的工作职责，特别是其中的减排工作、水域环保工作、污染治理工作要全面落实。省生态环境厅成为省政府单位的组成部门，并且撤销原本的省环境保护厅。其中涉及近岸海域生态环境治理的职责主要有以下几个方面：

第一，负责建立健全生态环境有关制度。联合多方部门制定关于全省生态化环境保护的制度。联合多个部门针对饮用水水源地生态环境制定监督计划，根据地方生态环境的基本概况，明确相关的保护标准，并进一步规范生态环境技术。

第二，负责重大生态环境问题的统筹协调和监督管理。针对严重破坏生态环境的污染事故，要及时进行严格检查并从严处置。加强完善生态环境污染事故的预警机制，并提前设计好应急预案，加强完善生态环境污染相关的赔偿制度。针对跨区域或者跨流域的污染环境纠纷，要及时协调处理。针对省内的重点海域生态保护，要进行全面协调与统筹。

第三，负责监督管理减排目标的落实。结合省级单位以及国家对污染物减排指标的要求，针对污染物排放，要加强控制其排放总量，并完善相关的控制制度，与此同时也要检查各个地区减排工作的完成情况，完善生态环保目标责任制度。针对温室气体减排这一领域也要做好相关的协调工作。

第四，负责环境污染防治的监督管理。无论是对于液体污染还是土壤污染，以及噪声污染与化学品污染，都要进行严格监管，同时也要做好防治工作。此过程中可以与相关部门联合重点保护饮用水水资源；针对特殊的流域要进行重点污染防治。针对污染严重的行业，加大整治力度，做好大气污染防控工作。

第五，指导协调和监督生态保护修复工作。建立相关的保护制度，针对自然资源开发这一问题要进行严格的监管，保证合理开发。维护生态平衡。针对省内各类保护地要因地制宜地制定相关的监管制度，并全面贯彻落实下去。在农村生态环保方面，要给予其一定的指导，同时也要发挥监督与协调的作用，并积极参与到保护补偿工作当中。

第六，负责生态环境准入的监督管理。加大监管力度。根据省政府相关的规定，针对大型的发展规划与经济技术政策和相应的开发规划等，要建立相应的环境评价机制。结合国家大型开发项目规划准入政策，制定省内生态环境准入清单。

第七，负责生态环境监测工作。进一步规范生态环境监测制度，与此同时，也要建立相关的监管体系。联合多个部门共同设立生态环境质量监测站点，然后全面监测污染源、温室气体及生态环境质量。建立生态环境质量预警机制，全面评估生态环境质量并制定相应的报告。同时要做好省内生态环境信息化工作以及生态环境监测网等一系列工作。

第八，组织开展生态环境保护督察。关于省级生态环境保护领域，要做好相应的协调与组织工作，结合省级相关单位实施生态环境保护制度展开督察工作，同时提出意见。

第九，统一负责生态环境监督执法。在全省范围内严格执行环保法。针对严重破坏生态环境的问题，要从严处理。为省内建设生态环保执法队伍提供指导意义。

第十，不断提高生态环境科技水平，关于大型生态环境科研，要建立相应的示范基地，加强完善生态环境技术管理体系。定期举办生态环境交流活动，全面落实国际生态环境协议，针对涉外生态环境问题的处置也要积极参与。

第十一，针对海洋生态环境专项资金的使用与分配提出建议，联合相关的单位制定投资项目并全面落实，完善专项资金使用的监管制度。促进海洋经济可持续发展。

第十二，关于维护海洋生态环境要积极宣传，在此过程中要进行组织与协调，制订宣传计划，提高社会群众的生态环境保护意识。

生态环境与自然资源厅为了更好治理近岸海域的海洋生态环境设立了相应的职能机构，其中最常见的几个机构如下：海洋预警预报处、海域海岛管理处、海洋预警预报处、浙江省海洋科学院、浙江省海洋监测预报中心，以及生态环境厅的海洋生态环境处和浙江省海洋生态环境监测中心，这些部门的具体职责如表 5-5 所示。

表 5-5　浙江省机构改革后涉及近岸海域生态环境治理职责的主要机构

机构	下设部门	涉海职责
浙江省自然资源厅	国土空间生态修复处	承担海域海岛海岸线（港口压线除外）整治修复和海洋生态修复等工作
	海域海岛管理处（挂省海岸线管理办公室牌子）	拟定海域使用、海岛和海岸线保护利用政策与技术规范；负责海岸线修测和自然岸线保有率管理；承担项目用海用岛生态评估和生态修复方案的审核；组织开展领海基点等特殊用途海岛保护的监督管理；监督全省海域海岛海岸线保护与开发利用活动

续表

机构	下设部门	涉海职责
浙江省自然资源厅	海洋预警预报处	组织开展典型海洋生态系统、海洋资源环境承载力、海洋生态红线区及海洋生态灾害预警监测
	浙江省海洋科学院	（一）开展海洋发展战略、海洋经济、海洋政策制度、海洋文化的研究，承担海洋空间、海洋生态专项规划编制、评估的技术工作。 （二）承担海洋科学、海洋技术的基础研究，实施海洋重大技术攻关和科研项目，开展海洋技术标准规范的拟定和海洋科普工作。 （三）承担海洋调查监测技术研究与应用，承担海洋调查、监测、评价工作，负责海洋经济统计、运行监测及核算的技术工作。 （四）承担海洋生态文明建设和海洋资源有偿使用的技术工作。开展海洋生态、海洋环境研究，承担海洋生态红线、海洋资源环境承载力、海洋生态保护修复的技术工作。 （五）承担海洋数据信息集成、应用，负责"智慧海洋"工程建设运行。承担海洋对外交流合作和军民融合具体事务。 （六）提供海洋工程、海洋灾害应急、海洋生态整治修复、海洋资源开发利用的技术服务。 （七）完成浙江省自然资源厅、自然资源部第二海洋研究所交办的其他任务
	浙江省海洋监测预报中心	承担全省典型海洋生态系统、海洋资源环境承载力、海洋生态红线区、海洋生态灾害、海洋生态修复的预警监测
浙江省生态环境厅	海洋生态环境处	负责全省海洋生态环境监管工作，拟订重点海域生态环境规划并监督实施，承担海洋生态环境调查评价、海洋生态保护与修复监管，监督协调重点海域生态环境综合治理工作。监督陆源污染物排海，负责防治海岸和海洋工程建设项目、废弃物海洋倾倒等对海洋污染的生态环境保护工作
	浙江省海洋生态环境监测中心	（一）组织实施全省海洋生态环境监测工作，组织开展全省近岸海域环境功能区、海洋生态功能区、海洋倾废区等海洋生态环境质量现状及趋势变化监测。 （二）承担全省海洋生态环境管理的科学研究，协助拟订全省海洋生态环境监测规划和工作计划。 （三）承担全省重大海岸和海洋工程建设海域生态环境影响监测和跨地市重大海洋环境污染事故应急监测工作。 （四）负责全省海洋生态环境监测数据管理，编制全省海洋生态环境质量综合评价报告。 （五）承担全省海洋生态环境监测能力建设、网络管理和预警预报的技术支持工作，开展对沿海市县海洋生态环境监测和综合评价的业务指导。 （六）完成浙江省生态环境厅交办的其他任务

资料来源：作者通过浙江省自然资源厅和生态环境厅官网资料整理所得。

　　通过梳理浙江近岸海域生态环境治理体制的历史沿革可以发现，浙江近岸海域生态环境治理体制的发展呈现出诸多特点[1]。一是参与者从单一逐渐走向多元化。在近岸海域生态环境治理体制形成初期，经济发展仍是

---

① Yu J. , Bi W. , "Evolution of Marine Environmental Governance Policy in China", *Sustainability*, Vol. 11, No. 18, 2019, pp. 50—76.

浙江省地区乃至全国发展的重点，近岸海域生态环境治理主体必须强力且有效。政府是海域的主要参与者，实行海洋的统一管理。随着海洋开发的深入，土地污染、石油污染、海岸工程污染等问题逐渐显现。仅仅依靠政府力量无法保证海洋的可持续利用，因此，企业、公众和其他利益相关者开始逐渐参与到近岸海域生态环境治理中。在政策制定过程中，各行业部门协调配合，各利益相关方的参与为近岸海域生态环境治理政策的制定提供了共同的愿景，有利于政策的最终实施。"十三五"期间，"参与""居民"等热门高频关键词出现。政府采取了各种措施来增加所有利益相关者的参与。例如，建立海洋信息公开制度，宣传海洋环境信息，加强海洋环境相关知识宣传，将海洋知识普及纳入国民教育体系，拓宽公众参与渠道，举办专题研讨会等。

二是从事后治理逐渐转向事前预防。在近岸海域生态环境治理的早期阶段，浙江省政府缺乏近岸海域生态环境治理经验。面对日益严峻的近岸海域生态环境问题，事后治理符合浙江省的现实情况，有利于近岸海域生态环境污染问题在短时间内得到整改。然而，随着近岸海域生态环境治理体制的不断完善，简单的问题导向框架已不能满足近岸海域生态环境治理的要求。政策制定的预防特征明显，并逐渐转向事前预防。在"十五"期间，近岸海域生态环境监测体系得以建立，对近岸海域生态环境风险进行监测，政策开始呈现前瞻性特征。"十二五"期间制定了船舶污染和溢油应急预案，从控制近岸海域生态环境污染转向预测和控制近岸海域生态环境风险。同时，为了防止近海污染，海洋生态红线制度建立。近岸海域生态环境治理从污染治理转向生态保护，从治理转向预防。

三是政策工具从单一向多样化演进，逐步形成了以行政命令为主、经济和法律手段为辅的政策工具体系。在萌芽期有许多近岸海域生态环境问题亟待解决，管理等行政手段是萌芽期的主要政策工具。在发展期和深化期，经济、法律和其他政策工具开始出现。"十五"期间开始征收海洋工程排污费。排污费作为一种经济手段的出现，促使企业平衡污染成本与收益的关系，倒逼企业环境治理体系的完善。"十二五"期间船舶油污赔偿和海洋生态损害赔偿基金管理开始逐步建立，更加符合实际的海洋生态补偿制度开始显现。

四是近岸海域生态环境治理范围从单一的环境治理体系转向生态系统治理。比如，政府开始越来越聚焦海岛、重要渔业水域、海洋保护区等典型生态系统治理，出台《海岛保护法》等政策，保护海岛及周边海域生态系统，加强港口岸线资源保护和近海渔业资源保护。在原有港口、岛屿等治理范围的基础上，增加对海岸线的治理；这一转变表明，政府开始越来越重视陆海一体化，优化海岸线资源配置，不断扩大近岸海域生态环境治理范围。

第六章

陆海分割的浙江近岸海域生态环境
治理体制的绩效评价

在厘清浙江近岸海域生态环境治理体制的历史沿革基础上，评估浙江近岸海域生态环境治理体制绩效是构建陆海统筹的浙江近岸海域生态环境治理体制的重要依据。本章基于超效率加权 SBM 模型和合成控制法，从浙江省级和地级市两个层面定量评估陆海分割的浙江近岸海域生态环境治理体制绩效。

第一节 方法与指标

一 超效率加权 SBM 模型及其指标体系

超效率加权 SBM 模型（Super-MSBM）被用于测算浙江省省级层面的近岸海域生态环境治理绩效。该模型由传统的数据包络分析法（data envelopment analysis，DEA）发展而来。在径向 DEA 模型中，对无效率程度的测量只包含了所有投入（产出）等比例缩减（增加）的比例。对于无效决策单元（decision making unit，DMU）来说，其当前状态与强有效目标值之间的差距，除了等比例改进的部分之外，还包括松弛改进的部分。而松弛改进的部分在效率值的测量中并未得到体现。总的来说 DEA 模型只能从单一的投入导向或产出导向评价效率值，不能同时考虑投入的减少和产出的增加。为了弥补这一不足，Tone（2001）[1] 提出了一种基于松弛变量（slacks-based measure，SBM）评价决策单元的方法，即 SBM 模型：

---

[1] Tone K., "A Slacks-Based Measure of Efficiency in Data Envelopment Analysis", *European Journal of Operational Research*, Vol. 130, No. 3, 2001, pp. 498–509.

$$\min\rho = \cfrac{1 - \cfrac{1}{m} \sum_{i=1}^{m} s_i^- / x_{ik}}{1 + \cfrac{1}{q} \sum_{r=1}^{q} s_r^+ / y_{rk}}$$

$$\text{s. t. } X\lambda + s^- = x_k$$

$$Y\lambda - s^+ = y_k$$

$$\lambda, \ s^-, \ s^+ \geqslant 0$$

(6. 1)

SBM 模型自身有一定的优势，能够更好地解决径向模型在进行无效率测量过程中无法包含松弛变量这一现象，但这一模型也有一定的不足之处。SBM 模型目标函数能够将效率值 ρ 最小化，简而言之就是保证投入与产出无效率值最大化。基于距离函数的视角出发，在前沿距离上，DMU 投影点实际上就是被评价 DMU 最远的点，这也是这一模型最大的缺陷。基于被评价者的层面上出发，希望无限缩短前沿距离，但是通过分析 SBM 模型提供的目标值能够看出，显然与此相悖。同时，当多个 DMU 同时处于前沿面时（即效率值同为 1），SBM 模型不能进一步比较其效率值的大小。基于此，Tone（2002）等研究学者以修正松弛变量为切入点指出，超效率 SBM 模型（Super-SBM）能够评价 SBM 模型有效单元，与此同时还能对其进行排序，从而区分两者之间效率的不同[①]，Super-SBM 模型可以定义为：

$$\min\rho = \cfrac{\cfrac{1}{m} \sum_{i=1}^{m} \overline{x_i} / x_{ik}}{\cfrac{1}{s} \sum_{r=1}^{s} \overline{y_r} / y_{rk}}$$

$$\text{s. t. } \overline{x_i} \geqslant \sum_{j=1, \ j \neq k}^{n} x_{ij}\lambda_j \qquad \overline{y_r} \leqslant \sum_{j=1, \ j \neq k}^{n} y_{rj}\lambda_j$$

$$\overline{x_i} \geqslant x_{ik} \quad \overline{y_r} \leqslant y_{rk}\lambda, \ s^-, \ s^+, \ \overline{y} \geqslant 0$$

$$i = 1, \ 2, \ \cdots, \ m; \ r = 1, \ 2, \ \cdots, \ q; \ j = 1, \ 2, \ \cdots, \ n(j \neq k)$$

(6. 2)

$(\overline{x}, \ \overline{y})$ 在上述模型指代的是被评价 DMU 在超效率 SBM 模型中的投影

---

① Tone K. , "A Slacks-Based Measure of Super-Efficiency in Data Envelopment Analysis", *European Journal of Operational Research*, Vol. 143, No. 1, 2002, pp. 32-41.

值，通俗来讲就是模型最优解，也就是前沿距离最近的点。因为不同产出会有差异化的重要程度，所以要把产出的权重比例代入至 Super-SBM 模型之中，构建超效率加权 SBM 模型。参考王兆峰等（2019）[①] 和邢新朋（2016）[②] 的研究成果，本章所使用的 Super-MSBM 模型定义如下：

$$
\min\rho = \frac{1 + \dfrac{1}{m}\sum_{i=1}^{m} s_i^- / x_{ik}}{1 - \dfrac{1}{\sum_{r=1}^{s_1} w_r^+}\left(\sum_{r=1}^{s_1} w_r^+ s_r^+ / y_{rk}\right)}
$$

$$
\text{s. t. } x_{ik} \geqslant \sum_{j=1,\, j\neq k}^{n} x_{ij}\lambda_j - s_i^-
$$

$$
y_{rk} \leqslant \sum_{j=1,\, j\neq k}^{n} y_{rj}\lambda_j + s_r^+
$$

$$
\lambda_j,\ s_i^-,\ s_r^+,\ w_r^+ \geqslant 0
$$

(6.3)

公式（6.3）中，ρ 为所需测算的海域使用效率值，m 为各 DMU（本章中各年份）的投入，s_1、x、y 在上述公式中分别指代的是产出、投入矩阵元素与产出矩阵元素，w_r^+ 为产出的权重。

基于 Super-MSBM 模型测算近岸海域生态环境治理绩效本质上是一个投入产出比的问题，即用尽可能少的投入得到尽可能多的产出，在进行测算的过程中，需要以投入指标与产出指标作为参考。其中投入指标主要是用于评估产生一定的近岸海域生态环境效益所需投入的一系列人、财、物，基于数据的可得性，本章所选取的投入类指标包括以下四个：

（1）沿海地区废水治理设施数。该数据来源于《中国环境统计年鉴》，这一年鉴通常是我国环保与统计相关的部门联合多个部门共同制定的，是用于反映我国年度环境情况的报告。这一指标实际上指的是在单位时间之内，企业为了污水防治以及污水处理所采用的手段与设施，在统计过程中的单位为一个废水治理系统，针对设施内的设备不需要另行计算。已经报废的设施不统计在内。

① 王兆峰、刘庆芳：《长江经济带旅游生态效率时空演变及其与旅游经济互动响应》，《自然资源学报》2019 年第 9 期。

② 邢新朋：《能源和环境约束下中国经济增长及其效率问题研究》，博士学位论文，哈尔滨工业大学，2016 年。

（2）海洋环保系统人员数。该数据并不能通过现有的统计年鉴进行获取，需要将沿海地区环保系统人员数与地区海洋生产总值占地区生产总值的比重两个数据进行综合处理后得到。其中沿海地区环保系统人员数原始数据来源于《中国环境年鉴》，这一年鉴包含的资料与内容比较丰富，涵盖了国内环保机构一年的各种资料信息。沿海地区环保系统人员数指环保系统行政主管部门及其所属事业单位、社会团体设置中的在编人员总数。地区海洋生产总值占地区生产总值的比重原始数据来源于《中国海洋统计年鉴》。这一年鉴主要是体现国内海洋经济发展与管理的信息。所谓的海洋 GDP，一般情况下指的是根据目前市场的计价模式，来衡量单位时间内近岸海域地区单位通过海洋经济活动所产出的结果，海洋 GDP 不仅包含海洋产业，同时也包含产业附加值。海洋产业涉及的范围较广，其中比较典型的海洋产业有：①生物医药业，②矿业，③渔业，④船舶工业，⑤盐业，⑥交通运输业等；此外还有海洋相关产业，这一产业一般情况下是投入与产出之间的桥梁，联合上下游企业，比较有代表性的如下：①涉及海洋农林业，②海洋设备制造业，③涉海产品及材料制造业，④涉海建筑与安装业，⑤海洋批发与零售业，⑥涉海服务业等。该指标具体计算公式如下：

$$MEpop = Epop \times \frac{GOP}{GDP} \tag{6.4}$$

公式（6.4）中，$MEpop$ 是指海洋环保系统人员数，$Epop$ 是指环保系统人员数，GOP 是指地区海洋生产总值，GDP 是指地区生产总值。

（3）沿海地区环境污染治理投资总额。该指标主要是通过整理《中国环境统计年鉴》获得，是指在工业污染源治理和城镇环境基础设施建设的资金投入中，用于形成固定资产的资金。主要包含以下几个部分：一是工业新老污染源治理工程投资，二是当年完成环保验收项目环保投资，三是城镇环境基础设施建设所投入的资金

（4）沿海地区环保机构数。该指标来源于《中国环境年鉴》，是指环保系统行政主管部门及其所属事业单位、社会团体设置中的机构总数。包括环保行政主管部门机构数、环境监察机构数、环境监测站机构数、辐射监测机构数、科研机构数、宣教机构数、信息机构数、应急机构数和其他机构数。

产出类指标方面，最能直观反映近岸海域生态环境治理绩效的就是近岸海域污染情况的改善。现有的研究成果多以沿海地区工业废水或废气中

污染物的排放量作为近岸海域污染的替代指标，但是这些指标太过笼统，缺乏对海域的针对性，可能使得效率值测算结果出现偏差。考虑到现有研究的不足，本章通过识别生态环境部发布的历年《中国近岸海域环境质量公报》中的近岸海域主要污染物浓度柱状图，获取了沿海各地区近岸海域中两大主要污染物（无机氮和活性磷酸盐）的平均浓度数据，并以此作为产出指标。《中国近岸海域环境质量公报》由原环境保护部、农业部和交通运输部共同编写，由原环境保护部统一发布，近岸海域环境质量状况、重要河口海湾生态环境状况及陆源污染物入海状况由环境保护部"全国近岸海域环境监测网"开展监测；海洋渔业水域环境状况由农业部"全国渔业生态环境监测网"开展监测；船舶污染事故及渔业水域污染事故资料分别由交通部海事局和农业部渔业局提供。其中，（1）无机氮是指海水中未与碳结合的含氮物质的总称。主要有氨氮、硝态氮和亚硝态氮等。（2）活性磷酸盐是指正磷酸盐，因为只有这种磷酸盐会和比色法测定磷酸盐的试验中所用的试剂直接发生反应。这种类型的磷酸盐被植物、细菌和藻类所利用，被认为是海水中的一种限制性营养盐。

根据《中国近岸海域环境质量公报》显示，无机氮和活性磷酸盐是浙江省近岸海域最主要的两大污染物质。数据显示，2017年浙江近岸海域无机氮点位超标率高达50%，海域活性磷酸盐点位超标率也达到了17.9%。这两类污染物是造成近岸海水富营养化的重要因素。富营养化是指自养型生物（主要是浮游植物）在水中建立优势的过程。因为工业以及其他废水的排放，导致无机氮与活性磷酸盐等元素进入水中，从而使水质受到污染。水中的浮游生物就会出现大量的繁殖现象，随着其不断的繁殖会分解掉水中溶解氧，使溶解氧急剧减少，因此造成水中生物缺乏氧气死亡，在微生物的作用下，会使大部分有机体发生化学反应，从而产出二氧化碳、甲烷等新的物质，进一步导致水质污染，甚至使水变臭，严重破坏了水体生态系统。

考虑到无机氮和活性磷酸盐这两组指标为负向指标（即数值越小越好），但是在Super-MSBM模型中的产出指标要求为正向指标（即数值越大越好）。因此对数据取倒数处理，将其转化为正向指标。在产出类指标的权重设定上，考虑到中国近岸海域中无机氮的超标率和污染严重程度要明显高于活性磷酸盐，因此将二者的权重设定为2∶1，各变量的类型及数据来源如表6-1所示。

表 6-1 浙江省近岸海域生态环境治理绩效测算指标体系

指标类别	具体变量	数据来源
投入类	沿海地区废水治理设施数（套）	中国环境统计年鉴
	海洋环保系统人员数（人）	中国海洋统计年鉴
	沿海地区环境污染治理投资总额（亿元）	中国环境年鉴
产出类	沿海地区环保机构数（个）	中国环境年鉴
	无机氮浓度（mg/L）（取倒数）	中国近岸海域环境质量公报
	活性磷酸盐浓度（mg/L）（取倒数）	中国近岸海域环境质量公报

二 合成控制法及其变量选取

合成控制法（synthetic control methods，SCM）以"鲁宾反事实分析框架"进行评估，即通过赋予权重给一个对象的一些变量来拟合另一个反事实的、虚拟的控制组，以此来研究一个事件对研究对象的影响。与传统的双重差分法（difference in difference，DID）相比，合成控制法不仅降低了对处理组和对照组的要求，而且通过数据来决定权重的大小从而减少了主观判断。该方法由 Abadie 等（2003）首次提出，当时主要是应用在评估恐怖活动给巴斯克经济带来的影响[①]。通过后续的分析，研究学者 Abadie 等不断对这一方法进行完善，先后将其运用于研究美国加州 1988 年控烟法对烟草消费的影响以及 1990 年德国统一对西德经济增长的影响[②③]。

近年来，国内对合成控制法在政策效果评价上的运用也愈加丰富，尤其体现在对国家重大发展战略的经济增长效应评价上，如郑展鹏等（2019）研究学者在评估我国中部地区发展战略效果的过程中主要是通过合成控制法，指出我国中部地区发展战略在全面落实之后，我国湖北与河

---

① Abadie A., Gardeazabal J., "The Economic Costs of Conflict: A Case Study of the Basque Country", *American Economic Review*, Vol. 93, No. 1, 2003, pp. 113-132.

② Abadie A., Diamond A., Hainmueller J., "Synthetic Control Methods for Comparative Case Studies: Estimating the Effect of California's Tobacco Control Program", *Journal of the American Statistical Association*, Vol. 105, No. 490, 2010, pp. 493-505.

③ Abadie A., Diamond A., Hainmueller J., "Comparative Politics and the Synthetic Control Method", *American Journal of Political Science*, Vol. 59, No. 2, 2015, pp. 495-510.

南等中部地区的经济有了明显的增长。中部发展战略的实施，对湖北与河南经济发展有一定的促进作用，但对河南省经济增长及全要素生产率的促进作用小于湖北省①。王小丽等（2019）研究学者是以我国 31 个省份为研究样本，并提取了 1980 年度至 2016 年度的数据，在研究西部大开发政策给西部地区经济发展带来影响的过程中主要采用的是合成控制法，其结论显示：在西部大开发政策落实之后，对我国西部地区的经济发展水平没有较大的影响。从显示的层面上来看，由于各个地区具体情况的不同，这一政策在出台之后，渝、蒙、宁与陕等地的经济发展水平有一定的提升，但是新、云、桂、藏等地的经济发展水平却在下滑，针对青与川等地没有明显的影响。基于产业发展的角度来看，有效推动了第一产业与第三产业的发展，但是严重地影响了第二产业的发展②。郑尚植等（2019）基于结构视角通过合成控制法对东北振兴政策进行评估，所得的结论显示：在振兴东北的制度实施之后，明显带动了东北经济的发展。东北经济之所以没有得到良好的发展，主要因素是经济结构不合理。基于短期的视角来看，通过暂时性的经济结构调整可以促进经济发展；但是基于长期的视角来看，政策效果并不明显，导致这一现象的主要原因是结构障碍不断加剧，所以减弱了政策的作用③。

在地区发展战略上，国内对合成控制法的运用也十分丰富。例如，刘乃全等（2017）④ 以我国 208 个城市为研究样本，并提取其 1998 年度至 2014 年度的数据，在研究的过程中主要采用的是合成控制法，研究了我国 2010 年度长三角城市群扩容对其经济发展产生的影响，根据其结论可以看出，在 2010 年度的长三角扩容有效促进了城市群的经济发展。基于区域划分的视角来看，此次长三角扩容，相较于原位城市而言，新城市经

---

① 郑展鹏、岳帅、李敏：《中部崛起战略的政策效果评估：基于合成控制法的研究》，《江西财经大学学报》2019 年第 5 期。

② 王小丽、李娜娜、朱嘉澍等：《西部大开发：自然增长还是政策效应——基于合成控制法的研究》，《资源开发与市场》2019 年第 4 期。

③ 郑尚植、王怡颖：《东北老工业基地振兴的绩效评估——基于合成控制法的检验》，《地域研究与开发》2019 年第 2 期。

④ 刘乃全、吴友：《长三角扩容能促进区域经济共同增长吗》，《中国工业经济》2017 年第 6 期。

济发展水平的提升更显著。杨经国等（2017）[1] 研究学者采用的也是合成控制法，通过具体案例进行研究，研究了我国自经济特区建立之后给经济发展带来的影响。其结论显示：经济特区的建立有效推动了城市经济发展，但是不论是在空间上还是在时间上都有一定的不对称性。基于时间层面上出发，在20世纪80年代我国经济特区建立之后，显著提升了城市经济发展水平，但是到了20世纪90年代，正面促进作用逐渐降低，尤其是在2000年度之后，促进作用进一步减弱。基于地区的角度来看，我国东部地区设立了经济特区之后，经济发展水平提升较为显著，而我国中西部地区经济发展水平没有显著的提升。刘秉镰等（2018）[2] 采用的也是合成控制法，并以我国31个省市为样本，然后在货物贸易、固定资产投资以及经济发展水平的层面上，全面研究了我国闽、沪、津、粤等地在建立了自贸区之后给经济发展带来的影响。根据其结论可以看出：上述4个地区在建立了自贸区之后，在一定程度上都提升了其经济发展水平，但是每个自贸区呈现出的影响力有一定的差异。

　　本章运用合成控制法的基本思路是：选取宁波市作为研究区域，将2013年8月浙江省颁布的《浙江省近岸海域污染防治规划》（以下简称《防治规划》）作为待考察的政策。将防治规划实施后的宁波市作为处理组，通过防治规划实施前的预测变量寻找合适的权重，将未受到防治规划直接影响的其他沿海城市加权平均，合成一个未实施防治规划的虚拟的宁波市，并将其作为对照组，使合成宁波和真实宁波在防治规划实施前各预测变量的特征尽可能相似，最后比较防治规划实施后真实宁波的海洋污染变化与合成宁波的海洋污染变化之间的差异，据此来判定防治规划对宁波市近岸海域生态环境的影响。

　　具体来说，假设观测到 $J+1$ 个地区共 T 年的海洋污染变化情况，地区1表示处理组地区，地区2至 $J+1$ 表示 J 个未受到防治规划影响的其他地区。用 T_0 表示防治规划实施的年份，用 Y_{it}^N 表示地区 i 在 t 时期没有受到防治规划影响时的海洋污染情况；Y_{it}^I 表示地区 i 在 t 时期受到防治规划影响

　　[1]　杨经国、周灵灵、邹恒甫：《我国经济特区设立的经济增长效应评估——基于合成控制法的分析》，《经济学动态》2017年第1期。

　　[2]　刘秉镰、吕程：《自贸区对地区经济影响的差异性分析——基于合成控制法的比较研究》，《国际贸易问题》2018年第3期。

时的海洋污染情况；Y_{it} 表示地区 i 在 t 时期实际海洋污染情况。于是，$\alpha_{it} = Y_{it}^I - Y_{it}^N$ 表示防治规划在 t 时期对 i 地区海洋污染的影响，$\alpha_{1t} = Y_{1t}^I - Y_{1t}^N$ 即是要估计的防治规划对 t 时期处理组地区海洋污染的影响效应。由于防治规划实施前，所有地区的海洋污染都不受防治规划的影响，所以当 $t \leqslant T_0$ 时，$Y_{it}^I = Y_{it}^N$；当 $T_0 < t \leqslant T$ 时，$Y_{it}^I = Y_{it}^N + \alpha_{it}$。在引入地区 i 在 t 时期是否受到防治规划影响的虚拟变量 D_{it} 后，地区 i 在 t 时期的实际海洋污染情况 Y_{it} 可表示为 $Y_{it} = Y_{it}^N + D_{it}\alpha_{it}$。当 $t \leqslant T_0$ 时，要估计的 $\alpha_{1t} = 0$，即防治规划在实施前对海洋污染没有影响；当 $t > T_0$ 时，$\alpha_{1t} = Y_{1t}^I - Y_{1t}^N = Y_{1t} - Y_{1t}^N$，$Y_{1t}$ 即防治规划实施后沿海地区实际的海洋污染情况，是可观测的。因此，只要通过估计 Y_{1t}^N 就可以估计出 α_{1t}。据此引用 Abadie 等 （2010）[①] 提出的因子模型来对 Y_{it}^N 的值进行估计，具体模型为：

$$Y_{it}^N = \delta_t + \theta_t Z_i + \lambda_t \mu_i + \varepsilon_{it} \tag{6.5}$$

其中，δ_t 表示时间固定效应，Z_i 表示不受防治规划影响的协变量，θ_t 表示未知参数，μ_i 表示地区固定效应，λ_t 表示影响所有地区的共同因素，ε_{it} 表示误差项。为了估计 Y_{it}^N，合成控制法通过权重向量 $W = (w_2, w_3, \cdots, w_{J+1})$ 合成虚拟的对照组。其中，所有权重值均大于等于 0，并且总和等于 1。于是：

$$\sum_{j=2}^{J+1} w_j Y_{jt}^N = \delta_t + \theta_t \sum_{j=2}^{J+1} w_j Z_j + \lambda_t \sum_{j=2}^{J+1} w_j \mu_j + \sum_{j=2}^{J+1} w_j \varepsilon_{jt} \tag{6.6}$$

假定存在 $W^* = (w_2^*, w_3^*, \cdots, w_{J+1}^*)$，使得：

$$\sum_{j=2}^{J+1} w_j^* Y_{j1} = Y_{11}, \quad \sum_{j=2}^{J+1} w_j^* Y_{j2} = Y_{12}, \cdots,$$

$$\sum_{j=2}^{J+1} w_j^* Y_{jT_0} = Y_{1T_0} \text{ 和 } \sum_{j=2}^{J+1} w_j^* Z_j = Z_1 \tag{6.7}$$

进一步假设 $\sum_{t=1}^{T_0} \lambda'_t \lambda_t$ 是非奇异的，则有：

$$Y_{1t}^N - \sum_{j=2}^{J+1} w_j^* Y_{jt} = \sum_{j=2}^{J+1} w_j^* \sum_{s=1}^{T_0} \lambda_t \left(\sum_{n=1}^{T_0} \lambda'_n \lambda_n \right)^{-1}$$

① Abadie A., Diamond A., Hainmueller J., "Synthetic Control Methods for Comparative Case Studies: Estimating the Effect of California's Tobacco Control Proram", *Journal of the American Statistical Association*, Vol. 105, No. 490, 2010, pp. 493–505.

$$\lambda'_s(\varepsilon_{js} - \varepsilon_{1s}) - \sum_{j=2}^{J+1} w_j^*(\varepsilon_{js} - \varepsilon_{1s}) \tag{6.8}$$

Abadie 等（2010）证明了在特定条件下，式（6.8）中右边的均值将无限趋近于 0，因此在制度实施期间可以将 $\sum_{j=2}^{J+1} w_j^* Y_{jt}^N$ 作为 Y_{1t}^N 的无偏估计量，得到防治规划效果的估计值：

$$\widehat{\alpha}_{1t} = Y_{1t} - \sum_{j=2}^{J+1} w_j^* Y_{jt}^N \tag{6.9}$$

$\widehat{\alpha}_{1t}$ 可以作为 α_{1t} 的无偏估计量。因此，只要通过权重向量 W^* 就可以估计出 α_{1t}，本章采用 Abadie 提供的 Synth 程序包运用 STATA 软件进行模型的估计。

具体变量选取方面，海洋污染情况是本章所重点关注的结果变量。现有的研究成果多以沿海地区工业废水或废气中污染物的排放量作为海洋污染的替代指标，但是这些指标太过笼统，缺乏对海域的针对性，会使得估计结果出现偏差。根据生态环境部历年发布的《中国近岸海域环境质量公报》显示，无机氮是近岸海域中最主要的超标因子。以 2017 年为例，无机氮的全国点位超标率达到了 30.2%，浙江所在的东海海域，无机氮的点位超标率更是高达 53.1%，有一半以上的点位无机氮浓度超标。因此，本章通过识别生态环境部发布的历年《中国近岸海域环境质量公报》中的近岸海域主要污染物浓度柱状图，获取了 2006—2017 年沿海 48 个地级市近岸海域中主要污染物——无机氮的平均浓度数据，并以此表征海洋污染情况。

预测变量选取的原则是对结果变量具有较大影响的指标。参考现有研究成果，并基于数据的可得性，本章最终选取了 6 组预测变量，其中人均 GDP 表征地区经济发展水平，实际经济增长率表征地区经济增长速度，海洋生产总值表征地区海洋经济总量，每平方公里人口数表征地区人口密度，第二产业占比和年末专利授权总量分别表征地区产业结构和科技水平。各变量具体的说明与数据来源如表 6-2 所示。

表 6-2　　　　　　　　　　　合成控制法中的变量说明

类别	名称	符号	数据来源
结果变量	无机氮平均浓度	*pollution*	中国近岸海域生态环境质量公报

续表

类别	名称	符号	数据来源
预测变量	人均 GDP（万元）	*lnpgdp*	中国城市统计年鉴
	海洋生产总值（亿元）	*lngop*	中国海洋统计年鉴
	每平方公里人口数（人/km²）	*lnpop*	中国城市统计年鉴
	第二产业占比（%）	*second*	中国城市统计年鉴
	年末专利授权总量（项）	*lngranted*	中国城市统计年鉴
	实际经济增长率（%）	*growth*	中国城市统计年鉴

三　稳健性检验方法与具体思路

在运用合成控制法进行绩效评估后，为了确保结果的稳健性和客观性，需要采取一系列稳健性检验方法对所得结论进行检验。本章拟采取以下三种方法进行：

第一，安慰剂检验。"安慰剂"（placebo）这一概念最初是源自医学领域的随机实验，一般情况下适用于检验新药品的疗效。那么把实验人群随机划分为两个小组，分别为实验组与控制组，前者要服用真药，后者则是服用安慰剂，但是以上两个小组并不知道自己服用的何种物质，主要是为了防止心理作用影响实验效果，所以这种实验被叫作——安慰剂效应（placebo effect）。这种检验的主要目标就是通过虚构政策时间与处理组来评估，假设采用的是不同的虚构方式，但是通过回归分析检验的估计量效果明显，则能够表明原本的估计结果就已经存在偏差，而被解释变量 y 所发生的变化轨迹则可能是受随机因素或者是政策的影响。

第二，替换处理组。这一方法与安慰剂检验类似，也是通过改变处理组来实现，但是与安慰剂不同的是，该方法所选取的处理组是真实受到政策影响的地区，在本章的研究中，《浙江省近岸海域污染防治规划》是一个省级层面的政策工具，不仅宁波市会受到政策影响，浙江省其他沿海城市也会受到影响。因此，拟选取与宁波市在空间地理位置相邻的两市——台州和舟山作为替换处理组，使用合成控制法对这两个地区的政策效应进行评估，研究政策效应的稳健性。

第三，更换估计方法。本章选用与合成控制法具有相似性的反事实分析方法——回归控制法（regression control method，RCM）作为替代估计方法。该方法最早由 Hsiao 等（2012）提出[1]，这一方法的主要内容是利用个体之间横截面相关，也就是不受政策影响的且属于控制组的城市，然后衡量假设处理组没有执行政策会是何种效果即"反事实结果"（counterfactual outcome），然后在此基础上来衡量政策处理效果。通俗来讲，基于回归控制法的视角来看，经济在发展的过程中多多少少都会存在无法观测的"共同因子"（common factors），并以此为基础驱动个体，导致各个独立的个体之间产生截面相关性。在回归控制法被提出之后，就迅速应用在"区域政策评估"（regional policy evaluation）方面，尤其是针对单个或者几个受政策影响地区十分适用。例如，方诚等（2021）使用回归控制法分析发现 2015 年安庆实施的房票安置政策具有明显的房价抑制效应[2]。

根据方诚（2021）的构造思路[3]，假定观测到的面板数据为 $\{y_{it}\}_{i=1,\ t=1}^{N,\ T}$，其中 y_{it} 为城市 i 在时期 t 的结果变量。假定第 1 位个体受政策影响是从 T_0+1 期开始，而面板数据的时间维度 $T = T_0 + T_1$，其中 T_0 为政策冲击开始之前的期数，而 T_1 为政策冲击开始之后的期数。在选取的样本中，另外的独立的个体都没有受到政策的影响，所以组成了控制组。假设 y_{it}^1 所代表的是某一独立个体 i 在时期 t 受到政策影响之后的效果，假设 y_{it}^0 所代表的是某一独立个体 i 在时期 t 没有受到政策影响之后的表现，则政策干预对个体 i 在时期 t 的处理效应为 $\Delta_{it} = y_{it}^1 - y_{it}^0$。通过因果推断法有一定的难点，主要是因为研究人员无法同时观测 y_{it}^1 和 y_{it}^0，所以会出现数据不全面的现象。能够观测结果变量 y_{it} 可写为：

$$y_{it} = d_{it} y_{it}^1 + (1 - d_{it}) y_{it}^0 \qquad (6.10)$$

公式（6.10）中，d_{it} 为虚拟变量，$d_{it} = 1$ 表示个体 i 在时期 t 受到政策干预，而 $d_{it} = 0$ 表示未受政策干预。假设 y_{it}^0 是通过因子模型（factor model）而获得的，表达公式如下：

$$y_{it}^0 = \alpha_i + B' f_t + u_{it} \quad (i = 1, \cdots, N; \ t = 1, \cdots, T) \qquad (6.11)$$

① Hsiao C., Steve Ching H., Ki Wan S., "A Panel Data Approach for Program Evaluation: Measuring the Benefits of Political and Economic Integration of Hong Kong with Mainland China", *Journal of Applied Econometrics*, Vol. 27, No. 5, 2012, pp. 705-740.

② 方诚、陈强：《棚户区改造安置的第三种方式——以安庆市的房票政策为例》，《经济学》（季刊）2021 年第 2 期。

③ 方诚：《棚户区改造方式对于房价与居民消费的作用》，博士学位论文，山东大学，2021 年。

公式（6.11）中，α_i 为个体固定效应，f_t 为 $K \times 1$ 维"共同因子"（common factors），B_i 为相应的 $K \times 1$ 维"因子载荷"（factor loading），表示共同因子对个体 i 的作用力度可以不同；而 u_{it} 为个体 i 的特异扰动项（idiosyncratic component）。给定时期 t，将所有个体的方程叠放，可得更简洁的矩阵表达式：

$$y_t^0 = \alpha + Bf_t + u_t \qquad (6.12)$$

公式（6.12）中，$y_t^0 = (y_{1t}^0, \cdots, y_{Nt}^0)'$，$\alpha = (\alpha_1, \cdots, \alpha_N)'$，而 $B_{N \times K} = (b_1, \cdots, b_N)'$ 为"因子载荷矩阵"（factor loading matrix）。Hsiao（2012）与 Li 等（2017）[1] 证明，在特定的前提下，公式（6.12）能够根据实际情况调整，也就是说在方程的两边同时乘以相应的向量，并以此来抵消无法观测的 Bf_t，那么最后获得的时间序列回归方程如下：

$$y_{1t} = \gamma_1 + \gamma' \tilde{y}_t + \varepsilon_{1t} \qquad (6.13)$$

公式（6.13）中，$\tilde{y}_t = (y_{2t}, \cdots, y_{Nt})'$，包含所有控制组个体的结果变量。使用政策冲击之前的数据（$t = 1, \cdots, T_0$），对公式（6.13）进行 OLS 回归，即可使用所得方程预测个体 1 在政策冲击之后的反事实结果：

$$\hat{y}_{1i}^0 = \hat{\gamma}_1 + \hat{\gamma}' \tilde{y}_t \, (t = T_0 + 1, \cdots, T) \qquad (6.14)$$

在具体应用的过程中，在政策没有落实之前的时期，假设公式（6.13）在进行了 OLS 回归之后，发现其有较好的拟合度那么就能够验证这一模型中独立个体 1 在政策落实之后的"反事实"结果。但是，要想使用回归控制法，首先要保证政策落实之前有较好的拟合度；假设拟合度不达预期，那么最后结果的准确性就无法保障。基于以上反事实预测，可得政策干预的处理效应估计值：

$$\hat{\Delta}_{1t} = y_{1t}^1 - \hat{y}_{1t}^0 \quad (t = T_0 + 1, \cdots, T) \qquad (6.15)$$

第二节　原始数据的描述性分析

一　浙江省级层面的总体分析

图 6-1 展示了 2006—2017 年浙江省近岸海域无机氮和活性磷酸盐浓

① Li K. T., Bell D. R., "Estimation of Average Treatment Effects with Panel Data: Asymptotic Theory and Implementation", *Journal of Econometrics*, Vol. 197, No. 1, 2017, pp. 65-75.

度的动态变化趋势。从图 6-1 中可以发现，在无机氮浓度方面，2006—2014 年这一指标处于波动状态，但整体处于上升的趋势，并在 2014 年达到最高值。具体来说，从 2006 年的 0.623mg/L 上升到 2014 年的 0.982mg/L，上升率为 57.62%。2004—2017 年，浙江近岸海域无机氮浓度逐年下降，从 2014 年的 0.982mg/L 下降到 2017 年的 0.693mg/L，下降率为 29.43%。在活性磷酸盐浓度方面，从 2006—2015 年呈现持续攀升的趋势，受 2008 年和 2011 年金融危机的影响，整体经济下行，污染物的排放也随之下降，导致在该两年活性磷酸盐浓度出现下降。但总体上来看，在该时期浙江省近岸海域活性磷酸盐浓度仍然处于上升状态，从 2006 的 0.0264mg/L 上升到 2015 年的 0.0388mg/L，上升率为 46.97%。2015—2017 年，浙江近岸海域活性磷酸盐浓度逐年下降，从 2015 年的 0.0388mg/L 下降到 2017 年的 0.0263mg/L，下降率为 32.22%。

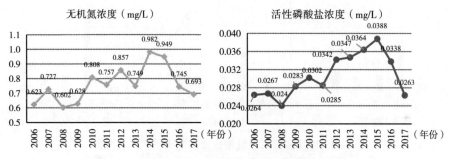

图 6-1　2006—2017 年浙江省近岸海域污染动态变化

在海洋赤潮污染方面，根据浙江省自然资源厅发布的《浙江省海洋灾害公报》显示，2019 年浙江沿海城市近岸海域合计发生了 22 次赤潮与 4 次有毒有害赤潮，总面积分别达到了 1863 平方公里与 255 平方公里，但是没有导致直接的损失。通过分析前 10 年的数据可以看出，每年平均发生赤潮次数为 21 次，总面积达到了 2074 平方公里，相比而言，2019 年发生赤潮频率更高。相较于 2018 年度而言，发生赤潮的频率也有所提高，总面积增加 794 平方公里，有毒、有害赤潮累计面积增加 75 平方公里。在 2019 年度，发生了限制类海洋生态保护红线区赤潮与影响禁止类赤潮的总次数达到了 14 次，在这 14 次的赤潮中影响海洋特别保护区、滨海旅游区、海洋自然保护区以及渔业海域的赤潮次数分别为 4 次、3 次、2 次与 5 次。

二　地级市层面的地区差异

图6-2展示了浙江省沿海五个地级市（台州、嘉兴、宁波、温州和舟山）近岸海域无机氮浓度的分布。从图6-2中可以发现，无论是期初（2006）、期中（2012）还是期末（2017），嘉兴市的近岸海域无机氮浓度均在五个地级市中最高，且与其他地级市呈现较大差距。舟山和宁波两市处于第二梯队，每个时期的近岸海域无机氮浓度略高于处于第三梯队的台州和温州。五个沿海地级市中，温州近岸海域无机氮浓度在期初（2006）、期中（2012）和期末（2017）均处于最低水平。在时间变化上，与浙江省级层面总体的变化趋势相同，五个沿海地级市的近岸海域无机氮浓度均呈现先升高再降低的倒"U"形变化过程。

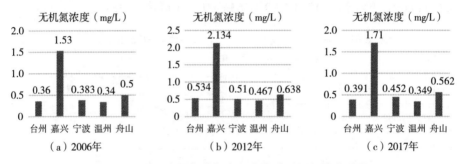

图6-2　浙江省沿海地级市近岸海域无机氮浓度差异

图6-3则展示了浙江省沿海五个地级市（台州、嘉兴、宁波、温州和舟山）近岸海域活性磷酸盐浓度的分布。从图6-3中可以发现，与近岸海域无机氮浓度的地区差异类似，无论是期初（2006）、期中（2012）还是期末（2017），嘉兴市的近岸海域活性磷酸盐浓度均在五个地级市中最高，且与其他地级市呈现较大差距。舟山和宁波两市仍然处于第二梯队，每个时期的近岸海域活性磷酸盐浓度均略高于处于第三梯队的台州和温州。五个沿海地级市中，温州近岸海域活性磷酸盐浓度仍然在期初（2006）、期中（2012）和期末（2017）均处于最低水平。在时间变化上，也与浙江省级层面总体的变化趋势相同，五个沿海地级市的近岸海域活性磷酸盐浓度均呈现先升高再降低的倒"U"形变化过程。

在海洋赤潮污染方面，根据浙江省自然资源厅发布的《浙江省海洋灾害公报》显示，舟山海域在2019年度发生了9次赤潮，台州海域在

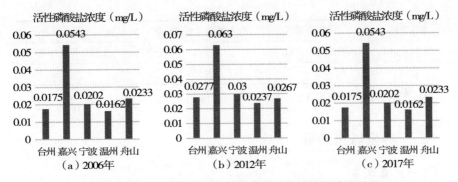

图6-3　浙江省沿海地级市近岸海域活性磷酸盐浓度差异

2019年度发生了5次赤潮，宁波海域在2019年度发生了3次赤潮，温州海域在2019年度发生了5次赤潮。发生赤潮总面积从大到小进行排序分别为温州、舟山、宁波与台州；发生赤潮面积分别为855平方公里、587平方公里、366平方公里与55平方公里，与赤潮总面积的比例分别为45.89%、31.51%、19.65%与2.95%。温州市海域发生有毒赤潮的次数最多，达到了3次，发生有毒赤潮总面积达到了55平方公里；宁波市海域发生有毒赤潮的总面积最大，达到了200平方公里；其他两个城市未发现有毒赤潮（见表6-3、表6-4）。

表6-3　　　　　　　　　2019年浙江海域赤潮发生情况分布

海域	赤潮发生次数	赤潮累积面积（平方公里）	有毒、有害赤潮发生次数	有毒、有害赤潮累计面积（平方公里）
舟山海域	9	587	0	0
宁波海域	3	366	1	200
台州海域	5	55	0	0
温州海域	5	855	3	55
合计	22	1863	4	255

资料来源：2019年浙江省海洋灾害公报。

表6-4　　　　　　　　2019年浙江海域有毒、有害赤潮发现情况

发生时间	发生海域	最大面积（平方公里）	赤潮优势种
4月21—23日	温州苍南海域	40	赤潮异弯藻（有害）
4月26—28日	温州洞头海域	10	赤潮异弯藻（有害）
5月15—28日	宁波象山海域	200	米氏凯伦藻（有害）

续表

发生时间	发生海域	最大面积（平方公里）	赤潮优势种
6月11—14日	温州苍南海域	5	赤潮异弯藻（有害）
合计		255	

资料来源：2019年浙江省海洋灾害公报。

三　典型城市特征

（一）嘉兴市

嘉兴市是我国浙江省内的一个城市，其地理位置在我国浙江省的东北部地区，属于我国长三角地区，南面与杭州湾和钱塘江毗邻。嘉兴是浙江省海洋经济发展"北翼"布局的重要节点，全市管辖海域总面积1504平方公里，海岛总数32个，海岸线82公里。"十三五"以来，全市海洋经济发展总体水平稳步提升。2020年，嘉兴市的GDP实现了约5.5千亿人民币，其中沿海地区的GDP约为2.35亿人民币，与嘉兴市总GDP的比例达到了42.7%。嘉兴港集装箱与货物吞吐量分别能够达到195.6万箱与1.2亿吨，并且在2019年度进入了我国"百大集装箱港口"之列，2020年提高到第91位。

在海洋经济快速发展的时代中，嘉兴近岸海域水质受到污染越来越严重，与此同时水体营养化问题严峻，严重破坏了海洋生态平衡，海洋生物受到了严重的威胁。污水排放量在不断增加，并且陆源污染也逐渐危及海域。根据2019年《嘉兴市环境状况公报》显示，2019年，在海水水质进行评级之后，嘉兴市近岸海域水质为最低的等级，导致这一现象的主要原因是活性磷酸盐与无机氮等元素大量超标，其中首要超标指标为无机氮，超标倍数为6.3倍。基本与2018年度持平，不论是活性磷酸盐，还是无机氮，两者的超标率都达到了100%，与此同时化学需氧量也严重超标，且超标率在不断升高。无机氮平均浓度有所下降，活性磷酸盐和化学需氧量平均浓度均有所上升。2019年嘉兴市近岸海域海水水质处于严重富营养化状态。

在近岸海域环境功能区，如表6-5所示，嘉兴市在2019年度的海水评级中，水质被评为最低等级的近岸海域就有3个，此外功能水质都不符合国家标准，根据超标物质严重性进行排序，首先就是无机氮，其次是活性磷酸盐，超标分别是我国相关标准的3.6倍与1.2倍。相较于2018年度而言，水质类别没有发生较大的改变，全部站位无机氮超标倍数均有所下降；除独山四类区站位外，其余站位的活性磷酸盐超标倍数均有所上升。

表 6-5　　　　　2018—2019 年嘉兴市近岸海域环境功能区水质统计

功能区名称	定类项目及超标倍数		水质类别	
	2018 年	2019 年	2018 年	2019 年
独山四类区	无机氮（3.0）、活性磷酸盐（0.3）	无机氮（2.4）、活性磷酸盐（0.3）	劣四类	劣四类
九龙山三类区	无机氮（3.8）、活性磷酸盐（1.0）	无机氮（3.6）、活性磷酸盐（1.2）	劣四类	劣四类
乍浦—海盐四类区①	无机氮（3.3）、活性磷酸盐（0.3）	无机氮（2.7）、活性磷酸盐（0.6）	劣四类	劣四类
乍浦—海盐四类区②	无机氮（3.4）、活性磷酸盐（0.3）	无机氮（2.7）、活性磷酸盐（0.5）	劣四类	劣四类

资料来源：2019 年嘉兴市环境状况公报。

（二）宁波市

宁波市也属于我国长三角的城市群之一，与亚太国际核心航道相邻近，是长三角和海峡西岸经济区之间的桥梁。宁波是海洋大市，海域面积广阔，岛屿数量众多，岸线优势明显，滩涂资源丰富。宁波港口岸线与可用海岸线以及深水岸线分别为 1562 公里、872 公里与 170 公里，综合与浙江省港口岸线的比例为 30 个百分点。宁波市的海洋资源十分丰富，有海岛、渔业、景区等，自然优势较大，能够进行开发。宁波市海岛面积超过 500 平方米的有 516 个，占浙江省的 20%，宁波市海岛总面积达到了 524 平方公里，海岸线总长达到了 758 公里。可围滩涂资源大概有 140 万亩，占浙江省的 34%，主要在三门湾、杭州湾等，有优越的开发条件。其中舟山渔场与象山港是有一定国际地位的大渔池。在滨海地区也有其独有的特色：岛屿、海滩、岩石等，大部分都分布在象山县沿岸。与此同时也有大量的油气资源，其中最具有代表性的就是春晓油气田。

伴随着海洋经济的发展，宁波市近岸海域生态环境污染问题也逐渐显现。入海河流面临着严重的重金属污染问题，因而破坏了近岸海域与岛屿生态环境；缺乏科学的产业结构，破坏了海洋生态平衡，因而导致海洋生态环境调节机制的作用尚未充分发挥等。据《2019 年宁波市生态环境状况公报》显示，2019 年宁波市近岸海域水环境质量差，其中严重超标的两大物质如下：一是无机氮，二是活性磷酸盐。此外，近岸海域依然维持着较高的富营养化程度，大部分分布于象山港、甬江口、三门湾等海域。2019 年，主要污染物入海总量较上年有所增加，其中甬江污染物入海通量同比增加 3.7%，总量约为 97146 吨，以化学需氧量和总氮居多，分别约为 66493 吨和 27531 吨。象山港沿岸主要污染物入海通量约为 54792 吨，化学需氧量、总氮和总磷分别约为 47326 吨、7323 吨和 43 吨。

第三节　省级层面总体评价结果

一　动态变化情况

图 6-4 展示了基于 Super-MSBM 模型测算所得的 2006—2017 年浙江省近岸海域生态环境治理绩效变化趋势，从图 6-4 中可以发现，总体上看，浙江省在研究期间内近岸海域生态环境治理绩效值并不高，12 年中，仅有前 3 个年份在样本区间内近岸海域生态环境治理绩效的平均值大于 1，达到 SBM-有效状态。2006—2017 年，浙江省近岸海域生态环境治理绩效的平均值为 0.6625，距离 SBM-有效前沿面还有一定差距，说明浙江省近岸海域生态环境治理绩效仍有较大提升的空间和潜力。2006—2017 年，浙江省近岸海域生态环境治理绩效值从考察期初的 1.2625 下降到考察期末的 0.5887，下降率为 53.37%，近岸海域生态环境治理绩效状态也从 SBM-有效转变为 SBM-无效。这说明浙江省近岸海域生态环境治理绩效呈现出下降的趋势。

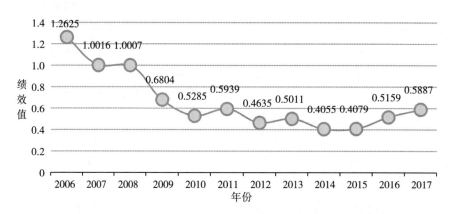

图 6-4　2006—2017 年浙江省近岸海域生态环境治理绩效值变化

　　具体来说，可以将变化过程划分为以下三个时期。

　　第一，快速下降期：2006—2010 年。这一时期，浙江省近岸海域生态环境治理绩效不断下降，并且下降幅度很大，从 2006 年的 1.2625 下降到 2010 年的 0.5285，年均下降率高达 14.53%。进一步对比各项投入产出指标的具体数据可以发现（见图 6-5 和图 6-6），在 2006—2010 年，浙江省沿海地区废水治理设施、海洋环保系统人员数、海洋环境污染治理投资总额和沿海地区环保机构数等各项投入指标均呈现上升的态势，而在这一时期，浙江省近岸海域无机氮和活性磷酸盐浓度并未下降；相反，仍然呈现不断上升的趋势，这表明伴随着近岸海域生态环境治理的各项投入的不断增加，浙江省近岸海域生态环境并未得到相应的改善，相反近岸海域生态环境不断恶化，这直接体现为浙江省近岸海域生态环境治理绩效的急剧下降。

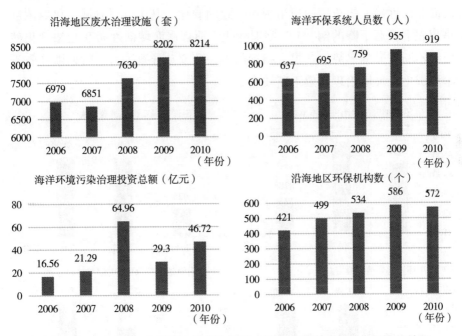

图 6-5　2006—2010 年浙江省近岸海域生态环境治理各项投入指标变化情况

　　第二，平稳波动期：2011—2013 年。这一时期，浙江省近岸海域生态环境治理绩效保持平稳波动，从 2011 年的 0.5939 下降到 2012 年的 0.4635，又上升到 2013 年的 0.5011。进一步对比各项投入产出指标的具体数据可以发现（见图 6-7 和图 6-8），在 2011—2013 年，浙江省沿海地

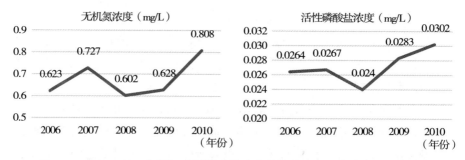

图6-6 2006—2010年浙江省近岸海域生态环境治理各项产出指标变化情况

区废水治理设施、海洋环保系统人员数、海洋环境污染治理投资总额和沿海地区环保机构数等各项投入指标变化趋势不同，其中海洋环保系统人员数、海洋环境污染治理投资总额和沿海地区环保机构数呈现上升态势，而沿海地区废水治理设施则呈现下降趋势。在这一时期，浙江省近岸海域无机氮和活性磷酸盐浓度同样出现不一致的变化，其中近岸海域无机氮浓度呈现先上升后下降的倒"V"字形变化，而近岸海域活性磷酸盐浓度仍然延续不断攀升的趋势。各投入指标的不一致变动导致了这一时期浙江省近岸海域生态环境治理绩效不断波动。

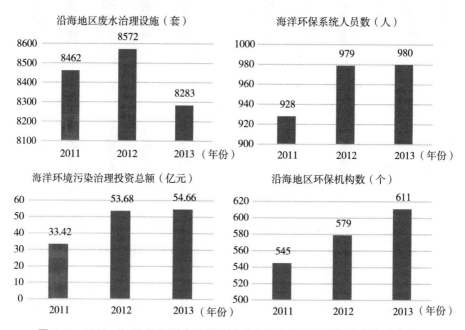

图6-7 2011—2013年浙江省近岸海域生态环境治理各项投入指标变化情况

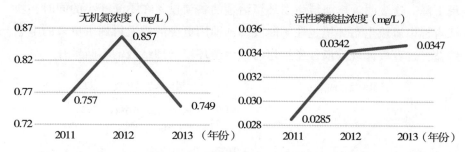

图 6-8　2011—2013 年浙江省近岸海域生态环境治理各项产出指标变化情况

第三，缓慢上升期：2014—2017 年。这一时期，浙江省近岸海域生态环境治理绩效开始回升，但回升速度并不快，从 2014 年的 0.4055 上升到 2017 年的 0.5887，年均上升率为 11.29%。进一步对比各项投入产出指标的具体数据可以发现（见图 6-9 和图 6-10），在 2014—2017 年，浙江省沿海地区废水治理设施、海洋环境污染治理投资总额和沿海地区环保机构数三项投入指标均呈现下降的态势，仅有海洋环保系统人员数维持上升趋势。并且在这一时期，浙江省近岸海域无机氮和活性磷酸盐浓度均出

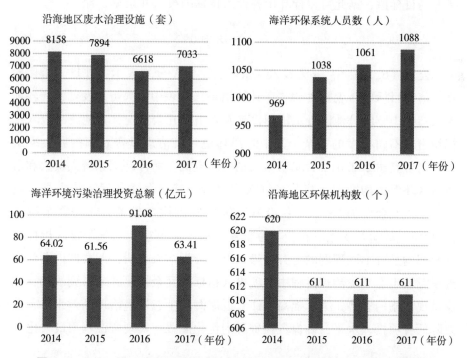

图 6-9　2014—2017 年浙江省近岸海域生态环境治理各项投入指标变化情况

现下降，这表明近岸海域生态环境治理的各项投入在不断减小的同时，浙江省近岸海域生态环境也在不断改善，即用更少的投入得到了更多的生态效益，这直接体现为浙江省近岸海域生态环境治理绩效的不断攀升。

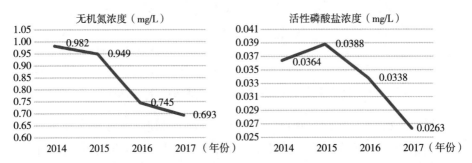

图 6-10　2014—2017 年浙江省近岸海域生态环境治理各项产出指标变化情况

二　投入冗余分析

Super-MSBM 计算的结果能够进一步得出在达到最优前沿面时各投入指标的目标值，据此可以计算出各投入指标的投入冗余率，即：

$$\alpha = \frac{X_i - X}{X} \times 100\% \qquad (6.16)$$

公式（6.16）中，α 为投入冗余率，X_i 和 X 分别表示各项投入指标的真实值和目标值。表 6-6 报告了计算结果，从表中结果可以发现，在各项投入指标中，沿海地区废水治理设施并未出现冗余情况，其他三个投入指标均出现不同程度的冗余，其中海洋环境污染治理投资总额的冗余率最高，均值高达 202.01%，具有极大的改善空间。海洋环保系统人员数和沿海地区环保机构数两个指标的冗余率接近，其中海洋环保系统人员数较高，年均冗余率为 38.27%；沿海地区环保机构数较低，年均冗余率为 25.14%。从动态变化来看，与考察期初相比，考察期末三个投入指标的冗余率均呈现不同程度的上升趋势。上述分析结果表明，考察期内浙江省近岸海域生态环境治理过程中各项投入指标的冗余情况并未得到改善，相反呈现加剧的态势。为了提高浙江省近岸海域生态环境治理绩效水平，需要降低各项投入水平，确保各项资源的优化配置，实现资源利用最大化。

表6-6　　　SBM-无效状态时各投入指标的投入冗余率（%）

年份	沿海地区废水治理设施	海洋环境系统人员数	海洋环境污染治理投资总额	沿海地区环保机构数
2009	0	27.57	50.55	18.44
2010	0	22.58	139.71	15.44
2011	0	20.15	66.44	6.77
2012	0	25.13	163.91	11.97
2013	0	29.63	178.11	22.28
2014	0	30.13	230.72	25.99
2015	0	44.06	228.65	28.31
2016	0	75.65	480.00	53.05
2017	0	69.49	279.97	44.02
均值	0	38.27	202.01	25.14

三　产出不足分析

与投入冗余率类似，Super-MSBM 计算的结果能够进一步得出在达到最优前沿面时各产出指标的目标值，据此可以计算出各产出指标的产出不足率，即：

$$\beta = \frac{Y - Y_i}{Y} \times 100\% \tag{6.17}$$

式（6.17）中，β 为产出率，Y_i 和 Y 分别表示各项产出指标的真实值和目标值。图6-11展示了计算结果，从图中结果可以发现，与投入冗余率不同，在各项产出指标中，均出现了产出不足的情况，且两个指标产出不足率的年均值十分接近，其中近岸海域无机氮浓度不足率的年均值为29.24%，近岸海域活性磷酸盐浓度不足率的年均值为26.54%。从动态变化来看，近岸海域无机氮和活性磷酸盐浓度的产出不足率均出现先上升后下降的变化趋势，与考察期初相比，考察期末两个产出指标的不足率均呈现下降趋势。上述测算结果表明，考察期内浙江省近岸海域生态环境治理过程中各项产出指标的不足情况开始出现改善，但是与此同时，仍然存在进一步的改善空间，浙江省近岸海域无机氮和活性磷酸盐浓度需要进一步降低。

图6-11　SBM-无效状态时各产出指标的产出不足率（%）

第四节　地级市层面定量评价结果——以宁波市为例

一　研究区域概况与政策背景

浙江省宁波市位于我国长江三角洲的南部，与其相邻的有绍兴市、舟山群岛等，拥有约8500平方公里的海域面积和总长1556公里的海岸线。宁波市丰富的海洋资源促进了当地经济发展。2017年宁波市海洋经济总产值达4819亿元，占浙江省的63.4%，占全市GDP的14.6%。作为中国沿海重要的发达城市，宁波市高强度的经济活动也制造出大量的污染物，这些污染物通过入海河流与溪闸流入近海，同时叠加长江入海污染物通量，对海洋生态环境造成了极大损害。再加之宁波近岸海域是西太平洋暖流、中国台湾暖流等多种暖流的混合区，同时富营养化问题严重，进一步加剧了海洋污染程度，使得宁波沿海一直是全国受陆源污染损害最严重的海域之一。基于我国2017年度《近岸海域生态环境质量公报》可以看出，宁波是全国10个近岸海域水质极差的城市之一，无机氮、活性磷酸盐等主要海洋污染物均超标，海洋污染形势严峻。

近岸海域的生态环境损害已经成为宁波乃至浙江生态文明建设的"短板中的短板"。为了解决这一问题，2013年8月，浙江省环境保护厅、海洋与渔业局和发改委三部门紧紧围绕"陆海统筹，治陆保海"这一原则，联合制定并实施了《浙江省近岸海域污染防治规划》（以下简称《防治规划》）。规划范围主要有以下两个部分：一是近岸海域，也就是浙江省内

水与领海区域；二是沿海陆域，涵盖了浙江省的城市与县分别有：7 个与
61 个，其中就包括了宁波全市以及其所管辖海域。在规划中，主要考虑
的问题如下：一是大量的海洋垃圾，二是近岸海域的富营养化问题，三是
石油污染等一系列的污染问题，然后基于分类与分区的基本原则，重点控
制舟山群岛、台州湾以及象山港等地。在上述的规划中，着重指出了首先
针对 7 大流域要落实相关的污染防治制度，从而控制海洋的总排污量；同
时要加强监管陆域直排海污染源，尤其是有毒污染物；此外还需通过对海
水养殖和船舶污染综合防治，来控制氮磷等营养物和油类污染物的排放。
整个防治规划遵循陆海统筹综合治理的理念以达到保护海洋生态环境的最
终目的。从 2013 年至今，距离防治规划实施已经过去了近 8 年，这一陆
海统筹防治海洋污染政策是否行之有效？近几年在政策绩效评估领域被广
泛使用的合成控制法为研究这一问题提供了可能。

二　拟合优度检验

基于各预测变量 2006—2017 年的地级市层面的面板数据，运用 Stata
软件对宁波市近岸海域无机氮平均浓度进行合成控制法分析[①]。需要说明
的是，控制组中的城市需要未受到政策的影响，因此控制组城市的选择中
剔除了同样位于浙江省的嘉兴市、台州市、温州市和舟山市，最终控制组
的城市总数为 43 个。表 6-7 列出了控制组城市的权重。表 6-7 报告的结
果显示：基于预测变量数据，通过对 43 个控制组城市进行筛选，合成宁
波最终可以由 33.5% 的惠州市、32.8% 的上海市、17.6% 的潍坊市、
10.1% 的深圳市和 6.0% 的盘锦市组成。

表 6-7　　　　　　　　　　　控制组城市在各合成城市中的权重

城市	惠州	上海	潍坊	深圳	盘锦
权重	0.335	0.328	0.176	0.101	0.060

表 6-8 列出了在 2013 年政策实施前合成宁波、真实宁波与 43 个控制
组城市各预测变量均值的对比结果。表 6-8 报告的结果显示合成宁波与真
实宁波间绝大多数预测变量的差异度均小于控制组平均值与真实宁波的平

[①]　由于数据缺失，本章对于浙江沿海地级市的分析中并未包括杭州市和绍兴市。

均差异度，合成宁波与真实宁波间所有预测变量之间的平均差异度为7.2%，而控制组平均值与真实宁波间所有预测变量之间的平均差异度超过了10%，达到了12.3%。

表6-8 防治规划实施前各预测变量均值

变量	真实宁波	合成宁波	控制组平均
lnpgdp	11.032	10.758（2.5%）	10.227（7.3%）
lngop	8.128	8.668（6.6%）	7.948（2.2%）
lnpop	7.706	7.596（1.2%）	7.777（0.9%）
second	54.644	52.180（4.5%）	49.211（9.9%）
lngranted	9.827	8.678（11.7%）	6.705（31.8%）
growth	10.491	12.218（16.5%）	12.778（21.8%）
平均差异度		7.2%	12.3%

注：括号内数值为差异度，计算方法为绝｜拟合值-真实值｜/真实值。

表6-9进一步列出了2006—2012年真实宁波和合成宁波近岸海域无机氮平均浓度数据，结果显示合成宁波与真实宁波的差异度很小，历年的拟合优度均达到90%，平均拟合度更是高达95.54%，上述结果表明通过合成控制法合成的宁波市与真实的宁波市具有很高的相似性，该方法适用于估计防治规划对宁波市海洋污染的影响。

表6-9 防治规划实施前合成宁波的拟合优度

年份	2006年	2007年	2008年	2009年	2010年	2011年	2012年	平均拟合度
真实宁波	0.383	0.450	0.400	0.387	0.532	0.444	0.510	
合成宁波	0.416	0.468	0.423	0.395	0.521	0.420	0.493	95.54%
拟合优度（%）	91.38	96.00	94.25	97.93	97.93	94.59	96.67	

三 政策效应分析

图6-12刻画了基于合成控制法所得的真实宁波和合成宁波2006—2017年近岸海域无机氮平均浓度的变化趋势。从图6-12中可以发现，

2013 年防治规划实施前，合成宁波完全拟合了真实宁波近岸海域无机氮浓度的变化趋势，两条曲线几乎完全重合。2013 年防治规划实施后，真实宁波的海洋污染状况并未立刻改善，而是仍然呈现攀升的态势。2014—2017 年，防治规划对宁波海洋污染的促进效应开始显现，近岸海域无机氮平均浓度不断下降，从 2014 年的 0.701mg/L 下降到 2017 年的 0.452mg/L，下降幅度高达 35.5%。合成宁波的结果表明，如果 2013 年防治规划并未实施，与真实宁波类似，2013—2014 年宁波海洋污染状况依然会出现加剧，2014 年后海洋污染情况才有所改善。但与真实宁波不同，合成宁波的这一下降趋势并未持续到考察期末。2016—2017 年，近岸海域无机氮浓度开始上升，海洋污染的加剧情况开始反弹。

上述结果表明：2013 年防治规划的实施促进了宁波市海洋污染情况的改善，这一促降效应的发挥虽然存在滞后性，但同时存在时间上的持续性。

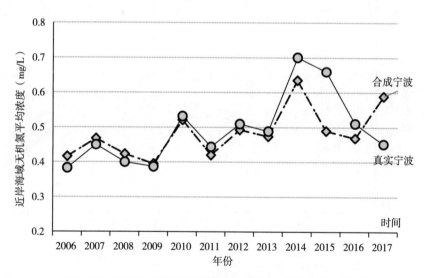

图 6-12 2006—2017 年近岸海域无机氮平均浓度变化趋势
（真实宁波 VS 合成宁波）

四 稳健性检验结果

上述分析虽然发现真实宁波的近岸海域无机氮平均浓度变化趋势与合成宁波在防治规划实施后存在显著差异，但这一差异是否由防治规划造成，或者说这一结果是否偶然产生？借鉴 Abadie 等（2010）[①] 和苏治等（2015）[②] 的做法，本部分通过地区安慰剂和替换合成组这两种策略对上文得出的结论进行稳健性检验。

地区安慰剂检验的思路是将控制组中的城市放入处理组中，假定控制组内的城市同样受到防治规划的影响，进一步使用合成控制法对其近岸海域无机氮平均浓度的趋势进行拟合，判断效应值，如果得出的效应值均未大于宁波市的效应值，则可以判定沿海地区的评估在统计上是显著的，即估计结果具有较强的稳健性。

图 6-13 展示了地区安慰剂检验的结果，需要说明的是，在地区安慰剂检验过程中，剔除了防治规划实施前近岸海域无机氮平均浓度拟合效果较差的城市，最终保留了 36 个城市。图 6-13 中黑线为宁波市的政策效应

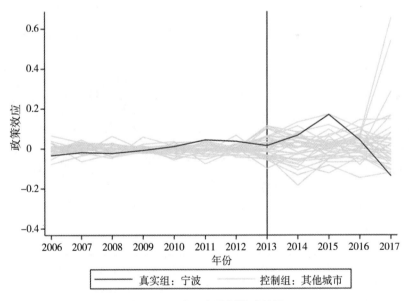

图 6-13　地区安慰剂检验结果

① Abadie A., Diamond A., Hainmueller J., "Synthetic Control Methods for Comparative Case Studies: Estimating the Effect of California's Tobacco Control Program", *Journal of the American Statistical Association*, Vol. 105, No. 490, 2010, pp. 493-505.

② 苏治、胡迪：《通货膨胀目标制是否有效？——来自合成控制法的新证据》，《经济研究》2015 年第 6 期。

（即真实宁波与合成宁波近岸海域无机氮平均浓度的差值），灰线为控制组中各城市的安慰剂效应（即这些城市与其合成城市的近岸海域无机氮平均浓度的差值）。从图6-13可以发现，与控制组中的其他城市相比，宁波市受政策影响的促降效应更大，到2017年，宁波市的促降效应值已经居于领先地位。从统计角度看，宁波市出现如此显著的效应值的概率为1/36，约等于0.028，通过了5%的显著性检验。

替换处理组的思路在于选取同样受到防治规划影响的浙江省其他沿海城市，将其作为合成对象，考察防治规划是否同样对其海洋污染的改善起到了促进作用。本章选取了与宁波市相邻的台州市和舟山市作为合成对象，图6-14展示了检验结果。从图6-14中可以发现，无论是台州还是舟山，在2013年防治规划实施前，其合成组虽然与真实组近岸海域无机氮平均浓度的数值存在些许差异，但合成组均完整拟合了真实组的变化趋势。与宁波类似，在防治规划实施后，近岸海域无机氮平均浓度开始呈现不断下降的趋势，海洋污染情况不断改善。而未实施防治规划的合成台州和合成舟山，在2016—2017年，近岸海域无机氮平均浓度不降反增，海洋生态环境开始出现恶化的趋势。

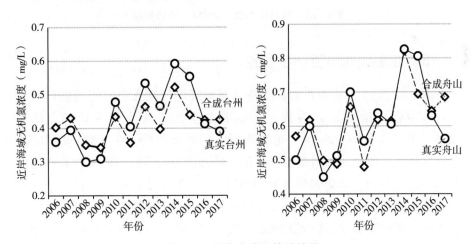

图6-14　替换合成组检验结果

上述检验结果表明，防治规划对海洋污染所产生的促降效应不仅体现在了宁波市，同样在浙江省其他沿海城市显现。这进一步表明本章所得出的结论具有较强的稳健性。

图6-15展示了将估计方法替换为回归控制法（RCM）后的结果，从

图 6-15 中可以发现，在 2013 年政策实施前，运用回归控制法所得的拟合宁波的近岸海域无机氮平均浓度变化趋势与真实宁波高度一致。在政策实施后，真实宁波近岸海域无机氮平均浓度在 2014 年达到最大值后开始呈现下降趋势，而未实施政策的反事实组——拟合宁波在 2013 年后，近岸海域无机氮平均浓度仍然呈现逐步攀升的趋势，这一结果再次证实了 2013 年防治规划的实施促进了宁波市海洋污染情况的改善。

图 6-15　回归控制法（RCM）检验结果

五　主要结论与进一步讨论

本章以 2013 年实施并紧紧围绕"陆海统筹"理念制定的《浙江省近岸海域污染防治规划》为例，选取浙江宁波市作为研究区域，基于 2006—2017 年中国沿海 48 个地级市层面的面板数据，在"鲁宾反事实"分析框架下运用合成控制法定量评估了陆海统筹防治海洋污染政策对地区海洋污染的影响。结果表明：2013 年防治规划的实施有效抑制了宁波近岸海域污染的反弹，促进了宁波市海洋污染情况的改善，这一促降效应的发挥虽然存在滞后性，但同时存在时间上的持续性，包括地区安慰剂和替换处理组在内的一系列检验结果进一步证实了上述结论的稳健性。

本章的研究结论为运用陆海统筹理念防治海洋污染提供了重要的实证支持。作为近岸海域污染最主要的来源，大量陆域污染物通过河流汇入海洋，是导致近岸海域水质恶化的重要因素之一。中国海洋生态环境恶化趋势是在中国沿海区域工业化、城市化加速发展的同时近岸海域生态环境制度性建设滞后的结果，具有明显的系统性、区域性、复合性特征，也是我国海洋生态环境问题在类型、规模、结构、性质等方面发生深刻变化后，与环境、生态、灾害和资源等问题共存、叠加、相互影响的结果。海洋生态环境的治理危机表明以海陆"条块分割、以块为主、分散治理"的复合治理体制机制无法适应近岸海域生态环境治理"一体化"的现实需求，也制约着中国近岸海域生态环境治理能力和治理绩效的提高。可以说，在海洋污染防治过程中，必须牢牢把握"陆海统筹"这一理念，协调衔接近岸海域污染防治与流域水污染防治和沿海地区污染整治，通过制度创新和政策引导，激发一系列防治措施对海洋污染的促进效应，推动海洋生态文明建设，实现海洋的可持续发展。

第七章

陆海分割的浙江近岸海域生态环境治理失效的制度根源分析

　　陆海分割的浙江近岸海域生态环境治理体制的失效有着深层次的制度根源。本章首先基于新制度经济学的相关理论，将政府机制中的体制壁垒、市场机制下的政企合谋与近岸海域生态环境治理中的社会机制缺失相整合，系统分析了近岸海域生态环境治理中的政府职责、企业责任和社会义务，进一步深入剖析了陆海分割的浙江近岸海域生态环境治理失效的制度根源。在政府机制中，分析了陆海分割的治理体制与陆海联动的生态环境之间的内在矛盾和冲突，科学研判多头管理、"碎片化"治理等体制壁垒问题产生的根源，明晰陆海统筹的生态环境治理在破除行政壁垒、促进部门协作、提高机制运行效率等方面的关键作用。在市场机制中，重点阐述了近岸海域资源开发中的权力结构非均衡并由此带来的政企合谋现象，并基于博弈分析方法对近岸海域资源开发中的二元非均衡和多元非均衡进行博弈分析。在社会机制中，系统阐释了近岸海域生态环境治理中的公众参与不足、海洋环保意识不全、公共服务建设不健全、社会力量缺位等问题根源。

第一节　近岸海域生态环境治理中的体制壁垒

一　近岸海域生态环境治理中的政府职责

　　海洋资源的公共性、近岸海域生态环境污染的负外部性、海洋生态保护的正外部性等特征，决定着海洋生态环境问题具有比陆上更加严峻的市场失灵风险，这就意味着政府作为公共利益的代表必须承担近岸海域生态环境治理的主要责任。近岸海域生态环境治理需要政府的公共权力，采取命令—控制型的方式提供近岸海域生态环境的公共服务，除具有公信力的政府拥有这一合法权力外，其他近岸海域生态环境治理主体若想采取这一措施必须在有政府授权的情况下代替政府执行这一权力。可以说在近岸海域生态环境治理的过程中，政府属于"主导者"的角色，通过完备的近岸海域生态环境治理体制机制，充分调动企业、社会公众和海洋环保NGO等主体积极主动参与近岸海域生态环境治理，发挥各主体在近岸海域生态环境治理过程中互相配合、协调工作的作用，通过多种方式引导各主体从共同利益和自身利益出发做出对近岸海域生态环境治理有利的选择，同时减少甚至消除做出对近岸海域生态环境产生不利影响的行为，为近岸海域生态环境治理工作的高效率推进产生积极影响。

（一）设计和推动近岸海域生态环境多主体协同治理模式

作为近岸海域生态环境公共利益的直接代理人，政府有义务通过设计有效的近岸海域生态环境治理模式，提供具有激励和约束力功能的近岸海域生态环境治理制度，促进近岸海域生态环境治理工作的高效运行。首先，政府需要对海洋经济发展和近岸海域生态环境问题的现状进行综合分析，在此基础上，制定符合国家海洋发展总体宏观目标的战略规划，指导近岸海域生态环境治理的一系列措施和安排。其次，需要根据宏观战略的总体目标要求去设计近岸海域生态环境治理的制度框架，在制度层面保障近岸海域生态环境治理中市场机制和社会机制的高效运行。最后，还需要积极推进并引导各利益相关主体广泛参与近岸海域生态环境治理，一方面需要调动企业在近岸海域生态环境治理中的主动性和积极性，另一方面为了弥补近岸海域生态环境治理中的市场机制和社会机制动力不足的问题，需要赋予海洋环保NGO在近岸海域生态环境治理中一定的权力，并为社会公众进行近岸海域生态环境治理提供相应的近岸海域生态环境损害赔偿与补偿的司法体系。除此之外，还需通过多种手段提高各近岸海域生态环境治理主体的海洋环保意识，实现近岸海域生态环境治理的多主体协同治理。

（二）制定和完善近岸海域生态环境质量指标和标准体系

近岸海域生态环境治理的效果最直观地反映在近岸海域生态环境质量的改善上，而近岸海域生态环境质量的要求必须转化为一系列量化的指标和标准，并基于此对近岸海域生态环境治理的过程进行约束、指引和规范，而制定完备的近岸海域生态环境标准并定期进行修改、补充是政府在近岸海域生态环境治理过程中的重要职责。在指标方面，主要包括阶段性近岸海域生态环境改善指标、海洋污染物减排指标等；在标准方面，包括近岸海域生态环境质量标准、海洋污染物排放标准、近岸海域生态环境基础标准、近岸海域生态环境评价方法标准和近岸海域生态环境治理产品及设备的环境标准等。

（三）构建近岸海域生态环境治理法律法规体系

作为国家的权力机关，中央和沿海地方各级政府有权利也有义务用法治的力量治理海洋生态环境，为海洋污染防治提供有力的法治保障，而提高海洋污染治理法治化的必要前提和坚实基础就是具备高效合理的近岸海域生态环境治理法律体系及运作机制。从纵向看，中央政府应明确近岸海域生态环境治理法律体系的具体框架，确立权责统一、表述明晰的上位法。各沿海地方政府要结合上级出台的近岸海域生态环境治理法律法规，针对本地区海洋污染防治具体实际情况，加快制定和修订配套的行政法规、规章、规范性文件，明确并细化上位法规定，做好近岸海域生态环境治理法规制度的司法解释。从横向看，应以《海洋环境保护法》为中国近岸海域生态环境治理体系中所遵循的基本法，借鉴近岸海域生态环境治理法律体系构建中先进的国际经验，从船舶污染、陆源污染、海洋倾废、海岛保护、海洋资源开发等多个细分领域和角度对其进行补充和完善，对不符合不衔接不适应法律规定、上级要求和本级海洋生态环境治理工作的，要及时将其废止。此外，在近岸海域生态环境治理执法领域，应加大行政执法力度，建立科学有效的监督机制。同时需要破除近岸海域生态环境治理执法过程中的体制壁垒，共同开展近岸海域生态环境污染的防治工作，在近岸海域生态环境治理过程中实现海陆联动与部门协作。基于《环境信息公开办法》和《信息公开条例》等规章，设计并逐步完善针对近岸海域生态环境的信息公开制度，使得公众在近岸海域生态环境治理过程中的知情权、表达权、参与权和监督权得到进一步保障和维护。同时规范公众参与环境决策的制度，涉及公众环境权益的政策和立法条款、规划建设项目必须充分听取公众意见。

（四）提供近岸海域生态环境治理资金支持

作为一项公共服务，近岸海域生态环境治理需要政府投入大量的财政资金支持，这也是政府参与近岸海域生态环境治理的一项重要方式和途径。政府财政在近岸海域生态环境治理领域的支出数据具有一项重要的功能，即用来评估政府对近岸海域生态环境治理的重视程度。政府在近岸海域生态环境治理中的资金支持作用主要体现在两个方面：一是通过对具有全局性和外部性的近岸海域生态环境治理项目的投入来弥补市场在这些方面供给的不足；二是政府在近岸海域生态环境治理中投入资金可以引导其他社会资金投入到近岸海域生态环境治理过程中来，有利于形成以政府财政资金投入为基础，以社会资金为补充的近岸海域生态环境治理资金支撑体系。推动海洋环保技术的研发，并且激发市场的参与活力，调动市场资源配置的能力，增强其他主体参与近岸海域生态环境治理的积极性。

（五）划分近岸海域生态环境治理主体责任

作为一种公共产品，海洋的非排他性和竞争性必然导致海洋的过度开发乃至破坏。因此为海洋设置产权，减少排他性使用，明确划分近岸海域生态环境治理过程中各主体责任成为解决近岸海域生态环境污染问题的一个重要思路，而这一工作必须要由海洋产权的所有者同时具有领导权威的政府来进行。既要明确政府、市场和社会三大横向主体之间在近岸海域生态环境治理中的事务，也要明确中央政府与沿海各级地方政府等纵向主体之间的近岸海域生态环境治理责任。此外，政府要将近岸海域生态环境治理过程中所颁布的具体政策、实施目标及时精准地传达给市场和社会主体，形成有效的相互监督机制。

（六）调节近岸海域生态环境治理主体间的矛盾

作为近岸海域生态环境公共利益的代表，在近岸海域生态环境治理过程中政府拥有一定的公共权力，因此也拥有协调处理近岸海域生态环境治理过程中各主体间矛盾的能力。首先，海洋污染存在负外部性，具体而言，沿海地方政府和涉海企业在大肆开发与利用海洋资源的过程中必然会造成近岸海域生态环境的破坏与海洋资源的衰减，而作为沿海地区居民则会受到其产生的不利影响。因此，需要建立海洋生态损害的补偿和赔偿机制，协调处理好海洋开发过程中所产生的政府主体和市场主体与社会主体之间的矛盾。其次，就市场主体内部而言，由于海洋开发利用的多行业性，使得同一区域近岸海域生态环境治理往往涉及多个经济部门，这就需要政府来充当调节者的角色，设定并划分各经济部门之间的利益与竞争规则，并根据既定的规则，确定各经济部门之间冲突的经济利益，保证各经济部门能在公平条件下竞争。最后，近岸海域生态环境治理过程中，政府主体内部也存在多种矛盾，各管理机构之间、中央政府与地方政府之间、地方政府之间存在着权责交叉、相互推诿的问题，这也需要政府通过构建内部协调机制对这些矛盾进行处理。

二 陆域行政边界与海域资源特性的矛盾突出

（一）海域资源的流动性与复杂性

海域资源具有典型的流动性特征，难以对其进行清晰划分，但陆域行政边界是能够清楚地进行界定的，二者之间的矛盾直接导致了近岸海域生态环境治理中的权责不清。许多海岸线不是处于自然状态，而是受到人类使用的深度影响，因为海岸地区对人类社会发展更加具有吸引力，这也直接导致全球人口和发展日益集中在沿海地区。更加显而易见的是全球人口大多数依赖于海陆界面系统提供的生态系统服务功能。海岸带的人类用途不仅包括定居点、交通、贸易和运输，还包括供水和污水处理，娱乐和能源[1]。

沿海环境中生态系统、生境和动力学是动态且复杂的，许多过程及其耦合仍不完全清楚。因此，它们未来的演变对人类影响无法正确预测。风和沿海水域的运动（主要由风和潮汐驱动）导致沉积物的运输（侵蚀、运输、沉积），从而推动海床的演变。反过来，海流和输运模式又受到海岸形态的影响[2]。同时，全球大多数海岸都直接或间接受到不同类型海岸开发的影响。例如游客、建筑、污染、入侵物种的引入等。社会经济系统包括各种海岸管理问题的人口和经济特征，例如城市化、环境保护、海岸建设、娱乐、自然资源开发，最常见的是，社会经济因素导致人类对沿海地质物理和生态系统的影响。沿海环境是最有吸引力的居住和旅游地点之一。旅游业是世界上最大和增长最快的经济部门。当地的住宿、基础设施和交通以及娱乐活动本身对海岸系统有重大影响。交通、污染、废物和水需求增加，对当地基础设施和生态系统栖息地产生重大影响。游轮的日益普及又进一步加大了旅游业对沿海系统的影响。

---

① Winter C. , *Impacts of Coastal Developments on Ecosystems//Handbook on Marine Environment Protection*, Cham：Springer, 2018, pp. 139–148.

② Salomon M. , Markus T. , *Handbook on Marine Environment Protection：Science, Impacts and Sustainable Management*, Cham：Springer, 2018.

　　自然海岸是不断变化的动态环境，由不同时间和长度的驱动力不断塑造。沿海生态系统已适应各种气候、水动力和沉积条件下生境的多样性。随着全球海岸人类活动的增加，海岸生态系统的压力也在增加。陆地工业污染的排放是近岸海域生态环境污染的重要因素。污染物通过大气输送和河流或直接输入到达海洋①。技术进步和日益增长的世界人口对原材料的日益增长的需求促进了海洋的经济利用和开发。因此，海洋生态系统的相关负担——包括污染、过度捕捞、海岸引起的富营养化、酸化、气候变暖和生物多样性的丧失——也在继续增长并加剧到不可持续的水平。此外，开发利益不仅会相互冲突，还会与近岸海域生态环境保护利益发生冲突。出于这些原因，国家和国际社会的干预势在必行。然而，全球许多地区目前的近岸海域生态环境状况表明，现有的政治和法律机构尚不具备永久保护海洋的能力并据此来解决现有问题②。

　　（二）陆域行政区划在近海污染治理上的弊端

　　在沿海地方层面，我国主要采用的是陆地"行政区化行政"，并以此延伸至海洋属地化管理模式③，也就是沿海地区的政府单位要履行其职能维护辖区内近岸海域生态环境，基于行政区划的角度，针对海洋生态环境系统进行分割，造成各地区个体理性与近岸海域生态环境公地属性之间的冲突。对于中央政府和地方政府之间的信息非对称，近岸海域生态环境问题的治理主要依赖于沿海各级地方政府，通过将各个海域划入它们的行政范围，近岸海域生态环境管理成为各级政府的重要职能。这一安排能够解决近岸海域生态环境治理中存在的信息获取成本问题，但同时也产生了严重弊端。

　　基于行政区划分割海域的管理体制，沿海各级地方政府通常聚焦于地方经济发展，对具有公地属性的近岸海域生态环境进行保护的动力明显不足，近岸海域生态环境管理事务在政府工作中始终处于次要地位。不仅如此，沿海地方政府往往会陷入各种形式的地方保护主义中，导致

---

　　① Schmid E. , *Land - Based Industries//Handbook on Marine Environment Protection*, Cham：Springer, 2018, pp. 297-309.

　　② Markus T. , *Challenges and Foundations of Sustainable Ocean Governance//Handbook on Marine Environment Protection*, Cham：Springer, 2018, pp. 545-562.

　　③ 杨爱平、陈瑞莲：《从"行政区行政"到"区域公共管理"——政府治理形态嬗变的一种比较分析》，《江西社会科学》2004年第11期。

近岸海域生态环境快速退化。近岸海域生态环境具有非竞争性和非排他性等特点，是一种典型的公共物品，能够为沿海各个形成区提供相关的资源，例如油气、水产品、旅游等资源。但是目前近岸海域生态环境按照行政区划分割进行管理的体制下，沿海地方政府在大力开发海洋资源的同时，却普遍缺乏保护近岸海域生态环境的积极性。这种积极性缺失的根本原因在于外部性导致的成本收益差：一方面是由于近岸海域生态环境治理活动存在正外部性，当某一沿海地区对近岸海域生态环境进行治理时，治理成本由自己独担，但治理产生的收益却由所在海域周边的地区共享；另一方面，当某一地区大力开发近岸海域生态环境时，其产生的经济收益由自己独享，但过度开发对近岸海域生态环境产生的损害成本却由周边地区共担，进而产生了所谓的"公共池塘资源"的共用性悲剧①。具体而言，严格执行近岸海域生态环境保护意味着要控制和削减地方海洋污染物排放，这不仅需要投入大量地方财政资源用于污染治理设施建设及运营管理，还会对涉海污染企业的生产经营活动产生限制，最终影响到沿海地方政府的经济绩效②。依据以上逻辑，基于"行政区划"的沿海地方政府往往难以实现地方经济发展与近岸海域生态环境保护的平衡。因此，即使部分企业的生产活动或者排污对辖区内的近岸海域生态环境造成了污染，一些地方政府往往会不作为，甚至出于对财政收入的追求，与排污企业形成隐性"默契"关系。在法律层面，相关海洋法规对各个涉海主体的约束缺乏刚性，这与近岸海域生态环境质量不断恶化的严峻势态之间产生了巨大矛盾。

此外，以"行政区划"为基础，在对近岸海域生态环境管理的过程中，沿海地方政府单位之间没有建立良好的合作关系③，因此无法发挥协同效应。当沿海各个行政区政府都试图将近岸海域生态环境治理成本转嫁至周边其他地区政府时，区域横向协调的部门长期处于缺位，或者说其协调权威又长期处于弱势地位，导致跨行政区政府间协同治理的动力严重不

---

① 高翔：《跨行政区水污染治理中"公地的悲剧"——基于我国主要湖泊和水库的研究》，《中国经济问题》2014年第4期。

② 吴永华：《我国海洋区域污染防治管理模式研究——以渤海海域污染防治模式为例》，硕士学位论文，西南大学，2014年。

③ 王琪、丛冬雨：《中国海洋环境区域管理的政府横向协调机制研究》，《中国人口·资源与环境》2011年第4期。

足，陷入"集体行动的困境"①。尽管《海洋环境保护法》中规定"可通过建立区域合作组织进行横向协调，或由沿海地方政府协商解决"。但是，通过何种方式明确相关单位的职责，通过何种方式促进地方政府之间发挥协同效应，目前的法律体系中并没有明确的规定。这就导致了"运动式"治海：在面临重大近岸海域生态环境事故的过程中，各个沿海地方政府单位一般情况下可以以国家政府为引导，积极进行统一临时性行动。但一旦失去顶层压力，各地方政府便"鸣金收兵"，从而无法对近岸海域生态环境进行持续治理。因此，在跨区政府单位协作治理近岸海域生态环境的过程中，政府占主导地位。在已有近岸海域生态环境治理体制下，沿海各地方政府同时担当了近岸海域生态环境的"管理者"和"破坏者"的角色。而地方近岸海域生态环境管理部门的权力往往受当地政府规制无法对政府的"破坏行为"进行有效制约。但是环保部督察中心一般情况下没有较强的区域组织能力，所以对于政府单位而言也没有较强的约束力②。

（三）陆海矛盾所带来的社会冲突与挑战

陆海之间的矛盾会导致在处理海洋权益问题时，出现四种主要的社会冲突类型。首先，单个资源的用户之间的分配冲突。例如，海洋渔业资源公平分配。其次，不同资源的用户之间存在冲突。例如，海上风电场运营商或矿业公司之间就特定（尤其是近岸）区域的使用产生了越来越多的争议。再次，海洋的可持续发展与市场经济驱动下的海洋经济扩张及其日益增加的环境影响，需要海域资源使用者和保护者之间的利益协调。这方面典型例子是传统资源利用领域的环境法规，如航运、海上石油和天然气开采等，在过去几十年中逐渐收紧。最后，生态冲突的发生越来越频繁。例如，海上风力发电厂虽然可以通过较低的碳排放来实现能源生产，从而减少海洋酸化，但仍然会通过制造噪声、消耗能源和捕鸟对近岸海域生态环境产生负面影响。另一个例子是使用船舶洗涤器。虽然它们确实清洁了有害的船舶排放物，从而有助于减少对大气的污染物输入，但它们的运行

①　王刚、宋锴业：《中国海洋环境管理体制：变迁、困境及其改革》，《中国海洋大学学报》（社会科学版）2017年第2期。

②　黄爱宝：《区域环境治理中的三大矛盾及其破解》，《南京工业大学学报》（社会科学版）2011年第2期。

也可能导致污染物进入水域。

这些社会冲突产生的根源也可以通过跨部门和跨国界的问题来解读。在跨部门方面，特别是农业、渔业、运输、工业、能源和国防政策领域的减排措施有助于近岸海域生态环境保护。然而，实际上根据这些具体政策采取的措施通常旨在通过解决部门问题来实现部门利益。由于部门性措施大多不是为了保护近岸海域生态环境而采取的，它们往往不符合海洋生态系统的需要，而是符合个别部门和政策领域的特殊利益、目标和逻辑。这一措施产生的结果是在近海污染治理领域几乎无法形成一个系统、连贯的保护概念。更为复杂的是，各种受人为影响且需要保护的生态系统和生态系统服务往往超出国界。这种情况需要国际上，或者至少是跨境平衡相互冲突的利益。与地方或国家一级的环境问题相比，跨界问题往往涉及更多的行动者和相互竞争的利益主体。这很自然地增加了冲突的复杂性，并增加了其解决方案的交易成本。

陆域行政边界与海域资源特性的矛盾还会对近岸海域生态环境治理带来诸多挑战。

第一，信息挑战。保护近岸海域生态环境需要对其生态状况和资源以及各种人为影响的具体和累积影响有广泛的科学了解。目前，在近岸海域生态环境状况和人为影响动态方面，许多领域存在相当大的知识差距。在许多情况下，在国家层面，尤其是在国际层面，缺乏健全和相互校准的科学评估方法。当存在关于特定影响的具体数据时，在标准化方面的方法又都是零碎的。这些导致来自不同来源的可用信息通常难以整合。因此，国家乃至国际层面在治理近岸海域生态环境过程中，在制定管理条例、战略、方案、措施和行动时，必须认识到收集近岸海域生态环境科学信息的所有挑战和成本。

第二，概念挑战。除了对信息的迫切需要外，近海海域生态环境治理领域还存在一个基本的、概念上的挑战。在海洋和陆地之间存在巨大差异的背景下，出现了一个问题，即最初为陆地问题设计的法律文书和措施在多大程度上可以适用于海洋，以及它们在多大程度上有助于解决海洋的保护和利用问题。海洋作为人类活动的地理空间，包括海床及其底土、海水、海面和上方的空气。利用和输入通常从地表进入海水或在海床及其底土。与陆地相比，海面本身的利用价值相对较低。这与陆地上的人为利用和影响动态之间形成了显著差异，这就是为什么近岸海域生态环境治理必须从三维而不是陆地保护的二维角度来考虑的原因。

第三，法律挑战。所有近岸海域生态环境保护法的出发点都是1982年的《联合国海洋法公约》。近岸海域生态环境治理工作嵌入在全球、区域和国家监管系统的复杂网络中。现有制度通常在地理上受到限制。通常它们只解决近岸海域生态环境治理的特定问题，或者仅在当地或区域有效。从全球角度看，这导致了一个复杂、分散、重叠、不协调、部分不连贯的海洋保护法律和制度体系。

第四，个人和国家私利挑战。人口和经济增长、技术进步、不断变化的消费模式以及经济活动的空间集中构成了许多近岸海域生态环境问题背后的基本驱动力。虽然从理论上讲，这些驱动因素造成的近岸海域生态环境问题可以缓解或解决。例如，只要通过提高能源和资源效率，或使用环保技术，或转向消费更环保的商品，这些问题就可以得到缓解或解决。但是，这些潜在的解决方案在现实中通常没有得到实施。环境问题的根源传统上被视为，特别是被环境经济学家视为行动者自我约束的破坏性激励结构；正是这种结构从根本上消除了许多环境产品使用者之间的关系。从经济学的角度来看，近岸海域生态环境的整体、其提供的单个生态系统服务及其资源构成了所谓的共同资源库。

近岸海域生态环境产品的公共性和使用者之间的竞争造成了一种社会困境，这种困境被广泛称为"公地悲剧"。从近岸海域生态环境资源合理使用者的角度来看，情况如下：如果竞争对手为了保护环境或促进有争议资源的有效分配而限制其开采活动，开采成本将降低，利润将增加。因此，产生了一种经济激励，即不促进保护或有效利用，并获得更高的利润（可以称之为"搭便车"）。但是，如果竞争对手根本不努力保护或有效分配资源，那么从经济角度来看，放弃资源开发的好处将是完全不合理的，因为一方面理性的用户无法独自保证资源的保护；另一方面作为一个单一的竞争者，只有他或她一个人会失去效益，此外放弃的优势只会使竞争者受益。这主要以个人的战略决策而告终，这些决策会给近岸海域生态环境带来无效和破坏性的结果。尤其是对于单一竞争对手而言，可计算的短期收益比不可计算的长期收益具有更高的价值，这一事实加剧了近岸海域生态环境治理困境中的竞争局面，这再次导致海域资源利用压力呈指数级增长。

三　陆海空间分治差异悬殊

(一) 陆海空间关系协调差异

陆海空间分治差异首先体现在陆海空间关系协调差异上。陆海空间存在三大重要的空间关系，首先是海洋与沿海之间存在的关系，在空间表现上，主要是岸线利用问题，分为以下两个方面：一方面是岸线开发程度，另一方面是岸线开发的功能。目前的沿海与海洋的空间经济开发常常伴随着"公地悲剧"的出现，造成公共产品属性的无节制浪费，严重影响到沿海与海洋的经济协调关系。因此在沿海和海洋关系中，政府的外部效用具有重要作用，对于无序开发、开发功能设计、开发强度规划和管制力度都要做好协调处理。其次是陆地与沿海之间存在的关系，在空间表现上，主要是要素流动问题，分为以下两个方面：一方面是人口迁移问题，另一方面是产业转移问题。沿海和内陆经济模式的突出表现在于市场，如果市场机制无法充分发挥作用，会阻碍产业要素、人口要素在沿海与内陆间的自由流动，因此要充分利用好市场力量引导人口和产业的自由、高效流动。最后是沿海地区内部之间存在的联系，在空间表现上，主要是城、园、港三者之间在空间上的协调能力。港、园、城之间的统筹协调与沿海和海洋、沿海和内陆之间的关系存在不同之处，政府与市场在沿海内部地区均承担重要的角色，空间管理开发、区域规划设计、产业布局设置、劳动力人口流动等需要政府和市场的作用。

(二) 陆海功能区不协调

陆海空间分治差异还体现在陆海功能区不协调。近岸海域常常出现陆域和海域功能区不相符的现象，这同时造成了陆海产业关联度的降低。陆海空间和资源的无序开发和使用会造成陆海经济争夺与矛盾升级，近岸海域的海洋经济以渔业养殖、滨海旅游为支柱产业，陆域经济以化工产业为主，工业生产污染物排放严重，对渔业、旅游业的发展非常不利。这种受制于陆海产业需求和统筹规划的不协调，陆海系统之间的各种生产要素无法实现有效流通，增加了生态环境陆海统筹治理的困难。具体可以从以下四个方面展开：

首先，基于空间的层面上来看，陆域和海洋产业相互依存。陆域产业在不断发展的过程中，已经出现了水资源不足、能源不足等一系列问题，人口规模的剧增，将会加大空间与食物危机。因此陆域产业在发展的过程中，离不开海洋资源作为支撑。并且海洋经济在发展的过程中，在一定程度上也依赖陆地空间。比如海洋运输业、矿产开发、捕捞以及开采油气，虽然生产环节需要在海域完成，但是其他环节需要在陆地上完成；而海盐业比较特殊，生产过程中全部的环节都需要在陆地上完成。其次，基于技术的层面上来看，陆域和海洋产业相互依存。特别是沿海地区陆地产业在发展的过程中不仅依赖海洋空间，同时也离不开海洋资源。因为人口规模在不断的扩大，消费水平与日俱增，尤其是产业与人口都不断向沿海地区靠拢，所以加大了沿海地区空间、资源与食物的压力，但是通过开发海洋资源能够更好地缓解这些压力。人类在发展的进程中逐渐以海洋资源为开发对象，并且海洋空间也逐渐为人们生存提供了空间。在围填海项目中，主要是为了扩大陆域面积，在此过程中离不开科技水平的提高；针对海洋国土观全球各国基本达成共识，也即是说各个国家要想更好的维护海洋权益，必须要具有先进的科学技术。再次，基于经济发展的视角来看，陆域和海洋产业相互依存。国民需求才是海洋开发的主要驱动力，海水淡化、油气开采以及海上交通运输业等，都是为了解决人类资源与水源的需求。并且海洋经济的发展在一定程度上与国家经济发展息息相关且呈现出正相关关系，也就是说海洋经济发展水平越高，那么某地区的现代化程度越高。由此可见海洋经济与国家经济发展相互依存、相互促进。最后，基于国家产业结构与工业布局的层面上来看，海洋是两者之间的桥梁。海上运输的成本较低，因此在沿海地区建立化工厂、冶炼厂，并且建立临海工业区。海洋资源在我国社会经济发展过程中发挥着重要的作用，其中最重要的部分是港口，同时也会影响港口腹地经济水平。海洋区域经济在发展的过程中首先要以港口为核心，以海域和港口为基石。海陆相互依存，相互促进发展。因为港口具有扩散与集聚的作用，所以有效地推动了陆地经济发展，同时也提升了技术水平，能够帮助沿海地区实现海陆经济一体化。

（三）陆海空间分治差异典型工程：围填海

围填海工程是陆海空间分治差异的一种典型代表。通过围填海的形式来扩大土地面积是目前解决土地使用紧张最直接的方法，但是缺乏科学的规划与引导的围填海造地活动，会不利于海洋可持续发展。首先可能引发海岸自然灾害，作为一种彻底改变海域自然属性的活动，如果管理不严格，那么将会造成泥沙淤积以及海岸受到侵蚀，将会严重影响港口运输与江河泄洪能力。假设一味地追求围填海所产生的效益，在扩大填海面积的过程中过度地节省成本，而忽略了防治海洋自然灾害，那么将会在极大程度上增加地震、海啸等自然灾害的风险。其次是海洋资源环境将会受到破坏。过度的围填海行为，将会导致原本弯曲的海岸线变直，也缩短了总的海岸线长度，与此同时导致部分宜港深水岸线消失，那么将会浪费大量的海岸空间资源。再次是破坏了近岸海域的生态环境。围填海工程会导致近岸海域遭到严重的污染，在围填海的过程中，所使用的材料会给近岸海域生态环境带来污染，且向近岸海域释放，在围填海工程结束之后，也会逐渐地扩散至海洋中，形成恶性循环。过度的围填海也会导致海域水交换能力减弱，从而严重地影响近岸海域水质，使海洋自净能力减弱，从而出现赤潮现象，使近岸海域生态环境遭受严重的威胁。最后是严重影响了海洋生态平衡。围填海造地过程中如果出现无节制的围填造地，不仅会给渔业水域、产卵场等地带来不利的影响，同时也会导致渔业资源遭受一定的经济损失。

四　陆海生态环境监管部门职责不清

（一）管理职责交叉

中国近岸海域生态环境治理体制是一种按职能分工的职能管理体系，将近岸海域生态环境治理的相关任务分配给各个职能部门完成。因此，中国近岸海域生态环境治理体制基于职能分配从中央垂直到地方，呈现出"条状"管理模式。这种条状交叉的管理模式导致众多近岸海域生态环境治理部门在许多管理职能上存在交叉，而近岸海域生态环境的整体性和污染可转移使得各个近岸海域生态环境治理职能部门缺乏效率。各个近岸海域生态环境治理职能部门之间分工有余而协调不足，这与近岸海域生态环境的整体性和系统性特征所要求的一体化治理存在矛盾。例如，虽然近岸海域生态环境保护是国家海洋局的职能之一，但其需要与海事局联合行动才能开展近岸海域生态环境执法，这极大地降低了其近岸海域生态环境综合管理的权威性。再如，海事局和渔业局都有着海洋船舶污染事件的监督和处理职能，当发生突发性污染事件时，出于部门利益容易产生"规避执法"或是"争相执法"的情况①。虽然2013年的部门整合使得原先四个

---

① 王刚、宋锴业：《中国海洋环境管理体制：变迁、困境及其改革》，《中国海洋大学学报》（社会科学版）2017年第2期。

海上执法队转变为了海警局和海事局两个执法队，但由于职能整合、相对资源的匮乏使得执法部门集中带来的整合效果仍不明显。

由于行使海洋管理职权的部门众多，也就导致近岸海域生态环境治理责任过于分散，难以锁定责任主体。中央层面的近岸海域生态环境管理部门承担近岸海域生态环境监督管理等职责。涉海部门之间缺乏协同，尽管国家海洋局被赋予了海洋综合管理职能，但其仅仅是自然资源部下设的副部级机构，无法对中央各涉海部门进行有效协调。

（二）监测体系分散

近岸海域生态环境监测涉及的领域较广，因此要建立相关的制度以便于管理①。在信息技术飞速发展的时代中，近岸海域生态环境监测相关的信息不断完善，关系到的范围更加广泛。除了生态环境部外，自然资源、农业、交通等部门也对近岸海域生态环境进行监测。不仅在非环境保护部门和环境保护部门之间有着重复监测，非环境保护部门之间也存在着重复监测，例如渔业局和海事局都对船舶污染灾害进行监测。然而，各部门运作相对独立，监测设施存在严重的重复建设现象，甚至存在相互制约的现象。监测资源与设备和技术不能实现共享。有些部门也有自身相对独立的监测标准，没有建立相对统一的监测标准和手段，致使采集的数据信息兼容性受到影响。

按照现行制度，近岸海域生态环境监测机构隶属于沿海地方政府，区域内环境监测站也是根据行政区划来进行设置的。虽然各个监测站有着不同的行政级别，但不同级别的监测站之间不存在行政管理和控制，只有在监测业务上的指导关系，这也就使得近岸海域生态环境的整体性和监测区域的分割产生了较大的矛盾②。各监测站点所开展的近岸海域生态环境监测只在其所在行政区域内进行，对其他行政区域则是无权过问。然而，近岸海域生态环境污染有着较强的时空迁移性，也就意味着某个行政区域内的近岸海域生态环境污染并不仅仅是其行政区域内的污染源导致的。只对其所在行政区域内开展监测工作的近岸海域生态环境监测机构无法真正地

① 李潇、许艳、杨璐等：《世界主要国家海洋环境监测情况及对我国的启示》，《海洋环境科学》2017年第3期。

② 张微微、金媛、包吉明等：《中国海洋生态环境监测发展历程与思考》，《世界环境》2019年第3期。

了解到区域内近岸海域生态环境污染的真实原因，也就不能给行政区划内的近岸海域生态环境管理决策者们提供可靠的科学依据。此外，按照行政区域设置的近岸海域生态环境监测站极易造成监测区域的重叠，但在行政区域的边缘地带容易产生近岸海域生态环境监测空白区域①。

第二节　近岸海域资源开发中的政企合谋

一　近岸海域生态环境治理中的企业责任

涉海企业与近岸海域生态环境相辅相成，两者关系具有双向性。涉海企业在生产经营当中通过从海洋环境中取得所需生产要素来生产产品，维系自身发展需求。其生产行为也会对近岸海域生态环境造成直接或间接影响②。一方面，涉海企业的生产经营活动会产生污染物，存在污染海洋、破坏生态的可能性，污染物的排放问题使其成为政府主要干预对象；另一方面，涉海企业为公众提供海洋产品，若是能够通过新技术、新设备，转变以往的生产方式，将会减少对海洋的污染，将推动近岸海域生态环境治理工作的开展，成为该项工作的重要力量③。由此可见，涉海企业既是海洋污染主体，也是治理主体，在对近岸海域生态环境治理过程中，必须发挥其"主要参与者"的角色作用，规范自身的生产方式和经营行为，减少污染，使得涉海企业发展和保护海洋生态环境二者之间协调发展。

（一）对近岸海域生态环境规制做出准确判断与预期

若没有近岸海域生态环境规制的制约，涉海企业为降低生产成本，将不会主动进行近岸海域生态环境治理工作。但当政府严格执行近岸海域生态环境规制中的相关条例时，涉海企业在经营当中进行资源配置的时候，需要考虑当下及未来可能会出现的规制行为。而政府之所以会实行近岸海域生态环境规制，是为了明确涉海企业创新变革的发展方向，使企业在原

---

① 王刚、宋锴业：《中国海洋环境管理体制：变迁、困境及其改革》，《中国海洋大学学报》（社会科学版）2017 年第 2 期。

② 王琪、何广顺：《海洋环境治理的政策选择》，《海洋通报》2004 年第 3 期。

③ 宁凌、毛海玲：《海洋环境治理中政府、企业与公众定位分析》，《海洋开发与管理》2017 年第 4 期。

有的创新目标和规划的基础上有了新的制约条件，促使其未来能够稳定发展。同时，由于受到环境规制行为时效性短，具有较大的跳跃性，就会导致成本过高。这就需要企业在政府明确近岸海域生态环境规制方向的过程中，根据其实际情况对现阶段的近岸海域生态环境治理行为进行规划，满足其未来较长一段时期内的近岸海域生态环境保护要求，获得效益最大化。

（二）构建环境治理内部管理机制

涉海企业通过引入近岸海域生态环境质量的国际标准体系作为近岸海域生态环境治理的内部管理标准，对企业内部各部门职能和业务流程进行划分，在绩效考核当中，增加近岸海域生态环境治理，将其作为一个标准，这是涉海企业参与近岸海域生态环境治理的重要责任的体现。ISO14000环境质量标准体系、欧盟污染物排放与转移登记制度等国际标准是现阶段企业进行环境治理的依据，这需要涉海企业在生产经营过程当中，在结合自身当下实际发展情况以及综合考虑产品性能的基础上，根据当地政府及相关法律法规的要求，制定一套适应自身发展需求的近岸海域生态环境治理细则，细则当中对管理机制和操作机制进行规范，并将其作用于绩效考核当中。

（三）推进清洁化的海洋生产方式

转变涉海企业的生产方式能从根本上解决近岸海域生态环境污染问题。也就是说，涉海企业要将工作重心转移到改进生产工艺、优化海洋产品服务上，以消除负面影响。清洁生产是指将综合性预防的战略持续地应用于生产过程、产品和服务中，以提高效率和降低对人类安全和环境的风险[1]。涉海企业需要推进环境友好型清洁生产方式，将企业生产的整体环节都按照清洁化生产方式生产。就生产过程中产品原材料的选择和使用来说，不能够选择使用有毒有害材料，使得排放物对环境的污染减少，且在使用过程中要注意资源的节约。就海洋产品而言，要降低产品全生命周期（包括原材料开采到寿命终结的处置）对近岸海域生态环境的有害影响。除此之外，生产工艺的创新，生产模式的改进，不仅能提高企业的生产效率，还能够改善近岸海域生态环境排污状况。

---

① 石磊、钱易：《清洁生产的回顾与展望——世界及中国推行清洁生产的进程》，《中国人口·资源与环境》2002年第2期。

（四）搭建绿色化营销渠道

搭建绿色化营销渠道是涉海企业近岸海域生态环境治理中非常关键的一步。绿色化营销渠道的建设主旨是以可持续发展的海洋生态环境为目标，实现的是海洋经济利益、近岸海域生态环境利益和消费者利益的共赢①。涉海企业以"品质为上、效益为本、注重环保"为原则，通过设计绿色高效的产品储存、包装、销售及消费形式，将企业的环境外部化影响控制到最小。同时，绿色营销渠道不仅能打开潜在的目标市场，还能够提升消费者绿色消费意识，引导其进行绿色消费，最终提升产品的知名度，扩大市场影响力。而产品的流通过程也需要受到重视，这是由产品的差异性导致的。因此，在设计绿色营销渠道的时候，需要将产品的包装、运输、销售等环节考虑其中。

（五）公开环境信息

环境知情权是指公众知悉和获取相关环境信息的权利。为尊重公众知情权、监督权，涉海企业应公开近岸海域生态环境治理行为以及近岸海域生态环境质量信息等。而公开资料，不仅为公众了解企业环境治理工作情况、监督过程实施创造条件，还能够促使企业、公众以及政府同心协力，共同参与到近岸海域生态环境的治理工作当中。涉海企业需要公开的环境信息一般分为强制公开信息和自愿公开信息两类。其中自愿公开信息包括企业实行的环境保护政策、该年度所要实现的目标及要求，企业的资源消耗，对环境保护的投资情况，环境技术的发展情况，企业生产产生的废物的具体种类、总体数量、最终目的地等，企业现有的环保设施数量及其运行情况，企业在生产过程中的废物处理情况及其回收利用情况等。而强制公开信息主要指的是以国家或企业所在地的排放标准为依据，对不符合排放标准或超出规定排放总量的企业进行信息公开。其中包括违规企业的名称、具体地址、法定代表人等，同时对排放物当中不符合标准的内容进行公开，包括污染物种类、数量以及方式等。与此同时，企业对此事故的反应措施以及生产中所拥有的环保设施的运行情况也需要公开。

---

① 李泽源、景刚：《绿色营销中的渠道建设问题研究》，《中国管理信息化》2016 年第 4 期。

二　近岸海域资源开发中的权力结构非均衡

在近海资源开发过程中涉及地方政府经济部门、企业、渔民、社会公众及社会组织等多个权力主体。不同的主体权力的大小不同，不同的学者对权力有不同的定义。例如，马克思认为权力是一种强制力，霍布斯认为权力是一种暴力，洛克则认为权力即原始社会中人们转让出的自然权利。笔者认为，权力既包括经济上的财力、政治上的法理权力，也包括群体的组织和动员能力，给竞争对手制造障碍的能力。其中，政治上的法理权力是最重要的权力构成，它直接决定着法规政策的方向和实施过程。经济上的财力也不容忽视，强大的财力既可以影响法规政策的走向，也可以疏通关系逃避法律法规的惩罚。动员能力既与政治权力、经济财力相关，也有自身独特的影响因素，即人数的规模，而过于庞大的组织则会面临集体行动的困境。此外，可以借鉴"权力是向他人转嫁成本的能力"这一概念，根据违法违规主体的数量鉴别群体的权力大小，如某群体在违法违规中出现的频次最多，则往往表明其在该领域中的权力最大。穆斯塔克·汗（2017）指出社会相对权力的分布是制度安排的关键性因素，制度只有在符合社会的权力分布结构时才是均衡的。当权力结构不平衡时，那些已有的法律制度和政策虽然没有被公开地阻止或推翻，但其实施过程已经被强大组织严重扭曲，其实施效力已经大打折扣。渔民虽然与近海资源开发密切相关，但由于在财力上比不上企业，而且人数规模上又较庞大，因此组织能力、动员能力相对较弱。最后是社会公众，近海资源的开发与其经济利益缺乏直接的联系，这一人数庞大的群体对近岸海域生态环境的关心纯粹是出于公益心，而且社会舆论既容易引起他们对近岸海域生态环境的关注，也容易转移他们的视线，行动能力不比近海居民强。因此，我们可以发现地方政府，企业，当地渔民、居民和其他社会公众在近海资源开发的博弈中的权力结构是不平衡的。地方政府的权力最大，其次是企业，再次是当地渔民、居民，最后是其他社会公众。

（一）各权力主体的利益格局

由于权力的非均衡，使得近岸海域资源开发活动并不能让所有主体平均受益，而是部分群体受益、部分群体受损，在受益和受损程度上亦存在较大的差别，获得收益的一方往往是主导开发海洋资源的地方政府以及下属企业，而利益受损方却是当地渔民和居民。但从本质上看，近海海域生态环境损害都是受益主体将成本转嫁给了其他群体。主导近海生态损害行为的主体拥有收益的支配权，却把开发海洋资源的成本和对海洋资源的损害结果转移给渔民与居民，造成成本与收益的非对称。虽然很多项目的建设需要满足较高的要求，开工前的审批、完工后的验收、材料是否环保、对近海生态的损害以及建成后的用途这些都是企业进行围填海项目的阻碍，在这样的背景下企业则倾向于通过寻租获得一定的优待，得到政府官员的庇护。企业在获取一系列的相关权益后，或是出售或是经营为自身赚取了大量的利润。基于三类主体的利益格局，可以看出政府处于近海资源开发的主导地位，企业处于从属地位，渔民及居民则是处于被忽略的位置。主导近海生态损害行为的主体拥有收益的支配权，却把开发海洋资源的成本和对海洋资源的损害结果转移给渔民与居民，造成成本与收益的非对称，既是一种错配也是权力的失衡。企业获利了，政府官员也获得了更大的竞争优势，但承担成本的却是并没有拿到合理收益的近海居民、渔民。

（二）政企合谋带来的环境问题

在权力结构非均衡下，他们有能力进行政企合谋发展污染产业，结果就是环境损害。由于权力结构非均衡，社会公众虽然群体庞大，但难以发挥社会公众原有的监督作用，即使污染产业损害了当地生态环境、影响到了居民原有生活，依然难以改变政企合谋所导致的污染产业的发展。经济发展与生态环境损害的问题涉及多个权力主体，但在各个主体间的权力分布并不均衡。基于权力的不均衡相应的话语权也并不对等。因此即使存在公众监督，但事实上并没有发挥出应有的监督效力。在社会经济发展运作中，地方政府既是经济资源利用的审批者又是环境损害的治理者与监督者。当地方政府进行违规审批时，即使是社会公众进行监督并反映问题，最后的接收者仍是当时的违规审批者，因此权力结构的非均衡也就为政企合谋行为提供了保障条件。同时由于地方政府拥有较大的权力，企业往往也会去主动寻求地方政府的庇护。在双方拥有共同的目标时，基于政企合谋这样的庇护又能带来诸多经济与政治利益。基于此可以看出权力结构不平衡是政企合谋存在关键因素，正是由于权力大小的不均衡，才可以通过权力获得更多的优势条件，才使得政企合谋有利可图。

随着人们认识的不断深入，在社会综合治理层面形成了多元共治理论，推动了社会治理由政府管治迈向公共治理、由单一主体治理迈向多元主体共治、由硬性管制迈向柔性监管秩序的形成①。在此基础上，环境治理方面逐渐形成了政府、企业与社会组织多元共治的环境治理模式。但是，如果竞争主体之间力量悬殊，强势的个人或集团必然利用自身的优势侵夺其他竞争者的利益，从而对和谐社会构成威胁。资源的开发与利用要兼顾各方利益，就必须确保各利益主体具有顺畅的利益表达机制，生态环境要得到有效的保护，就要确保环境保护的力量与资源开发利用的力量具有大致均衡的谈判地位。

（三）权力结构非均衡下的非均衡博弈

权力结构的非均衡也就使得非均衡博弈出现。理解非均衡博弈要从均衡博弈开始。均衡博弈指的是博弈的各个参与者都是同等地位、相互平等的。相应地，在社会博弈中，要想进行均衡博弈则要求博弈各方在所拥有的权力上不相上下、有公正及合理的制度作为支撑，最终各方都可以参与到利益的划分中并可以获得合理的利益。不管是发达国家还是发展中国家，制度在设计上大多都是公正的，倾向于保护弱势群体。然而在制度实施时，却出现不同的状况。发达国家的权力可以很好地被制度所约束，弱势群体虽然处于弱势，但有完善的申述渠道，相应的利益都得到了保障。法理上的权力与事实上的权力相匹配，能够保障每一主体的权力，每一主体都能够参与到利益的分配中，实现利益关系的和谐进而实现和谐社会。均衡博弈往往需要社会生活中多元化的主体参与。各主体在参与博弈的过程中，由于其利益目标不同，形成利益的多元化，使得各主体间形成相互协调、相互制约的局面。也使得利益的分配可以照顾到社会中绝大多数的群体，满足不同群体的需求，减少各个利益集团之间相互对立、对抗的局面，有利于社会和谐。

而非均衡博弈指参与博弈的各主体或利益集团之间权力差异悬殊，地位不平等，在参与之间形成强、弱的对比。权力大的主体在博弈中拥有优势地位，可以获得相对更多的利益；而处于劣势地位的主体在博弈中只能获得相对较少的利益。而非均衡博弈会造成一系列的不利后果。借助于其所拥有的强大权力，使得强参与者的优势不断加强，弱参与者的处境变得

①　孟春阳、王世进：《生态多元共治模式的法治依赖及其法律表达》，《重庆大学学报》2019年第6期。

更加不利，逐渐积累的不合理的利益让原有的不平等加剧，进一步加大原有的强弱对比，造成弱参与者越来越弱的话语权最终变得沉默，或是激化了不同主体间的矛盾，造成社会的动荡。尤其是当权力群体利益来源单一时，拥有强大权力的主体为了争夺有限的资源，往往选择与政府官员建立联系，寻求政治权力的支持，从而达成了政企合谋。其结果不仅使社会群体中利益分配不合理，同时大量的寻租活动使得原有的制度被部分实施或严重的扭曲，丧失原有的效力。而一些利益集团则倾向于利用自身强大的权力去影响政府所制定的政策，以期政策能够有所倾斜来保障自身的利益。非均衡博弈在发展中国家更为常见，制度往往在设计上代表公义，但在实施过程中往往被忽视或是扭曲，致使制度也只是表面上的制度。相应的弱势群体的权力也只是法理上权力，事实上并未拥有权力，主体之间权力相差悬殊，缺少申诉的渠道，无法参与到利益的分配中，造成了严重的社会矛盾。在近海资源开发利用过程中，政企合作的存在使得原本就不平衡的权力结构进一步恶化。非均衡博弈中获利的主体是权力最大的主体，而强大的权力并不意味着效率最高，因而不可避免地造成了资源的浪费，也为社会矛盾的发生埋下了隐患。

三　近岸海域资源开发中的二元非均衡博弈分析

在均衡博弈的情况下，博弈双方处于平等的地位，因此可以同时并独立做出自己的决策。在开发量一定的情况下，一方的开发量会对另一方的开发量形成一定的制约，而在权力、地位相等的情况下，这种制约是相互且对等的，并非一方对另一方长久的压制。通过二元与多元的斯塔克伯格博弈模型的计算可以得出均衡博弈与非均衡博弈之间所存在的不同。

在近海资源量一定的情况下，假设渔民的开发量为 q_1，企业的开发量为 q_2，则开发的资源总量 $Q=q_1+q_2$，每开发一单位海洋资源的收益应是开发总量的减函数 $V=V(Q)=V(q_1+q_2)$，假设为 $V=a-Q$。假设每单位海洋资源开发成本对渔民和企业都是相同的不变常数 c，则双方的收益函数为：

$$渔民：u_1=q_1V(q_1+q_2)-q_1c=q_1[a-Q-c] \tag{7.1}$$

$$企业：u_2=q_2V(q_1+q_2)-q_2c=q_2[a-Q-c] \tag{7.2}$$

此时，该方程的唯一解为 $q_1^*=q_2^*=\dfrac{a-c}{3}$，带入收益函数得 $u_1=u_2=$

$\left(\dfrac{a-c}{3}\right)^2$，收益总和 $U=u_1+u_2=2\left(\dfrac{a-c}{3}\right)^2$。

在非均衡博弈中则不同，由于双方权力地位不对等，一方权力远远大于另一方，无法形成权力上相互的制约关系。在博弈中具有优先的选择权，可以优先占有更多的优势资源，因而造成了不平等的利益分配。在近海资源开发的过程中，当企业的权力大于渔民的权力时，企业优先选择开发量，而渔民则只能基于企业的开发量进行选择。

基于逆推归纳法，在第二阶段时，渔民决策前已明确企业的开发量为 q_2，因此对于渔民来说，相当于是在给定 q_2 的情况下求使 u_1 实现最大值的 q_1。从而 q_1 需要满足：

$$a-c-2q_1-q_2=0 \quad 即\ q_1=\frac{a-c-q_2}{2} \tag{7.3}$$

企业在选择开发量时会考虑到渔民根据企业的开发量做出决策，因此企业要考虑在渔民开发量下自身的收益，即：

$$u_2(q_1^*,\ q_2)=\ q_2[a-(q_1^*+q_2)-c]=\frac{a-c}{2}q_2-\frac{1}{2}q_2^2=u_2(q_1^*) \tag{7.4}$$

即企业可根据 $u_2(q_1^*)$ 求出使自己收益最大的 q_2^*，$\dfrac{a-c}{2}-q_2^*=0$，即 $q_2^*=\dfrac{a-c}{2}$。

从而企业的最佳开发量为 $\dfrac{a-c}{2}$，收益为 $\dfrac{1}{2}\left(\dfrac{a-c}{2}\right)^2$；此时渔民的最佳开发量为 $\dfrac{a-c}{4}$，收益为 $\left(\dfrac{a-c}{4}\right)^2$。总开发量为 $\dfrac{3(a-c)}{4}$，总收益为 $\dfrac{3(a-c)^2}{16}$。通过对比可以看出，非均衡博弈的结果使权力更大的一方收益更多，但相比之下，对权力小的一方所带来的损失更大。而企业更大的开发量无疑是侵占原本属于渔民的开发量，二者之间收益的差距之大也是在于权力之间的不平衡。

四 近岸海域资源开发中的多元非均衡博弈分析

在权力均衡的情况下，假设存在 N 个近海资源的开发者，每个开发者相互独立决定自己的开发量，并且承担相同的开发成本 c。同时在决策时并不知道其他人的决策。那么每个开发者将收益最大化的目标下确定自己的开发量 k_i，则每个开发者的收益为，$w_i = k_i V(Q) - c k_i = k_i(a - c - Q)$，分别对每个开发者的开发量求导，令 $\dfrac{\partial w_i}{\partial k_i} = 0$ 可得：

$$\begin{cases} \dfrac{\partial w_1}{\partial k_1} = (a - c) - k_i - Q = 0 \\[2mm] \dfrac{\partial w_2}{\partial k_2} = (a - c) - k_2 - Q = 0 \\[2mm] \qquad\qquad\qquad \cdots \\[2mm] \dfrac{\partial w_n}{\partial k_n} = (a - c) - k_n - Q = 0 \\[2mm] \qquad\qquad Q = \sum_{i=1}^{n} k_i \end{cases} \qquad (7.5)$$

解得 $k_1 = k_2 = \cdots = k_n = \dfrac{a - c}{n + 1}$，$Q = \dfrac{n(a - c)}{n + 1}$，$w_1 = w_2 = \cdots = w_n = \dfrac{(a - c)^2}{(n + 1)^2}$。

而在权力不均衡的情况下，借鉴 Diekmann（1993）对强参与者与弱参与者的界定，定义强开发者指的是拥有强大的权力以低成本、违法开发近海资源获得高额利润的开发者；弱开发者指的是没有权力，承担高成本自身利益却受到损害的近海资源开发者。假设 N 个开发者中，一个为拥有权力的强开发者，$N - 1$ 个弱开发者。在近海资源的开发中，强开发者所承担的成本为 c，每个弱开发者承担的成本为 d，且 d>c>0。强开发者首先行动确定自己的开发量 q_1，弱开发者则根据 q_1 分别确定自己的开发量 q_2，q_3，$\cdots$，q_n。以逆推归纳法首先分析第二阶段 $N - 1$ 个弱开发者的决策，即在 q_1 已知的情况下，确定 q_2，q_3，$\cdots$，q_n 分别使 $N - 1$ 个弱开发者的收益最大化。各开发者的利润可以表示为 $u_1 = q_1(a - c - Q)$，$u_2 = u_3 = \cdots = u_n = q_i(a - d - Q)$，其中 $i = 2, 3, \cdots, n$。分别对 q_2，q_3，$\cdots$，q_n 求一阶导，令其等于 0 得：

$$
\begin{cases}
\dfrac{\partial u_2}{\partial q_2} = (a - d) - q_2 - Q = 0 \\[2mm]
\dfrac{\partial u_3}{\partial q_3} = (a - d) - q_3 - Q = 0 \\[2mm]
\qquad\qquad\cdots \\[2mm]
\dfrac{\partial u_n}{\partial q_n} = (a - d) - q_n - Q = 0 \\[2mm]
Q = \displaystyle\sum_{i=1}^{n} q_i
\end{cases}
\tag{7.6}
$$

解（7.6）式得方程组得 $q_2 = q_3 = \cdots = q_n = \dfrac{a - d - q_1}{n}$。

强开发者在了解到弱开发者的决策思路后，又基于 $q_2 = q_3 = \cdots = q_n$ 来确定 q_1，即：

$$
u_1 = q_1 \left[a - c - (n - 1) \frac{a - d - q_1}{n} - q_1 \right]
$$

令 $\dfrac{\partial u_1}{\partial q_1} = 0$ 即 $\dfrac{n(a - c) - (n - 1)(a - d)}{n} - \dfrac{2}{n} q_1 = 0$，解得：

$$
q_1 = \frac{n(a - c) - (n - 1)(a - d)}{2}, \text{ 且 } q_1 > \frac{a - c}{2}, \; q_2 = q_3 = \cdots =
$$

$$
q_n = \frac{(n + 1)(a - d) - n(a - c)}{2n}
$$

当且仅当 $\dfrac{n}{n + 1} < \dfrac{a - d}{a - c} < 1$，且 $q_2 = q_3 = \cdots = q_n < \dfrac{a - c}{2n}$，则：

$$
Q = \sum_{i=1}^{n} q_i = \frac{n(a - c) - (n - 1)(a - d)}{2} + (n - 1)
$$

$$
\frac{(n + 1)(a - d) - n(a - c)}{2n} = \frac{n(a - c) + (n - 1)(a - d)}{2n}, \text{ 且 } Q > \frac{a-c}{2n},
$$

$$
u_1 = \frac{[n(a-c) - (n-1)(a-d)]^2}{4n}, \text{ 且 } u_1 > \frac{(a-c)^2}{4n}, \; u = u_2 = u_3 = \cdots = u_n =
$$

$$
\frac{[(n+1)(a-d) - n(a-c)]^2}{4n^2}, \text{ 当且仅当 } \frac{n}{n+1} < \frac{a-d}{a-c} < 1, \text{ 且 } u_2 = u_3 = \cdots =
$$

$$
u_n < \frac{(a-c)^2}{4n^2}。
$$

对比权力均衡与非均衡情况下，各个资源开发者的开发量与收益，可以看出，当 $n \geqslant 2$ 时，$u_2 = u_3 = \cdots = u_n < \dfrac{(a-c)^2}{4n^2} < w_1 = w_2 = \cdots = w_n = \dfrac{(a-c)^2}{(n+1)^2}$，即权力非均衡下弱开发者的收益小于权力均衡情况下的收益；$u_1 > \dfrac{(a-c)^2}{4n} > w_1 = w_2 = \cdots = w_n = \dfrac{(a-c)^2}{(n+1)^2}$，即强开发者在权力非均衡下的收益大于权力均衡下的收益。当 $n \geqslant 2$ 时，$q_1 > \dfrac{a-c}{2} > k_1 = k_2 = \cdots = k_n = \dfrac{a-c}{n+1}$，$q_2 = q_3 = \cdots = q_n < \dfrac{a-c}{2n} < k_1 = k_2 = \cdots = k_n = \dfrac{a-c}{n+1}$，即在权力非均衡下，强开发者的开发量更大，弱开发者的开发量更小。在近海资源的开发中，弱开发者收益的损失一方面来自强开发者利用手中的权力优先取得更大的开发量，另一方面来自强开发者在资源开发中发生的成本转移。而强开发者所获得的高收益，则是来自对弱开发者利益的侵占。在权力非均衡的情况下，弱开发者承担了不该承担的成本，自身利益得不到保证。

基于以上分析可知，非均衡博弈使弱势群体丧失话语权，也使得弱势的一方不得不面对不合理的利益分配结果。而权力水平相当的主体加入到博弈中，有利于近海生态环境的保护及资源的合理分配。由于各方的利益关注点不同，多元主体的有效参与有助于照顾到社会中更多群体的利益诉求。并且多方的博弈与抗衡，对权力也起到了一定制约作用。

第三节　近岸海域生态环境治理中的社会机制缺失

一　近岸海域生态环境治理中的社会义务

以往对公共资源问题和环境问题的探讨主要围绕政府与市场视角，强调环境问题的产生主要来自市场失灵和政府失灵。然而，现实的情形表明，社会因素在海洋生态损害问题中发挥重要作用。相对于其他发达国家而言，我国社会公众对于近岸海域生态环境保护意识较弱，近岸海域生态环境保护的非政府社会组织数量还比较少，资金和专业人员也非常短缺，发挥的作用比较有限。因此，要让社会主体有效参与近岸海域生态环境治理，需要引导公众参与近岸海域生态环境治理，培育近岸海域生态环境治理的社会组织。同时加强近岸海域生态环境治理的信息披露，创造条件让社会主体参与近岸海域生态环境治理，发挥社会主体在近岸海域生态环境治理过程中作为"监督者"的重要作用。

（一）公众的义务表现

公众会从良好的海洋生态环境中受益，但当其遭到破坏时，公众也将直接承担后果。由此可见，公众与海洋生态环境息息相关，有权了解近岸海域生态环境保护工作，其参与到其中的意愿也极其强烈。也可以说公众是推动近岸海域生态环境治理工作的主要力量和根本动力，是不可忽视的社会资源。而在实际当中，公众参与治理近岸海域生态环境的过程表现为以下几个方面：

第一，增强海洋环保意识，主动提高海洋环保知识水平。这是公众在近岸海域生态环境治理工作当中发挥积极作用的先决条件。公众作为维护和改善近岸海域生态环境的主力军，意识的增强，使其更加积极参与到近岸海域生态环境保护当中，而知识水平的提高使其在此过程中能够采取有效的方式，达到事半功倍的效果。当然，除了通过自身的努力为保护近岸海域生态环境献出一份力，公众还可以呼吁并督促政府参与其中，提高环保意识。

第二，监督政府实施近岸海域生态环境管理权，向政府争取合法的近岸海域生态环境权益。公众只有全程参与并监督政府近岸海域生态环境治理工作，才能使其从公众需求出发，提高效率。而这是以法律保障为前提，只有这样，公众才能合法行使如知情权、监督权等相关的近岸海域生态环境管理权益。

第三，加强与海洋环保 NGO 的联系，凝聚坚实的社会力量。在近岸海域生态环境治理过程当中，个人发挥的作用微乎其微，很难行使自身的合法权益。但通过与海洋环保 NGO 进行联系，加强两者间的互动与交流，在该组织的帮助下弥补自身的认知缺陷。同时，通过个人的力量和努力，不断壮大社会力量，共同支持和配合海洋环保 NGO 的工作。

第四，落实绿色消费理念，改变涉海企业的生产方式和发展观念。在过去的生产中，受传统观念的影响以及现实条件的限制，数量众多的涉海企业采取的是粗放型的生产方式，不仅导致原材料的浪费，还可能造成近岸海域生态环境的污染。而利润和市场作为企业追求的目标，消费者是其服务群体。基于此，公众通过改善消费习惯的方式，倡导绿色消费行为，来促使企业发展观念和生产方式的转变，最终促进生产的绿色转型升级。

（二）海洋环保 NGO 的义务表现

近岸海域生态环境污染问题日益加剧，公众的海洋环保意识不断提升，但是，公民个人参与近岸海域生态环境治理政策制定的机会很少，参与力度及影响力也不大。而海洋环保 NGO 作为非营利组织，具有公益性，能够作为公众的代表参与到近岸海域生态环境治理当中，行使合法权益。公众通过合法的海洋环保 NGO 能够更好影响和参与政府的近岸海域生态环境治理决策，从而实现自己的利益表达。海洋环保 NGO 在近岸海域生态环境治理中所承担的义务主要有以下几个方面：

第一，宣传保护近岸海域生态环境的重要性，普及相关知识。海洋环保知识的宣传和普及是海洋环保 NGO 在近岸海域生态环境治理中最为人们熟知的作用。设立宣传专栏、举办专题讲座、召开学术会议、发行有关海洋环保知识的科普读物等都是可行的方法，在潜移默化中影响公众参与到近岸海域生态环境的保护行动中来。

第二，监督政府近岸海域生态环境治理行为，参与近岸海域生态环境保护相关决策。海洋环保 NGO 在近岸海域生态环境治理中作为公众代表，参与到政府制定和实施近岸海域生态环境治理政策当中，并对该过程进行监督。海洋环保 NGO 既可以监督政府近岸海域生态环境治理政策的透明度和近岸海域生态环境治理中政府责任的承担情况，还可以通过直接或间接行为参与或影响政府的近岸海域生态环境治理决策。

第三，通过与政府合作，引导企业绿色生产。海洋环保 NGO 可以将政府当作合作者，在消费者中普及绿色环保产品，向涉海企业倡导绿色化的生产行为，引导企业的生产选择。此外，在公众当中，海洋环保 NGO 也发挥着积极作用。其通过开展社会调查工作，发现人们对于海洋环保产品的需求偏好。与此同时，面向公众宣传海洋环保生态标志，推广海洋环保型产品，潜移默化当中使得公众对该类型的市场认可度提高。该行为也使得相关企业在日常的生产经营当中，提高保护近岸海域生态环境意识，并将海洋环保性生产植入自身的经营方式和生产结构当中，在实现经济利润的同时保护海洋生态环境。

第四，向其他主体提供近岸海域生态环境治理咨询服务。海洋环保

NGO 不仅应向社会公众提供近岸海域生态环境治理的咨询服务，还可以发挥自身具有的信息及技术优势，为公众、企业和政府答疑解惑，提供咨询服务，并在企业当中宣传与近岸海域生态环境治理有关的政策、法规等。在此过程当中，海洋环保 NGO 将会树立良好的社会形象，信誉度、知名度随之提高，为之后开展近岸海域生态环境保护治理工作奠定基础。

二　公众近岸海域生态环境治理参与不足

（一）公众参与"泛主体"化

治理主体存在权限模糊责任难划分、参与权定位难等问题。在参与治理的过程中，因为我国目前还没有完善的法律作为参考，因此群众表决缺乏科学性。只有完善的、可靠的治理规则，才能保证群众参与治理的有效性，才能明确各个参与主体的定位。避免"泛主体"化的公众参与机制，要实现公共治理的目标，所谓的公共治理，从宏观的意义上来看是社会群众、政府单位以及个人等为主体，以各主体共同的利益为基本目标，共同参与到公共事务管理当中。主要有以下几个特点：首先是参与主体比较多元化，也就是说在治理的过程中，参与的主体较多，不仅仅只是政府单位，同时也有社会组织、群众等主体。其次是主体具有依赖性的特征，在当代社会中，公共事务比较复杂，并且还呈现出多变性特点，因此传统单一的治理主体已经无法满足现代化公共事务处理的需求，主要是单一主体没有足够的能力与资源，要想组织的目标全面实现，那么各个主体的资源要进行整合。最后是具有利益共同性的特征，虽然治理主体比较多元化，但是他们的利益目标相同，在集体行动中以实现公共利益为价值目标。公共治理的形成必须有四个基本条件：一是合作治理中的各主体都是平等主体，彼此之间相互尊重，互相认同和信任；二是在治理的过程中，在决策方面需要各个治理主体共同参与商议而决定，在联合治理的过程中，需要以各个治理参与主体的综合意见为引导；三是合作的最终目的在于开展行动，只有在行动中才能实现共同的利益和价值目标；四是治理主体并非仅仅只是政府机构，也可以是社会的公共机构或者社会组织与个体以及他们之间的合作，这就强调各类型公众主体参与的必要性。

（二）参与方式与利益多元化冲突

企业与政府利益联结，双方关系存在边界和距离等一系列问题。海岸带环境污染未跨界时，治理主体间有三类关系至关重要：企业与政府、中央政府与地方政府、政府与公众。企业与政府是一对典型博弈对象，不论是海岸还是海洋，都属于公共资源，在维护海洋生态平衡方面，不仅需要政府机构的成本投入，同时也需要企业的投入，关于公共资源维护，特别是在修复近岸海域生态环境方面主要有以下两个特性：一是长期性，二是外部性。但是基于企业的视角来看，更看重短期收益，虽然有相关的制度限制了海洋排污，但是假设政府机构没有进行严格监督，企业就不会重视海洋保护制度，而政府单位也无法全面地掌握企业在排污方面是否采取了科学的手段，因为监督需要较高的成本，不仅需要安排行政人员付出成本，同时假设判断失误也会花费时间成本，政府单位也无法做到全程监督，因而导致"公地悲剧"。从促进"环境友好型"社会发展的层面上出发，在海洋生态环境不断恶化的情况下，针对海洋污染愈加严重这一问题，政府机构必须要加强监管，因此就会提高监督成本，所以政府是否管理干预、如何管理干预，以及企业是否排污、如何排污，这两者之间构成了陆源污染治理前的博弈。二元治理主体不可能全面实现最优的彼此监督制约，比如在陆源污染治理领域还没有相关的政策制度，因为两者都有一定的不足，因此不能相互补充。在污染治理的过程当中，假设企业没有政府单位的引导与鼓励，就很难遵守近岸海域生态环境维护制度，那么也不会主动地维护海洋生态环境，在社会中政府机构是主导地位，一方面要重视短期利益，另一方面也要注重长期利益。例如社会与环境利益，如果企业受到政府的激励，那么企业在追求自身利益的同时也会积极参与到污染治理当中，所以说政府机构通过宏观调控能够更好地应对污染治理工作。

政府与公众之间存在的利益冲突包括：一是由于政府思想不到位、经济利益趋势和治理不合理等原因造成腐败，对海岸带生态环境造成破坏或未达到应有治理效果，对公众造成利益损失；二是公众生态环境保护意识薄弱，没有意识到保护海洋生态平衡的重要性，也没有主动参与到排污违规监督治理中，在利益驱使下不配合或阻碍政府的海岸带生态环境保护工作；三是公众在参与海岸带生态环境治理工作中的地位缺失严重，不利于海岸带生态环境公共治理的推进。

（三）参与缺乏多重手段

近岸海域生态环境陆海统筹治理是目前最主要的统筹治理问题，首先政府单位要起到牵头作用，然后联合多个部门，将利益群体组织在一起落实相关的政策，积极采取科学的方式来防治陆源污染。陆源污染防治问题通常情况下需要政府机构解决，通过政府行政手段，快捷高效，但若单一依赖于这种方式会凸显过度依赖行政手段所导致的问题。首先，行政手段往往只会转移污染，不会减少污染物排放；其次，如果一味地依靠政府单位实施行政手段，将会直接加大政府的负担，使政府发挥更多的职能；最后，是在控制污染物排放方面，末端行政控制手段并不一定完全适用，甚至还可能会增加污染防治成本。在进行陆源污染防治的过程中，不仅需要政府机构出台相关的政策制度，同时相应的法律制度也要加以完善，社会群众也要积极参与到污染防治工作中。人类陆地活动在一定程度上也会破坏近岸海域环境，所以加大了目前环保的难度，基于此需要各个领域以及各个部门共同参与治理。因此，首先要进行预防，加大监管力度，建立综合性陆源污染防治模式，才能更高效地做好陆源与海洋污染防治工作。

三　社会各主体海洋环保意识不全

（一）陆海系统意识分离

海洋国土观念不强，乱开发、乱占用的现象普遍存在。一直以来，重陆轻海的思想束缚了人们对海洋经济发展的重视，认为海洋经济仅是陆域经济向海洋不同程度的延伸，多重视海洋对陆域经济的贡献能力而忽视由于陆域开发给海洋带来的各种负面影响，甚至认为海洋只是作为陆域经济发展的附属，只是作为陆域经济发展的资源库或者垃圾场。海洋经济的发展也只是单纯的独立发展，海洋自身优势不能充分发挥。重陆轻海思想严重，国民海洋意识薄弱，亟待破除狭隘的思想意识束缚，实现陆海综合利用。海洋意识是指人们对海洋在人类社会发展中的作用、地位和价值的认知。一个国家海洋意识的强弱决定了它推进海洋事业发展的伦理倾向与内在动力，也决定了将海洋这个要素统合进关乎国家、区域发展大计的概率。海洋意识的缺失与薄弱导致决策者头脑中缺乏对海洋的印象，将海洋置于考虑范畴以外，在这种意识形态下实现海陆统筹发展只能成为空谈。思维层面强烈的土地观念、大陆观念与薄弱、淡漠的海洋意识导致在实际工作中倾向于将问题直接投射到陆域区域进行求解，在很多问题上的处理出现海陆割裂与遗失海洋的现象，思维层面的海陆互不衔接是导致客观实际上"海陆二元化"现象的诱因之一。所以说建立符合当今世界发展潮流和中华民族利益的海洋价值观，提高和增强全民族自上而下的海洋意识，将"重陆轻海"思维定式向"海陆并重"逐渐扭转。

（二）企业环境责任意识不强

企业在生产经营过程中有遵守和维护环境与资源保护法律秩序、服从政府环境资源管理、治理污染的义务，对环境造成污染的，必须承担治理环境破坏、赔偿环境损害损失的责任，这既体现了权利义务对等的原则，也是环境污染成本内部化的一种方式。但综观陆源污染防治中企业环境责任，对海洋生态环境更多的是利用而不是保护，所以，在企业环境责任设计中存在着先天不足。虽然造成陆源污染的主体很多，但企业（特别是生产经营性企业）在生产经营中的排污绝对不容忽视，因为"企业最大目的是使利润最大化，若不能使利润最大化，也必须使'效用'最大化"。他们的目标与环境保护目标存在一定的差异。对陆源污染物的排放主体而言，最大贡献者是企业，但对企业在近岸海域生态环境保护中的规制过于依赖于污染物排放标准、限制治理、排污口设置、环保设施的运行等诸多依赖于技术发展的多项制度的配合，这些制度从根本上说都是末端监管类的制度，对于广袤的近岸海域生态环境保护尤为不足，特别是陆域企业对近岸海域生态环境的责任就显得更为乏力。因而要真正驱动各类企业防治污染，增强防污处理意识，既要有制约机制予以促进，又要有激励机制予以推动。加大对排污企业的处罚力度，加大对政府部门的责任追究，从而提高企业的环境责任意识，降低排污企业的排污概率。

（三）陆海风控意识薄弱

随着城镇化率越来越高，工业越来越发达，区域性污染问题越来越严重，因此也提高了环境风险，水质污染问题频发。浙江省近岸海域有严重的富营养化问题，主要集中在杭州湾海域。在浙江省的沿海省市中，近岸海域富营养化问题分别出现在宁波、舟山群岛、台州等地。富营养化问题最为突出的是杭州湾，其次是乐清湾、象山港等地。浙江省近岸海域沉积物比例达到 86.9% 与 13.1% 的分别为第一类与第二类，主要超标的物质是铜，质量级别相对较好。浙江省近岸海域浮游植物与浮游生物以及底栖生物的生境质量等级分别为：一般、一般、差。浙江省在 2014 年全年近岸海域发生的赤潮有七次，总面积达到了 1720 平方公里，主要发生地集中在温州海域。赤潮类型主要有以下两种：一是复合型赤潮，二是单相型赤潮。在 2020 年的第三季度，我国生态环境相关部门针对浙江省进行了督察，受到了大量的群众反馈，台州椒江流域周围的工业园地下水受到了严重的污染，与此同时造船企业有着严重的违法排污问题，导致生态环境遭受严重破坏。因此引起了督察组的强烈关注，并进行了调查，根据其调查发现台州市在生态环境保护方面的工作落实不到位，因而导致椒江近岸海域存在严重的污染问题。椒江是浙江省重要的水系，流域面积与长度分别为 5771 平方公里与 206 公里。椒江河口是浙江省最有代表性的强潮河口，年均总径流量达到了 67.4 平方米。通过分析台州市近岸海域生态环境公报可以看出，在 2015 年度之后，椒江近岸海域水质较差，导致这一问题的原因如下：一是企业过度排污；二是有严重的环境污染风险问题；三是企业不遵守我国法律制度违规排污导致陆源污染。社会公众的环境风险防控意识薄弱容易忽略周边安全隐患。

四　近岸海域生态环境治理公共服务建设不健全

（一）基础设施

在基础设施方面，浙江是海洋大省，基础设施相对完善，建有全国最大的原油码头大榭港区实华二期 45 万吨原油码头，可靠泊全球最大集装箱船的北仑四期集装箱码头，以及梅山集装箱码头 1—5 号泊位、六横凉潭矿石中转码头等一批码头项目。宁波舟山港筻峏门 15 万吨级航道、东霍山锚地等一批公共航道锚地工程。建成了象山港大桥、温州大门大桥、北仑穿山疏港公路等一批重大沿海港口集疏远道路工程。但是，海洋港口建设与发展存在一定问题。目前，浙江沿海港口的综合规划、建设和运行不足，建设重复、竞争同质、资源配置效率不凸显；现代化服务水平不高，港口和航运服务、海洋信息产业、港口航运技术升发、港口航运管理的教育和培训需要加强；高端产业发展缓慢，新兴海洋产业发展基础仍然薄弱，技术储备不足，成果转化能力不强。基础设施的完善程度是决定陆海经济一体化程度的关键因素，尤其是港口、海岸线地区道路交通系统、跨海大桥等。整个陆海经济体系中，港口扮演关键角色，港口产业链作为基础能够大力发展港口服务业及工业。基础设施不断完善才能有力地开发海岛资源。

（二）交通基础

浙江省交通设施相对而言比较完善，港口航运也有良好的基础，在最近的几年中得到了良好的发展，与此同时也出现了港口海运的衍生行业，产业集群也逐渐显现。但是由于一味地依赖规模扩张的形式促进粗放型发展模式，因此没有较高的附加值。海运价值链中高端产业在我国长三角地区与浙江省发展不成熟，因而导致浙江省港口海运业没有形成完善的供应链，虽然其中有一些发展良好，但是在国际竞争环境中仍然没有优势。除此之外，在班轮企业与船舶大型化形成航运联盟的背景下，在谈判的过程中，我国港口处于弱势；在跨国航运集团逐渐垄断我国港口运输的情况下，境外资本回流会导致地方港口海运业出现资金链断裂的风险。在国际航运行业出现白热化竞争态势的时代背景下，浙江省航运产业虽然面临了新的挑战，但是其中也潜藏着发展机会。基于此，浙江省港航产业在发展的过程中必须要重视品牌化与规模化，才能不断增强其在国际港航产业中的竞争优势。

（三）科技创新基础

在科技创新基础方面，近岸海域生态环境陆海统筹治理长期没有新的突破点，导致这一问题的主要原因如下：在一定程度上受社会经济发展水平与国家政治立场的影响，同时也受科技水平的影响，但是最主要的原因是基本信息不完善。从海陆生态环境统筹治理监测、认识与防治方面发展的角度出发，不论是海洋生态学、环境科学，还是大气动力与生态毒理学等，在为陆源污染防治过程中提供了一定的支持；随着科技不断发展，就会呈现出更多新的陆源污染问题，从这个角度来看，由于科技应用在环境治理方面具有一定的滞后性，一方面增加了危害来临时使用一系列手段控制环境破坏的难度；另一方面增加了认识科技应用的环境负效应难度，无法实现使用某一对环境有害的科学时对此控制。

五　社会力量在近岸海域生态环境治理缺位

（一）近岸海域生态环境社会自治缺失

公共资源服务于公众，其自发性对资源进行管理可能会比现存的市场治理和政府管理更有效。但是，一个良好自主治理机制的运转绝非纸上谈兵，其成功与否与所处的制度环境紧密相连。多年来，中国海洋生态治理以沿海地区为重点，按区域划分实行地方政府的行政管理，形成了以行政手段治理为主的制度。按理说，地方政府本应对此自主治理制度给予更多的认同。但是，实际上并没有迹象表明地方政府有推动自主治理举措。地方政府未对海洋生态的自主治理给予认可的原因是多方面的，但主要原因源自地方经济增长、维稳及公民环保素质三个方面。首先，地方政府"先污染后治理"的经济发展思路导致地方政府会阻碍海洋生态自主治理实践。其次，社会稳定是政策有效实施的前提条件，也是中央考察地方官员政绩的重要指标，而海洋生态自主治理主要依靠公众。然而公众行为的不可预测性增加了地方政府管控与维稳的难度。最后，公民对于环保概念认识不深，大部分公众的环保半径较短，只在自己生活的范围内重视近岸海域生态环境保护问题，对超出其生活范围的地区的海洋生态环境的关注就更少了。

（二）近岸海域生态环境治理社会资本不足

社会资本属于非正式制度的范畴，与正式制度互为补充，缺一不可。社会资本包括信任、社会道德水平、公民环保意识等内容，是构建海洋生态社会保护机制的重要内容。作为海洋生态损害的主要来源，陆源污染主要源自生活和工业排放。这两个领域的排放与社会资本紧密相连。在社会资本丰富的国家或地区，公众拥有更强的守法意识和更高的道德水平，海洋生态损害行为鲜有发生。在中国相关法律规章制度不断出台的背景下，海洋生态损害行为仍然相当密集。这固然与法律法规执行不力有关，但也取决于社会道德水平、公民守法精神、信任等非正式制度。

社会成员之间的普遍信任是社会资本的关键构建，它决定了海洋生态破坏的受害者在对抗生态破坏行为时是否能团结起来更有信心去解决面对。在我国，海洋治理的工作中，只有政府主力军，较少有公众和媒体的力量。其主要原因在于公众生活圈的日益扩大，新的具有凝聚功能的组织模式产生之前，大环境下，公众间信任度较低，导致其难以形成强大的横向力量。横向联合力量的缺失又导致了信任的缺失，如此反复，恶性循环。

（三）近岸海域生态环境治理社会组织力量薄弱

制度环境应允许和鼓励致力于海洋生态环境保护社会组织的发展。社会组织中的自发社团突破了所谓的家庭主义，因其自发的性质，能在社团中形成较好的信任感和凝聚力，无论你来自哪里，人与人之间都会存在信任感。从市场角度来看，自发社团还能发挥其社会和经济功能。具有自发性的中间组织更具有市场的优越性。一旦中间组织的自发性得不到发挥，国家对中间组织管理的缺失将导致其权威的丧失，也可能会导致其权力的扩张与滥用。也就是说，市场需要社会自治，如果没有社会自治，政府将难以发挥作用进行控制。社会的开放和多元在中国改革开放和经济发展中日趋明显，正因为多元化的存在使得某些领域的社会问题进一步凸显出来，恰恰是这些比较活跃的社会组织对问题的处理起到了关键性的作用。开发海洋活动的增加，引起了社会组织的高度关注。部分强大的海洋环保组织在国际问题上很有影响力，某种程度上能够对政府海洋资源开发的相关活动进行干预影响。据调查，中国的社会组织中约有 2000 多家的社会环保组织，但非政府的社会组织在某些方面与国外相比还相差甚远，国内体制及自身力量的薄弱都导致了难以形成一个完全服务于大众的非政府的社会组织。

第八章

海洋生态环境陆海统筹治理模式及体制借鉴

在中国海洋环境保护和损害治理的过程中，"陆海分治"这一治理思路长期贯穿于近岸海域生态环境的治理实践当中，这也是中国近岸海域生态环境长期得不到有效治理的根源。摒弃"陆海分治"，坚持"陆海统筹"是实现中国近岸海域生态环境有效治理的关键。党的十八届三中全会指出"建设陆海统筹的生态系统保护修复区域联动机制"，即要求立足生态系统完整性，打破陆地和海洋界限，打破行业和生态系统要素界限，实行要素综合、职能综合和手段综合，建立与生态系统完整性相适应的近岸海域生态环境保护管理体制。在实践层面，为从体制上解决陆海分割的问题，中央对相关机构进行了整合，成立生态环境部来统一行使生态环境保护、监督、反馈等职责。然而，在实际的运作中，尚存在诸多问题，基于陆海统筹的近岸海域生态环境治理体制尚未真正建立起来，对于如何构建起具有符合中国国情的近岸海域生态环境治理体制需要进一步进行探索思考。中国当前所面临的近岸海域环境问题往往也是国外部分发达国家面临过的问题，"陆海分治"问题在部分发达国家海洋环境治理中也长期存在过，因此，通过对这部分国家海洋环境治理的体制进行分析和总结能够为当前中国进一步完善近岸海域环境的陆海统筹治理提供启示。

第一节 海洋生态环境陆海统筹治理的国外实践

一 波罗的海地区的海洋环境治理

（一）波罗的海地区的基本情况

波罗的海是欧洲北部的半封闭海，沿岸包括瑞典、俄罗斯、德国和丹麦等国。这些国家在社会经济条件（如收入水平）、政治制度、历史发展和文化遗产方面存在很大差异。与欧洲其他区域的海水深度相比（平均52米，最大459米）相比，波罗的海海水平均深度较浅。波罗的海、带状海和卡特加特海的表面积为415000平方公里，总水量约20000平方公里，是世界上最大的微咸水体之一。波罗的海生态系统包含的物种相对较少，而且从地质学角度来看，海洋相当年轻（有13000—13500年的历史，目前的海洋咸水状态发生在8000—10000年前），因此很少有地方性物种。

波罗的海流域面积是波罗的海本身的四倍，大约有8500万人生活在波罗的海流域。瑞典（25.3%）和俄罗斯（19%）是流域面积最大的国家，除边缘国家外，还包括挪威、白俄罗斯、乌克兰、捷克共和国和斯洛伐克（部分）。流入波罗的海的咸水每隔5—10年不规则地从北海通过丹麦海峡流入，而淡水则从欧洲的几条河流以及雨雪中源源不断地流入。由于水的交换相对缓慢，波罗的海很容易受到污染和不同类型的环境退化。因此，尽管作出了种种努力，该地区仍然被认为是世界上污染最严重的海洋地区之一。

水体富营养化、渔业过度捕捞、化学污染、生物入侵以及来自海洋交通的污染是波罗的海生态系统稳定最重要的威胁因素。第一，富营养化可以简单地概括为营养物富集，是海洋环境的主要威胁之一。它是由人类活动造成的，通过空气排放的沉积和点源、弥散源的排放，营养物进入水中。富营养化会造成诸如缺氧（死海床）和过度藻华等有害影响。第二，过度捕捞是对整个波罗的海生态系统的另一个主要威胁。波罗的海捕鱼带来的压力影响着生态系统的不同部分，而不仅仅是目标鱼类种群。捕获物和顶级掠食者的消失是紧迫的问题。尽管渔业部门非常依赖科学，并且已经开始努力实现可持续渔业，但由于过度捕捞，大多数商业鱼类数量已经下降。第三，有许多危险物质从各种各样的来源进入波罗的海。所谓的混合效应（即大量污染物质的联合毒性）在很大程度上是未知的，新的化学物质很快就被引入。虽然有众多国家、区域和国际倡议旨在减少海洋环境中的有毒物质，波罗的海仍然被认为是全世界有毒物质污染最严重的地区之一。第四，侵入性外来物种可能会改变当地、区域甚至更高尺度的海洋生态系统。第五，海洋运输的石油污染有两个来源，意外的石油泄漏和故意的污染。大量的石油泄漏会对生态系统造成负面影响，并损害经济利益。故意的石油泄漏很难评估，它们的长期后果在很大程度上是未知的。

（二）波罗的海地区海洋治理架构

波罗的海地区的传统治理有一个垂直的多级治理模式，其中存在四个不同的层次：全球机构、欧盟机构、国家和地方政府合作（见表8-1）。

表8-1　　　　　　　　波罗的海地区传统的多级治理架构

层级	主体
全球	超国家组织；全球环境基金
欧盟	委员会；欧盟资助计划
国家	政府间合作：NCoM、CBSS、BSPC、BCoM
地方	地方合作组织；波罗的海城市联盟

1. 波罗的海地区海洋环境治理的政府间合作

在很长一段时间内，波罗的海地区国家在政治和经济上存在较大的差异。尽管如此，以环境为目的的国际政策制度化早在30多年前就开始推进。1974年，七个波罗的海沿岸国签署了波罗的海保护公约——《波罗的海公约》，这是第一个以治理整个海域污染源作为目标的公约，在该公约签署的同时还产生了赫尔辛基委员会，也称为波罗的海海洋环境保护委员会。该公约的特点是参与国之间的政府间合作，该政府间合作的主要参与者是波罗的海沿岸国家的政府。同时，非政府组织和一国内部不同地区政府不直接参与决策，但它们具有监督权。当1990年地缘政治框架发生重大变化时，波罗的海海域治理得到了重点关注。政治变革之后，新生的爱沙尼亚、拉脱维亚和立陶宛参与到了波罗的海地区事务决策中。此时，瑞典和波兰总理邀请波罗的海周边所有国家参加会议，以支持和扩大该地区的合作。该会议的一项重要成就是改进和拓展了《波罗的海公约》。1992年，波罗的海沿岸所有国家签署了一项名为《波罗的海海洋环境保护公约》的新公约。《波罗的海海洋环境保护公约》涵盖整个波罗的海地区，包括内陆水域、海水以及海床，并且还在波罗的海的整个集水区采取相应措施以减少陆源污染，该公约极大地拓展了波罗的海区域的环境治理体系。

1990年后，波罗的海环境治理的政府间结构形成，现在有三套政府议会合作机制：第一，北欧部长理事会和北欧理事会。北欧国家的内部政治和对外合作长期稳定发展。北欧理事会最早出现于 1952 年。理事会的作用是充当北欧政府的咨询机构。北欧部长理事会成立于 1971 年，是北欧各国政府之间的对等合作机构。第二，波罗的海国家理事会（CBSS）和波罗的海议会会议（BSPC）。CBSS 是 1992 年在哥本哈根由该地区的外交部部长们建立的。CBSS 是区域政府间合作的全面政治论坛。理事会的成员是波罗的海地区的 11 个国家以及欧洲委员会。BSPC 成立于1991 年，是波罗的海区域议员之间进行政治对话的论坛。BSPC 联合了波罗的海周边 11 个国家议会、11 个地区议会和 5 个议会组织的议员。因此，BSPC 搭建了一条连接波罗的海地区所有欧盟和非欧盟国家之间的议会桥梁。第三，波罗的海部长理事会和波罗的海大会。波罗的海大会是一个国际组织，旨在促进爱沙尼亚、拉脱维亚和立陶宛共和国议会之间的合作。它试图就包括经济、政治和环境问题在内的国际问题找到共同立场。在波罗的海大会活动运作的前几年，该组织意识到有必要在它和波罗的海各国政府之间建立更密切的联系，并有一套具体的程序来确保三国的立法机构和行政机构之间的定期接触。结果，爱沙尼亚共和国、拉脱维亚共和国和立陶宛共和国于 1994 年签署了一项关于波罗的海议会和政府合作的协定。该协定规定了波罗的海大会和波罗的海部长理事会的责任。

这三种政策合作构成了波罗的海政府间合作的支柱。当然，这些组织不仅仅关注环境问题，环境保护也是它们的核心议题之一。

2. 波罗的海地区的环境治理：超国家、欧盟和地区

波罗的海地区治理的另一个重大变化与欧盟的扩大相关。36 年前第一次签订波罗的海保护公约时，波罗的海是由国家主导的地区，大部分国家都不在欧盟之内，只有丹麦和西德是欧盟成员国。20 年后，政治形势发生了翻天覆地的变化。

2004 年，欧盟经历了迄今为止最大的一次扩大，不仅对整个欧盟，而且对波罗的海地区也产生了重大影响。自波罗的海三国和波兰加入欧盟以来，波罗的海几乎完全被欧盟国家包围，9 个沿海国家中有 8 个是欧盟成员国。这种扩张导致了波罗的海地区的欧洲化。自此，波罗的海地区的治理受到了欧盟的强烈影响。欧盟还通过资助或参与赫尔辛基委员会等相关行动者的决策过程，为波罗的海地区环境政策的制定做出贡献。唯一剩下的非欧盟地区是俄罗斯圣彼得堡市区和加里宁格勒州飞地。目前，俄罗斯是赫尔辛基委员会、波罗的海国家理事会和该地区其

他一些政府间机构的正式成员，并不属于欧盟成员国。要实现波罗的海地区海洋环境的有效治理不仅要依赖于欧盟内部的合作机制，还需要针对俄罗斯的特殊安排。

地方政府也开始合作，努力保护波罗的海的自然环境，这也促成了波罗的海地区环境政策的转变。这种合作与国家间的政府合作无关，只是由地方政府组成。随着国家指导能力的日益限制，市政当局的行动范围也在扩大。这使城镇和城市有机会进入欧洲和国际政治舞台，并成为全球参与者。此外，他们的参与经常得到国际和超国家机构的积极支持，如欧洲委员会。在波罗的海沿岸城市之间的合作中，最为著名的是波罗的海城市联盟，这是一个自愿、主动的网络，动员100多个成员国城市的共同潜力，促进波罗的海地区的民主、经济、社会、文化和环境可持续发展。波罗的海城市联盟在波罗的海周围的9个沿海国家和挪威都有成员。

在波罗的海地区还有更多地方合作的例子。例如，国家级以下区域当局的政治网络是波罗的海国家次区域合作（BSSSC）。该网络的建立是为了改善波罗的海地区的合作，代表次区域对国家、欧洲和国际组织的利益。100多个次区域（县、联邦、州等）定期参加 BSSSC 年会。波罗的海大都市网络是波罗的海沿岸各国首都和大城市合作的又一个论坛。它汇集了11个成员城市进行联合工作。该网络的主要目标是通过与城市、学术和商业伙伴进行密切合作，促进波罗的海地区的创新和竞争力。可持续发展是网络行动计划的主要目标之一。

这些经验案例是"无国家治理"模式下地方治理的成功范例。政府间一级的合作似乎不再是环境政策有效实施的唯一途径。波罗的海地区管理中的地方合作弱化了国家在区域治理中的关键作用，但并没有取代，波罗的海地区的治理结构依赖于国家的权威。首先，国家构成并行使最高层次的政治权威。其次，国家提供了具有法律约束力的国际条约网络，为地方参与者以及其他参与者提供了基本框架。然而，波罗的海城市联盟或波罗的海国家次区域合作等机构有可能设立与国家无关的机构，并参与政策制定和在决策过程中发挥作用。这种合作是城镇进入其他不同政治层面（如欧盟或国际政治舞台）的最佳机会。

波罗的海地区也受到全球变化和全球环境治理的影响。在行政方面的最高级别是超国家级别。很明显，波罗的海地区的治理受到全球公认的条约或其他文书的影响。这主要是因为欧盟现在非常积极地参与全球环境治理，而波罗的海地区国家又是欧盟成员国。值得一提的是，一些国际机构和国际金融机构正在积极参与到波罗的海地区的治理当中。例如，GRID-Arendal 是联合国环境规划署（UNEP）的一个官方合作中心，目的在于为决策提供信息支持，该中心设在挪威。全球环境基金为东欧和波罗的海国家的环境项目提供资金。

总而言之，我们可以观察波罗的海地区中不断变化的治理架构。最初，波罗的海的治理是以沿海国家政府为基础的。一些全球组织也参与到波罗的海地区的环境治理体系中。但事实上，最重大的变化发生在2004 年 3 个波罗的海沿岸国家和波兰加入欧盟之后，地方合作作为环境治理的另一个层面逐渐形成，即地方政府组成的合作网络逐渐参与到区域内的环境政策领域。

（三）波罗的海地区环境治理中的非政府主体

近年来，在全球和区域环境治理中出现了许多非政府主体。非政府组织，也被称为"非营利""非国家"或"公民社会"组织，长期以来在不同的社会中充当娱乐和教育活动的提供者，但在过去的几十年里，它们的重要性不断增加。当前面临的环境挑战和公众意识的提高导致非政府组织如雨后春笋般出现。在过去的几十年里，环保非政府组织和研究机构之间的合作越来越多，其结果是，产生了一些功能强大的网络，使得公民能够直接参与环境问题的解决和公共事务。在国家政府或国际合作未能对环境问题做出或有效回应的情况下，地方各级政府的主体能够介入填补这一空白。环境变化和意识的提高对传统政府体制结构应对这些变化和公共压力的能力提出了挑战。显然，国家的能力已不足以独自应对许多环境问题和促进可持续发展。从制度层面看，传统的纵向多级治理被一个新的横向治理维度所补充。在国际层面，从全球组织到政府间组织和国家组织，不同的主体参与到不同的治理层级。

民间社会主体或非政府组织不同于私人主体，前者是环保团体或科学网络，后者只是私人主体，如商业协会。目前正在出现的现象是后者的数量不断增多。私营企业意识到，企业的未来取决于环境的未来。在著名的非政府组织世界自然基金会（WWF）网站上，我们可以找到宜家公司投资 150 万欧元在东欧和波罗的海国家推广可持续林业以确保长期木材供应的例子。再如可口可乐公司已承诺在全球范围内消除其水足迹。有很多例子显示，私营机构对自然保护的意识正在提高。如上所述，私人参与者在环境保护上的作用表现为可持续的私人投资或公司内部政策。更重要的是，私人参与者的参与在环境跨国组织中往往已经被制度化。这些私人行为者对世界或地区政治的影响发生了变化，他们在国际体系中变得更加重要，并开始参与到规则的制定中。

此外，由于对跨国环境政策制定的不满，越来越多的人关注工业在发展自己的治理制度或与民间社会参与者合作的治理制度中所发挥的作用。这些私营或公私合营的治理制度通常围绕自愿生态标签或认证过程而建立，在林业和化学品部门尤为普遍①，但更常见的是它们出现在其他部门，包括渔业或其他商品部门（如棕榈油、咖啡等）。最突出的例子是森林管理委员会，该组织由私营公司成立。

总而言之，当前的现象是越来越多的公民社会和私人主体参与到环境治理中。国家间的合作已经不再能够满足环境治理的要求，在高效的环境治理体系中，必须囊括众多不同的参与主体。

正如前面所提到的，稳定、可信和具有适应性的全球环境治理需要各国政府、地方政府以及越来越多的非国家主体的接受和参与。显然，同样的情况也适用于波罗的海区域环境治理，波罗的海地区也正展现出同样的趋势。

波罗的海地区的可持续发展只能通过国家治理和超越国家的新治理模式相结合来保证。随着社会经济的不断发展，民间社会和地方政府对波罗的海环境现状的认识不断提高，推动了波罗的海环境政策和管理的倡议和转变。1990 年后，政府间合作得到了来自政府、商业协会、非政府组织和学术界的更多参与者的补充。值得注意的是，公众意识的提高促进了《关于获取信息、公众参与决策和在环境问题上获得公正的奥胡斯公约》在联合国欧洲经济委员会（UNECE）框架内制定并于 1998 年通过。该公约的起源可以追溯到 1992 年，即《里约宣言》（*Rio Declaration*）起草的那一年。在第 10 条中，宣言指出："环境问题最好在相关级别的所有相关公民的参与下进行处理。"与此同时，奥胡斯公约特别关注非政府组织，并支持这些行动者参与规划活动和一般的环境管理。

---

① O'Neill, K., *The Environment and International Relations*, Cambridge: Cambridge University Press, 2009.

在这一时期，政府、非政府和地方行动主体开始在国际政策网络中发挥类似的作用，参与决策和政策执行。由于新的行动者群体出现以及这些群体参与到政府间组织，该地区的治理模式已经发生了变化。政府和非政府行动者之间合作的一个例子是波罗的海21世纪公约或赫尔辛基公约委员会。波罗的海21世纪的基础是政府和非政府行动主体的密切合作，以此提高委员会决定的正当性和遵守性。赫尔辛基公约委员会对其内部体系进行了微调，非政府行动主体至少获得了有限的机会进入这些传统的国际治理形式。除了政府和非政府之间的合作，非政府组织之间的合作同样活跃。非政府组织之间最著名的伙伴关系是清洁波罗的海联盟（CCB）。1990年，来自波罗的海沿岸国家的非政府环境组织联合起来成立了CCB，以便在有关波罗的海的活动中进行合作。目前，CCB拥有芬兰、俄罗斯、德国、丹麦、乌克兰和瑞典等27个成员组织。CCB在波罗的海沿岸的所有国家共有50多万会员。CCB的主要目标是促进波罗的海环境和自然资源的保护和改善。

另一个典型是波罗的海论坛，它是一个非政府、非营利性组织，旨在支持波罗的海地区的经济、政治和文化合作。波罗的海论坛拥有来自波罗的海区域和中欧所有活动领域的成员、代表和伙伴的扩大网络。论坛目标包括政治磋商，提供一个独立的平台和网络，促进波罗的海地区交流经验、意见和想法等。波罗的海旅游委员会就是公私合作的一个例子。这个非营利性组织由波罗的海周边国家创建，旨在促进波罗的海地区内部和旅游的自然和可持续发展。这些组织在某种程度上有一种权力，它们可以通过游说进行工作，通过信息、环境教育及其他活动，提高市民的环保意识。波罗的海地区的新治理模式意味着传统的超国家、欧盟、国家和地方层面的纵向多级治理模式被一个新的横向维度所补充，包括公民社会、私人或公私行动主体（包括公民社会组织、企业代表等）。这种联合治理是对政府间合作，特别是对国家政府间合作治理的完善。

二　澳大利亚的海洋环境治理

（一）澳大利亚海岸带环境治理的背景

澳大利亚四面环海，拥有36735公里长的海岸线，是全世界海岸线最长的国家。澳大利亚面积768多万平方公里，人口仅2000多万，虽然经济发达，但相对于美国、日本等国家来说，澳大利亚在生态压力上要小很多。不过，澳大利亚也面临着自己的问题。因为澳大利亚和新西兰历史上长期与其他大陆隔绝，其生态系统非常独特，拥有很多独特的物种。随着欧洲人的移居，也带来了很多全新的物种，破坏了原有的生态系统，致使大量物种灭绝，剩下的独特物种不少也处于濒危状态。另外，澳大利亚部分海洋环境非常脆弱，容易受到人类活动的影响。比如著名的澳大利亚大堡礁①，因为全球变暖和人类倾倒泥沙、过度旅游开发等问题，造成了大量珊瑚死亡。甚至有科学家预言，大堡礁将于 2050 年彻底消失。

为了维持优美的自然环境，保护丰富的物种多样性，保持蓝色海湾的健康发展，澳大利亚也投入了大量精力进行海洋环境保护。澳大利亚的海洋环境保护有一些自身的特点，首先是澳大利亚以保护为主。这主要是因为澳大利亚海洋环境的污染程度并没有像美国、日本等老牌发达国家如此严重，其漫长的海岸线以及地广人稀的特点也稀释了海洋污染。因此，澳大利亚主要精力在于保持既有的生态环境和生物多样性。另外，澳大利亚在海洋环境保护方面广泛地采取了保护区的做法，通过设立大量的海洋公园、水保护区等方式对特定水域进行环境保护。澳大利亚拥有大量的国家公园，约有 225 个。其中，新南威尔士州作为澳大利亚的核心地区，拥有悉尼、堪培拉等主要城市，创造性地建立了海洋公园制度，来对特定的海域进行环境保护，有非常值得借鉴的地方。

（二）澳大利亚海岸带综合管理的实践

1. 构建海岸带保护区网络体系

澳大利亚政府秉持生态保护理念进行政策制定、规划管理。澳大利亚在海岸带陆域上建立了一批保护区，在海域上建立海洋保护区，建立了全国性的保护区系统，实行严格的保护管理。联邦政府于 20 世纪末启动海洋保护区系统网络计划，目标是建立从点到线、线到面的海洋保护区网络体系，保持各个保护区之间的连通性。海洋保护区内实行严格的用途管制，破坏环境的行为会被严惩，渔业等活动被全面禁止，让海域成为海洋生物安全栖息之地②。2002 年，维多利亚州将"禁止进入"的海洋保护区

---

① Tingting S., Jing X., "Integrated Coastal Zone Management: A Workable Way to Address Coastal and Ocean Problems", in *Proceedings of the* 2019 *4th International Conference on Modern Management*, Amsterdam: Atlantis Press, 2019, pp. 371-376.

② 黄惠冰、胡业翠、张宇龙等：《澳大利亚海岸带综合管理及其对中国的借鉴》，《海洋开发与管理》2021 年第 1 期。

增加了 100 倍，覆盖了 5% 以上的沿海水域，形成并完善了高标准的海洋保护区网络体系①。

2. 重视海岸带法制建设

澳大利亚于 1979 年颁布的《海岸和解书》规定州内的内水和 3 海里内的沿海水域由州和领地管辖，3 海里以外的领海和专属经济区由联邦管辖，州和领地可以在自身的管辖范围内制定法律，即联邦政府负责外交、国防、移民、海关等海岸带事务的法律制定，除此之外由州和地方政府规定，明确了联邦、州和领地的海岸带管辖范围，并赋予了州和领地较大的自主权。

1992 年澳大利亚联邦政府颁布《国家生态可持续发展战略》，确立了"生态可持续"发展原则，为后续海岸带和海洋法律政策的制定奠定基础。1998 年联邦政府颁布《澳大利亚海洋政策》，涉及养护海洋生物多样性、航运、海洋污染、渔业和海事执法等 20 余个领域。目前，澳大利亚已建立了较为健全的海岸带和海洋法律体系，约有 600 余部有关法律，使海岸带管理有法可依。习惯法上承认国际海洋法的许多条款，并履行《联合国海洋法公约》。

在法律制定中，联邦政府高度重视对海岸带生物多样性的保护，在海岸带生态环境保护领域进行专门立法，保护物种的栖息地。如在《环境与生物多样性保护案》和《环境与生物多样性保护规则》中明确规定了为减少生物面临的威胁所要采取的措施，支持物种恢复直到其可以从该法案受威胁物种名录中删去。

3. 建立海岸带管理和研究机构

在海岸带管理机构方面，1998 年的《澳大利亚海洋政策》决定，联邦环境、渔业等部门部长组成国家海洋部长级委员会，其主要任务是监督区域的海岸带综合管理政策措施执行情况，海洋管理委员会、国家海洋咨询小组都要对其负责，但国家海洋部长级委员会于 2005 年解体，海岸带以及海洋事务归并到自然资源部长委员会，该委员会由工业、科学和资源部，农业、渔业和林业部，环境部，Murray-Darling 盆地水资源委员会 4

---

① Wescott G., "The Long and Winding Road: The Development of a Comprehensive, Adequate and Representative System of Highly Protected Marine Protected Areas in Victoria, Australia", *Ocean & Coastal Management*, Vol. 49, No. 12, 2006, pp. 905-922.

个部门组成，形成了澳大利亚自然资源的管理体系，将海岸带和海洋事务归并到自然资源部长委员会，能够有效协调与海岸带有关部门之间的冲突矛盾，有利于海岸带的统筹管理。2006年，自然资源管理部长委员会发布《海岸带综合管理国家协作途径—框架与执行计划》，将流域—海岸—海洋作为一个交叉连续的生态统一体看待，对于澳大利亚此后开展基于生态系统的管理具有重要意义。州政府也成立海岸带管理机构来加强对海岸带的管理，维多利亚州政府就设立了法定机构——"维多利亚公园"，负责管理70%的维多利亚海岸线和维多利亚海洋保护区，由能源、环境和气候变化部长任命的委员会管理，并向部长报告。

在海岸带科技研究机构方面，澳大利亚海洋科学研究所、澳大利亚地质调查组织等海岸带综合管理的调查研究机构的建立，有利于澳大利亚政府迅速获得海岸带的信息，为海岸带管理提供科学的方法和依据。目前，海洋管理委员会下属的海洋科学委员会致力于发展澳大利亚的高质量海洋科学和蓝色经济，承担国家海洋科技计划的制订，在2015年8月11日发布了"国家海洋科学计划（2015—2025年）"。由29个在澳大利亚进行海洋研究的组织代表以及国家海洋科学企业的利益相关者构成的海洋科学委员会，旨在确保海洋科学有助于解决澳大利亚作为海洋国家面临的"重大挑战"，为研究机构、大学、澳大利亚政府部门、州政府和更广泛的澳大利亚海洋科学共同体提供协调和信息共享。

4. 开展海岸带分区规划与管理

澳大利亚的海岸带空间规划可追溯至1975年联邦政府颁布的《大堡礁海洋公园法案》，该法案首次提出了分区计划，但只对分区计划做了框架性的描述。2004年7月1日生效的《大堡礁海洋公园分区计划》则做了进一步延展，该计划对分区进行了详细的描述，规划上采用陆地生态圈的方法，将大堡礁海洋公园分为8个管理区域，采用地理经纬度的方法界定区域范围，并明确各个区域的管理目标，规定每个管理区域允许、限制、禁止进行的活动，被限制的活动需要获得许可证才能进行。海洋公园的分区管理对保护地区海岸带生态环境、生物多样性发挥了重要作用。此外，大堡礁海洋公园还将区域活动大致分为17类，在8个管理分区中都详细规定了禁止、允许以及需要许可证才能进行的活动。

澳大利亚的海洋空间规划历史上基本是小区域的规划，并且忽视了海洋生态系统的作用。2006年南澳大利亚州颁布的《南澳大利亚海洋规划框架》（MPF）提出了一种基于大尺度的，以海岸带生态系统为基础的空间规划。区域覆盖了将近 6 万平方公里的面积，以 4000 公里的海岸带为边界，基于 GIS 和生态标准，通过数理模型建立了 4 个不同的生态环境评价区，澳政府对不同的生态环境评价区制定差异化的海岸带管理目标、战略、政策。而且根据该空间规划，南澳大利亚州政府制订了多个新的海洋计划，如"斯宾塞湾海洋计划"，对现有的海洋政策进行调整。此外，政府也制定了评估系统来检验海岸带政策的执行效果，方便发现指出海岸带政策存在的问题，进而及时优化调整。

5. 拓宽公众参与渠道

在维多利亚州，社会公众以社区形式直接参与海洋生态环境治理。如在《维多利亚海岸带管理法》的制定中，州政府在海岸带固定的 5 个地点散发讨论文件，并直接邀请 30 个重要的利益相关者参与讨论，并且在州主要日报上刊登广告邀请公众参与。主要的社区参与方式是通过建立"海岸带顾问小组"（CRG），顾问小组会考虑所有的公众讨论文件，积极征求社区的意见，在两个月之内召开 5 次会议，最后发布建议书。建议书会散发给所有参与讨论的公众以及利益相关者，有助于对部长的直接反馈。

维多利亚州的社区活动类型多样，往往由不同的组织开展如保护组织参与海岸带生态保护；潜水俱乐部管理珊瑚礁健康；海岸带公园组织负责除杂草工作等。1995 年启动的"国家海岸行动计划"则为社区活动的开展夯实了基础，以具有代表性的"海岸保护"为例，在该计划中州政府直接向社区进行资金支持，赞助的项目涉及海岸资源工具项目（向所有地面上的海岸管理人员提供工具），每季的通信、广播节目以及众多的植被重建项目等。"海岸保护"还成立了一些非政府组织致力于实现海岸带恢复、社区教育、管理和保护计划，大多数组织和当地议会或政府机构合作。

以"健康公园，健康民众"为主题的维多利亚公园是当地培育公众海洋环保意识，推动生态环境治理的重要抓手，一方面，通过鼓励公众进入公园开展散步、野营、潜水、游泳等不会造成环境破坏的活动，使民众贴近海岸带，形成自觉保护海岸带的意识；另一方面，通过举办公益性的旅游活动来保护海岸带。如维多利亚公园在 2017 年发起"海洋害虫项目"来应对海洋害虫的扩张，其目标包括开发抑制海洋害虫传播的产品；

控制海洋生物入侵的活动和调查；增强与研究机构的合作等，使民众参与海岸带保护的同时，也带给民众参与旅游活动的乐趣和参与海洋科普的机会①。

第二节　国外海洋环境治理的特征

上文通过对来自波罗的海地区和澳大利亚的两个案例进行介绍，展现了不同海洋环境治理模式的基本特征。波罗的海地区的海洋环境治理侧重于沿岸不同国家和地区之间的协调合作，而澳大利亚的案例则是关注一国之内的海洋环境治理。两个案例侧重点有所不同，但在某些方面展现出了一定的共性。

一　法律形式

波罗的海环境保护和海洋综合管理制度的建立都是以区域性条约或协议的方式开启的。初期达成的协议都是粗略的、倡议性的部长宣言，如1972 年斯德哥尔摩会议宣言的原则性规定，1973 年的《格但斯克公约》以及 1975 年欧洲安全与合作会议的最终法案，都是早期阶段波罗的海环境保护工作的初步尝试。虽然这些立法实践没有规定任何实质性的措施和有约束力的承诺，但是仍然迈出了波罗的海环境和资源保护的第一步，才有了后来较为具体的和可操作的政策措施，如《赫尔辛基公约》《波罗的海行动计划》（BSAP）及其附件关于各领域具体措施及指标的建议。

从政策和战略考虑上，波罗的海环境问题从部门性立法和政策转向专题战略导向的综合性法律和政策。波罗的海生态环境问题是伴随着沿海国家经济社会条件的变化和海洋活动的增加而产生和发展的，影响波罗的海生态环境的主要工业部门有渔业、船舶航行和运输、能源开采以及港口建设等，法律的适用上主要应用区域性行业管理规则，如防止船舶污染、陆源污染和倾倒废弃物污染的各种国际性公约。随着各行业用海冲突和管理矛盾的加剧，部门性的法律和政策不能适应管理形势。欧盟层面的海洋综合战略逐步完善，为区域内欧盟成员国本国海洋法律和不同政策的综合协

---

① 黄惠冰、胡业翠、张宇龙等：《澳大利亚海岸带综合管理及其对中国的借鉴》，《海洋开发与管理》2021 年第 1 期。

调提供了指导原则。波罗的海区域海洋管理框架下的法律体系虽然未发生根本变革，但是主要的政策措施建议已经转向综合性的措施和方法，如编制适用于覆盖整个波罗的海区域的海洋空间规划（MSP），以及促进其他法律和政策方案综合考虑环境影响的战略环境影响评价（SEA），都体现了波罗的海环境保护和管理法律趋于综合与完善。在法律位阶和形式上，欧盟海洋政策和法律的不断完善，促进了波罗的海区域海洋环境保护法律体系的健全。波罗的海区域的法律有适用性的共同政策，如共同渔业政策、共同环境政策和区域海洋战略，有区域性协议《赫尔辛基公约》，以及各国管辖海域的法律与政策，此外，还包括推动法律规则、区域性协议等顺利实施的政策建议、行动规划和试点项目方案。

由上可见，波罗的海区域海洋环境保护法律框架是逐步发展的，经历了从简略到具体，从原则声明到具体承诺，从单一部门法到综合性法律政策的过程，并正在进一步完善中。

二　陆源污染治理

（一）执行主体

澳大利亚陆源污染治理执行主体多元、目标统一。首先是政府间的合作，联邦政府在与州、地方政府的合作下开展了海岸带管理、国家污染物名录编制等行动计划；其次是非政府机构的合作，许多社会事务由非政府组织、公民社区自主管理。非政府组织如 EDF 通过社会捐助进行相关的调查和研究，并对公众进行宣传和教育。再如澳大利亚零售商协会，为减少近岸"白色垃圾"，承诺大面积减少塑料袋的生产。目前，澳大利亚已有越来越多的水环境保护志愿者、企业和社区参与近岸水质监测的工作。

执行主体间的合理分工、权责对等有利于提升执行效率。澳大利亚以法律的形式将海洋陆源污染治理的任务进行明确划分，如在《澳大利亚海洋政策》中，明确规定了各级海洋环境保护管理部门及公众的责任。

执行主体合理的协作方式能够缓解矛盾冲突、调节紧张关系，从而使合作关系更顺畅，进而更高效地达到生态环境治理的目标。如澳大利亚在吉普斯蓝湖区陆源污染治理的过程中，利益相关者主要通过各种会议、论坛等形式进行咨询磋商以达成共识，制定各方利益代表均认同的执行方案，最大限度地避免由于各方利益不统一而导致的方案执行效率低下，但需要指出的是，这同时也增加了行政成本。

（二）执行手段

澳大利亚通过制定相关政策法规为治理陆源污染物提供了法律依据和制度保障。在陆源污染治理的国家行动中，一是对治理区域进行科学调查和案例分析，结合已颁布的法令，如 1975 年颁布的《大堡礁海洋公园法案》以及 1999 年颁布的《环境保护与生物多样性保护法》，并根据实际情况进行改进，作为行动框架。二是实施形式多样、操作灵活的辅助性政策，如区域海洋计划，为各州提出差异化的具体行动方案，指导地方开展海洋治污工作。三是通过一些合作项目，如政府资助项目，调动社区对当地水资源保护的积极性。四是提高违法成本，严惩违法行为，在澳大利亚，只要违规排污，都要受到严厉惩罚，并缴纳高额罚金，对直接犯罪人可判处长达 7 年的有期徒刑。如新南威尔士州在 1989 年颁布的《环境犯罪与惩治法》，被认定是环境刑法中最为严密的代表性法典。

澳大利亚高度重视经济手段在海洋生态环境保护中的作用，在陆源污染治理过程中，形成了强有力的经济管控手段，包括环境税、经济补贴和税收减免、押金返还制度、排污交易许可权、排污超额阶梯付费制度等，这些经济手段已在实践中逐步运作成熟。

澳大利亚为了治理海洋污染，还设立了澳大利亚清洁日，通过法定节日培育公众的海洋环保意识、调动公众对海洋污染治理的积极性，同时也注重引导对下一代的教育，如积极引导学生进行户外体验，鼓励学生观察自己生活的周围环境，促使他们检查生活习惯和思考环境保护的问题。

（三）执行监督

澳大利亚陆源污染治理的监督主体涉及政府机构、企业和社会大众。第一，在澳大利亚，国家海洋部长委员会、区域海洋计划督导委员会对海洋计划执行情况进行监督。监察专员可以独立行使调查权、监督建议权、责任追究权和廉政教育权。第二，澳大利亚企业监督体系完善、自我监控能力强，会主动进行自主监督，积极承担社会责任。第三，以公众监督为主。澳大利亚鼓励科研院所、工业部门、地方政府等权威的专业机构共同参与陆源污染的调查研究，不仅显著提高了调查结果的可信度，节约了行政成本，还激发了利益相关者的积极性和责任感。

澳大利亚的监督途径较为完善。通过合作机构间的相互监督、设立申诉体系及社会调查等方式进行监督。首先，政府与非政府机构间形成相互监督的局面。澳大利亚各级政府都有专门的机构进行科学调查和研究，一方面为陆源污染治理政策的制定提供科学的数据，另一方面可以监督政策执行的实际效果。其次，完善的监督保障机制。澳大利亚在各行业都设有独立的申诉体系，澳大利亚政府及各州专设机构调查、调解公民对政府或公务员的不满行为及腐败行为，提高政府的公信度。最后，广泛的社会调查。如澳大利亚生态健康监测计划（EHMP）是综合的海洋、河口、淡水监测计划。它通过对东部昆士兰 18 个近海海域的区域生态环境评估、18个河口和摩顿湾的整体评估，来确定水质的好坏。这项计划为相关政策规范的制定提供了大量准确翔实的数据，同时利用信息平台将这些数据反馈给公众，并通过民意调查问卷等方式使公众主动参与对陆源污染治理质量的监督。

澳大利亚开展的生态健康监测计划是最全面的海湾、河口、流域监测计划之一，旨在评估管理活动的有效性。一是监测的范围广，涵盖了澳大利亚的昆士兰州，评价区域面积约为 2.3 万平方公里；二是站点数量多，在近海沿岸共设 248 个站点，对近岸流域陆源污染的排放进行监督；三是监测指标综合，利用生态健康的生物学指标和理化指标来测定水域的健康状况，评价结果每年发布一次，其中，相关指标根据不同站点进行差异化设定，监测结果显示了人类活动对水生生态系统的影响。

三　基于生态的大区域管理规划

波罗的海区域制定海陆一体的综合管理规划。海洋环境问题的特殊性决定了不可能海陆割裂来解决。波罗的海环境问题受陆地活动的影响，港口、沿岸工业、农业、旅游等部门都会深刻影响波罗的海的生态功能稳定性，如富营养化主要来自陆源营养物排放，上游流域地区的农业减排措施关乎整个波罗的海环境状况。因此应当将所有相关影响因素纳入管理规划，在充分考虑到海洋生态环境和陆地的关系基础上，制定防止陆源污染的方法和标准，促进管理的全面和协调。针对海陆相互影响最大、生态系统更加复杂多样的河流入海区域的管理规划也是整个计划的重点区域，如波兰和德国交界的河流流域共同治理。

波罗的海管理规划在关注水体污染的同时，也重视对空气来源污染的评估和监测，包括跨界的远距离空气传播污染对波罗的海环境的影响，有来自 HELCOM 区域外国家的污染、波罗的海行驶船舶的废气排放等都在考虑之内，这些工作为将来在更广范围内采取措施缓解波罗的海环境污染提供了重要条件。除了上述基于生态的综合管理规划，还有为实现基于生态系统管理的区域空间规划措施，以及战略环境影响评价（SEA），都是从波罗的海整体性考虑出发，兼顾社会、经济、环境多方面因素及相互作用的综合性措施，对波罗的海生态系统的修复和保护具有重要的现实意义。

第三节　国外海洋环境治理经验

一　重视立法工作，依法管理海洋环境

从各国的例子中可以看到，海洋环境的长期有效治理都采取立法先行的方式，这也是我国目前在海洋环境整治方面较为薄弱的地方。发达国家在海洋环境保护方面的立法非常细密，有一般性的环境保护法律。各国有详细的环境立法，涵盖了海洋环境保护的主要内容，如污水排放标准、海洋资源利用、海洋动植物保护等内容。另外，还有专门针对海洋环境乃至针对特定区域的专门立法，其中包含了海洋环境保护与生物多样性保护的相关内容。如美国在 1972 年颁布的世界上第一部海洋综合管理法《海岸带管理法》，该法涉及众多基于生态系统管理的基本概念，其主要功能是通过推行"海岸带管理计划"，在联邦与州之间建立合作关系，进而统筹协调海洋管理和开发活动，实现对海洋的综合管理和一体化保护。为了加强对海洋、海岸和大湖区的管理，美国还在 2010 年颁布了《海洋、海岸和大湖区国家管理政策》。通过立法的方式，美国将基于生态系统的管理模式融入海洋环境管理中。除了一般性的环境与海洋立法之外，针对一些特定的海域，大部分发达国家都会有专门立法。比如美国在治理切萨比克湾时制定了《切萨比克湾协议》、澳大利亚在治理大堡礁时制定了《大堡礁海洋公园法案 1975》。这些重要海域大多面积广阔，涉及多个行政区，因此，需要建立专门的法律来协调相关各方，规定具体的整治与保护措施。

我国在环境立法方面具有一定的"后发优势"。发达国家在污染最为严重的 20 世纪六七十年代时，普遍缺乏环境保护意识，也没有完善的环境立法，可以说是严重的环境污染问题倒逼着相关国家不断完善环境方面的立法。我国作为后发展国家，充分吸收了发达国家既往的经验教训，在

环境立法方面较之当时的发达国家无疑要成熟很多，但在海洋环境立法方面却始终较为薄弱，相关管理部门与学界也一直倡导推动中国的海洋立法。另外，在渤海等污染严重的内海治理方面，仿照发达国家的先例，建立专门立法的呼声也非常强烈，但是也一直没有实质性的推动。在这一方面，发达国家其实有非常多的可以借鉴的先例。

二　重视协调与协商，实行联合共治

重视协调与协商、建立综合性的海洋环境治理体系是发达国家海湾整治的重要特点。海洋作为一个复杂的生态系统，需要综合性地加以治理。海洋生态系统的界限与行政区划的界限往往存在着割裂的现象，综合性海洋治理一个重要的问题就是如何协调各利益相关者的行动。波罗的海周边各国对此有较为明确的认识，首先，在国家层面通过签署《赫尔辛基公约》《波罗的海海洋环境保护公约》，建立赫尔辛基委员会、波罗的海国家理事会等，构建环境治理合作框架，达成环境保护共识，为各利益主体在生态环境问题上的共同决策和步调统一夯实基础。其次，不断完善相关组织机构，如成立波罗的海城市联盟，建立波罗的海国家次区域合作、波罗的海大都市网络等，在突破行政区划壁垒的同时，尊重和平衡各方利益诉求，实现生态环境的跨界治理和环境保护的协同发展。澳大利亚通过建立海岸带管理和研究机构，协调冲突矛盾。如在 2005 年将海岸带以及海洋事务归并到自然资源部长委员会以有效协调与海岸带有关部门之间的矛盾，推进海岸带的统筹管理。由于我国海岸线漫长，近海分布着大量城市，因此，城市之间的协调合作对于近海环境治理就显得尤为重要。

在借鉴与学习发达国家经验时，我们应该因地制宜地学习其制度创新，并结合我国的实际情况。以海湾治理为例，目前我国蓝色海湾整治活动的主要承担者是地级市，盘锦、秦皇岛、汕尾、厦门、大连、青岛等城市先后成为"蓝色海湾城市"，获得了专项拨款以及政策扶持。这样限定行政区域的整治自然也是必要的，但也必须认识到，单个城市的蓝色海湾整治毕竟只是海洋环境治理的一部分，很多海洋污染问题是跨区域的，如渤海的治理。针对这些跨区域海洋治理问题，建立独立的执法机构或者建立地方政府间的协调机构等呼声一直存在。发达国家在治理相关跨区域海域时也确实都建立了不同形式的协调机制，对此我们可以结合国情予以借鉴。我国创造性地推行了"河长制"来解决跨区域流域治理的问题，相关部门尝试率先在胶州湾地区推行"湾长制"，来解决海洋环境治理中的地方政府合作问题。

三　社会力量的参与，维护各方利益

海洋环境保护需要政府与社会力量的共同努力。海洋环境治理表现突出的国家在海洋环境保护工作中往往非常重视与社会中其他团体与个体的合作，这些社会成员包括涉海利益相关者、环保团体、社会公众等。党的十八届三中全会提倡国家治理体系与治理能力的现代化，"治理"即强调政府与社会力量的合作。在海洋环境保护方面，除了完善立法、建立有效的执行机制，加强与社会团体的合作也是非常重要的一个任务。发达国家在海洋环境保护过程中，非常重视与社会团体的合作，很多国家在海洋环境保护的基本计划中就将这一条列入主要任务之一。

波罗的海沿岸国家非政府环境组织于1990年联合成立的清洁波罗的海联盟是保护改善地区资源环境的重要社会力量，一方面，积极开展宣传教育活动，培育保护海洋生态环境的社会共识；另一方面，通过资助环境领域项目、开展环境质量评估与咨询活动等，参与和影响政府间国际组织关于海洋保护开发的决策过程及政策实施，力求融合绿色经济和生态治理，以保护和促进生态多样性的发展。在澳大利亚的海岸带综合管理中，州政府在制定法案之前也会充分调查民意。如在1995年《维多利亚海岸带管理法》制定的过程中，维多利亚州政府在海岸带固定的5个地点散发讨论文件，在邀请重要的利益相关者参与讨论的同时，刊登广告鼓励公众参与。最后州政府总共分发了4500份初步讨论文件，部长收到了197份书面意见，实现了社会公众对海洋生态环境治理的充分参与。

而在我国近海生态环境治理和保护中，社会组织的声音相对微弱，目前对近海生态环境的监管主要依赖的还是政府力量，甚至更多地主要依赖于中央政府的监管。相对于中央政府的临时性抽查，地方社会组织更能够起到常态化的监管作用。同时，社会组织深度参与到近海生态环境治理中也有利于维护各方基本利益，避免出现"一刀切"的情况，减少社会矛盾。

第四节　近岸海域生态环境治理体制的完善思路

一　促进近岸海域生态环境治理体制结构的最优演变

近岸海域生态环境具有复杂性的特征，也是一个大型的生态系统，而海洋经济是其中的一部分，也属于其子系统之一。针对近岸海域不断地完善相关的治理政策，加大对其治理力度，首先要协调好海洋社会、海洋环境以及海洋经济之间的关系，促进近岸海域生态环境治理体制结构的最优演变。

（一）从单中心管理模式向多中心治理模式转变

要促进近岸海域生态环境治理体制结构的最优演变，要做到近岸海域生态环境治理从单中心管理模式向多中心治理模式转变。实践经验告诉我们在海洋经济发展的过程中，一味地依赖"政府办企业"是缺乏科学性的。在此过程中需要政府机构、社会群众与企业共同发挥作用。通过分析以往治理近岸海域生态环境可以看出，主要是以政府单位为主导。这和当时的社会背景有关：首先，对问题的看法不同，并认为近岸海域具有公共性的特征，其生态环境治理也应该有外部效应，所以治理应该是政府单位的责任。但是随着经济的发展，相关的制度越来越完善，基于传统理论的角度，"市场失灵"这一方面也不一定需要通过政府单位管理，通过市场机制也可以得到解决。其次，没有较高的技术水平。以前无法得知海洋遭受了哪方面的污染，污染到了何种境地以及污染源是什么。但是在技术水平不断提高的当下，以上问题通过现代化科技水平都能够得到监测与计量。随着科学技术水平的提高，信息披露制度越来越完善，不论是社会群众还是企业都能够更全面地了解治理条件。随着科学的发展，思维模式也有了变化，这都与时代变化息息相关。所以，在治理近岸海域生态环境的过程中，要不断地突破传统管理模式的局限性，要采用现代化中心治理模式。但是何为"多中心治理"模式呢？实际上指的是在政府单位的引导下，鼓励社会与企业一起形成联合机制，从而形成监督制衡的局面。

（二）从单一管理模式向多元化治理模式转变

要促进近岸海域生态环境治理体制结构的最优演变，要做到近岸海域生态环境治理从单一管理模式向多元化治理模式转变。一般而言，近岸海域生态环境就是公共物品，公共物品面临"公地悲剧"，每个独立的个体一味地追求自身的利益，而不考虑社会需要承受的后果，那么最后就需要政府单位整治。从现实的层面上来看，大部分场合都需要政府单位提供公共物品，但是也有一些场合的公共物品是由多方主体联合治理。但并不是所有近岸海域都属于公共物品，它也有一定的私有性和俱乐部性质。所以，在治理近岸海域的过程中，需要结合实际情况通过多元主体治理模式。针对私有性质的近岸海域生态环境，就需要通过市场机制治理，这也是经济学领域已经被检验过的；针对俱乐部性质的近岸海域生态环境治理，要发挥社会与市场机制的联合作用，俱乐部从微观的层面上来看也是一个小型的社会，从外部视角来看，其本身就是市场主体；针对公共性质的近岸海域生态环境治理，可以通过市场与社会有机融合的形式。针对公共性质的近岸海域生态环境治理，需要市场、政府单位以及社会多方联合。参考的治理模式只能适用于相同内外部条件和环境。一旦外部条件和环境发生变化，就要进行模式创新。近岸海域生态环境的物品属性的多样性，决定了近岸海域生态环境治理必须从单一管理模式转向多元化治理模式。

（三）从碎片化管理模式向系统性治理模式转变

要促进近岸海域生态环境治理体制结构的最优演变，要做到近岸海域生态环境治理突破传统碎片化管理模式的局限性，并实现系统性治理。通过碎片化的治理模式，会造成条块分割与相互推诿的现象。在治理的过程中，需要以"山水林田为一体"为基本理念，因此需要系统理论作为引导。海洋也是一个大型的生态系统，并且是生命共同体，然而被采用了碎片化的管理模式。陆域在进行治理的过程中，普遍有"九龙治水"现象；海域在治理的过程中，普遍有"五龙治海"现象。关于我国近岸海域生态环境的治理，最主要的几大主体如下：一是渔业渔政局、二是公安海警、三是中国海监大队、四是海关组私局、五是中国海事局。从实际角度来看，在20世纪90年代末之后，我国中央进行了改革，针对以上部门进行了调整。截至目前，不仅有以上五个治理主体，同时还有我国以下几个系统：一是近岸海域公安边防管理系统，二是港务监督系统，三是海关与海军，四是海洋局海监系统等，共有10个机构。因此能够看出，国内海洋管理不集中。不论是中国海警与渔政，还是中国海监与海事等机构，都有海上执法的权力，存在严重的权职交叉问题，所以导致各个部门存在利益博弈现象，在有利益的时候相互竞争，在没有利益的时候相互推诿。所以在实际执法环节，以上几个机构经常发生矛盾冲突。我国海洋相关的管理机构在 2013 年度进行了改革，我国海警局与海洋局联合办公，从而解决了五大主体联合治理的矛盾冲突。但是，关于近岸海域生态环境治理，还是没有科学完善的管理体系。从现实的层面上来看，近岸海域生态环境治理还存在一系列区域性问题，比如，近岸海域与陆域环境治理存在矛盾，不同海域之间的治理存在矛盾等。所以，只有基于生命共同体这一理论的视角出发，才能建立一套科学的且具有可行性的系统性治理模式，才能实现最佳的治理效果。

二　强化近岸海域生态环境治理的垂直力量

（一）充分发挥国家海洋委员会的统筹作用

在海洋事务方面，国家海委会是其最高的协调机构，要承担我国海洋发展战略的研究工作，同时也要承担统筹协调海洋重大事项等相关的工作。但是在 2013 年中之后，我国海委会还没有明确成员名单，下属办公室也没有积极地开展公开活动，因此可推测该机构尚未开展实质性的运作。按照规定，国家海洋局需要负责海委会工作，经济司要负责海委会办公室相关的工作。在 2018 年度完成了改革之后，国家海洋局被划分到自然资源部，但是对外还是有海洋局的头衔。因此，国家海洋委员会的具体工作已无法交由国家海洋局来具体推动，应采取措施强化我国海委会的统筹协调职能。基于此，一方面能够参考在 2018 年度建立的中央外事工作委员会模式，单独设置一个办公室，并由其负责国家海委会日常工作。与此同时领导层也要充分重视与干预从而促进我国海委会进行运作。另一方面要发挥我国海委会的宏观调控作用与综合决策职能，以国家海委会为核心，进一步完善涉海部际联席会议机制，从而保证海洋政策有效落实。2018 年度，海洋治理体系进行了全面的调整，因为其中大多数涉海部门的职能都发生了变化，所以造成原来涉海事务部际联席会议的成员机构发生了很大变化。因此，旧的部际联席会议机制必须调整，需要以我国海委会为主导地位，并设置以下几个部门：一是交通运输部，二是生态环境部，三是自然资源部，然后以上述三个部门为主导，建立新的涉海部际联席会议，从而加强对近岸海域生态环境、海洋资源、海洋应急响应等重大事务的协调和综合治理。

（二）压缩海洋行政层级

海洋行政层级过多是导致海洋行政命令传导不畅、海洋行政效率较低的主要原因，应将现有的海洋行政层级进行压缩，形成较为扁平的垂直治理结构。可考虑将各沿海地区市级和县级政府近岸海域生态环境治理机构进行整合，从上至下保留中央、省、市县三级组织架构。并且，需要加快沿海地方政府单位与近岸海域生态环境管理部门之间行政层级上的"去隶属化"。加快推动省级以下生态环保机构垂直管理改革，实现地方近岸海域生态环境管理机构独立于地方政府，要突破其传统的领导与被领导关系，并形成监督与被监督的关系，建立起"独立监管、行政直达"的体制。从属地化分散管理体制走向垂直化综合管理，并按监管与执行分开，能够有效落实近岸海域生态环境治理机构对地方政府机构的监督作用，从而更好地解决地方保护主义介入监督近岸海域生态环境的问题，规范和加强地方海洋环保机构队伍建设的问题，适应跨区域跨流域统筹近岸海域生态环境治理的新要求。

（三）厘清涉海机构权限

长期以来，由于按照行业划分来设置近岸海域生态环境保护行政监管主体，导致多个行政主体享有近岸海域生态环境行政权，相互之间的权限划分不明、相互重叠的现象比较严重。2018 年度，我国机构改革制度中明确提出：在调整机构职能的过程中，要不断地提高效率，达到优化职能配置的效果。据此，亟须对各涉海管理机构的职能设置以及权责关系进行重新梳理和界定，把职能交叉与业务趋同的涉海机构进一步集中，以避免出现多头管理与权限"打架"问题。具体而言，可考虑进行以下几方面的调整。

首先，进一步整合海洋执法职权。2018 年生态环境部成立后，其污染防治职能和海事局有交叉现象，亟待进一步调整。基于此把我国海事局船舶污染防治工作进行整合，并交由生态环境部负责，以实现统一治理海洋污染。与此同时，我国海警局与海事局在海上执法的过程中具有同等的权力，两个执法主体在许多执法权限上相互交叉重叠，原来长期存在的"五龙闹海"问题得到解决，但是却出现了"二龙闹海"的局面，本质上的问题还没有得到解决。所以，可以把海事局的执法权力交由海警局，然后将海运安全等相关的工作交给海事局，以实现海上执法综合性与统一性。其次，将海洋防灾救灾职能进行全面整合。在 2018 年度，机构在改革的过程中设立了应急管理部门，与此同时也全面地整合了赈灾救援、地质灾害防治以及森林防火等职能，但并未涉及海洋防灾减灾救灾职能的调整优化。因此，要把国家海洋局原本防灾救灾职能、打捞救捞以及搜救中心全部的搜救团队剥离，并进行全面整合，从而建立应急管理部，成立专门队伍，以提升我国海洋防灾减灾救灾能力与应急水平。

三　推动近岸海域生态环境治理的区域联防联控

打破原有的基于行政区划对近岸海域生态环境进行的分割，根据区域近岸海域生态系统的整体性构建海域环境责任共同体。这一改革的着力点在于促进区域内政府间的海洋环保合作机制由过去的"运动式治理"转变为"常态化治理"，使沿海地方政府的目标函数由偏重个体利益转变为注重区域整体利益，从而对区域近岸海域生态环境保护工作给予更多的关切。

（一）构建近岸海域生态环境治理责任共同体

具体而言，沿海各地市级政府可在自然资源部的主导下通过签订协议的方式分别成立黄渤海、东海以及南海等海域环境责任共同体，明确共同体成员的责任和权力，在科学的基础上对于各地方政府的污染减排责任、海岸带修复、渔业保护等近岸海域生态环境治理任务施加刚性约束。这种安排能够将各种近岸海域生态环境破坏成本内部化，促使各地方政府在决策过程中将区域整体利益考虑在内。而相应工作领导委员会和区域联席会议在成立了之后，能够进一步协调沿海地方政府单位之间的矛盾，有助于进一步促进政府间采取协同治理，从而提升区域近岸海域生态环境治理的效率。

（二）推行近岸海域生态环境区域治理

海洋区域治理理念基于海洋生态系统理论提出，是一种在全球发达国家得到普遍应用的新型海洋治理模式。具体而言，海洋区域治理是指将政府单位作为主导，同时联合群众与企业共同参与的多主体治理模式，基于维护区域海洋生态系统的完整性以及区域共同发展利益的目标，综合通过市场机制、行政手段与法律等途径，负责协调区域内政府单位以及其他利益相关者与组织的涉海行为，以促进区域共同面临的海洋问题而进行的治理活动。与其他形式的海洋治理模式相比，海洋区域治理的最大区别在于采用不同的方式来确立治理边界，即它突破了传统的行政区划边界的限制，以生态系统视角下的特定海洋区域为治理范围。其治理目标强调实现可持续发展，维护区域海洋生态系统的完整机能和健康运行。实行近岸海域生态环境区域治理需要建立强有力的跨行政区协调机制。具体而言，这一协调机制的建立需由区域利益协调主体（各地方政府）依据上级法律法规或政府间共同协商订立契约，并依托一定的组织机构来推动运行。在实践操作中，可在已经建立区域近岸海域生态环境责任共同体的基础上，逐步拓展和深化共同体成员的协作广度和深度，推进信息共享、技术共享和资源共享，最终实现区域一体化治理。

（三）坚持近岸海域生态环境治理的陆海统筹

近岸海域最典型的几大特征如下：一是社会经济特征，二是海陆相互作用自然地理特征，三是海岸带资源多样性特征。以上特征联合形成了海洋污染产生链系统的基础，根据 Zhang 等（2014）[①] 的观点，如图 8-1 所示，该系统由污染物产生系统、污染物输送系统、污染物接收系统、海洋污染场和海洋污染效应组成。污染物产生系统是区域经济系统。污染物输送系统包括陆地迁移和海洋迁移，如河流、管道和其他排水方式。特别是在城市地区，排污口的空间配置直接影响污染程度和区域差异。污染物接收系统包括陆地和海洋接收系统。污染物在进入海洋之后会发生化学反应，进而可能导致环境系统的结构和功能破坏。此外，还会出现一些特殊区域，也就是海洋污染场，然后会与社会经济系统发生相互作用。从而出现相关的环境、经济与社会问题，这就是所谓的海洋污染效应。

由此可见，海洋与陆地之间的联系往往比人们所认识到的要更为紧密，其作为各种陆地"输出物"的汇集地的特点，决定了在不以陆地为着力点的情况下无法对海洋进行有效治理。在 2015 年度我国相关的部门出台了《生态文明体制改革总体方案》，其中着重强调了：加强完善海陆统筹污染防治机制，以及严格控制海洋污染总排量制度。但有关配套制度推进速度较慢，已经对近岸海域生态环境治理形成了较大制约。尤其在人口稠密的沿海地带，各种生产活动和消费活动高度集中，海陆接壤，没有明显的管理分界线，导致近岸海域生态环境承受着越来越大的压力。例如，我国几乎所有沿海地区均实施了"排海工程"。我们常提及的"排海

① Zhang Z., Liu R., Zhao Y., "Sea-Land Integrated Pollution Control Mode Applied to Beidaihe Offshore Area", 2014.

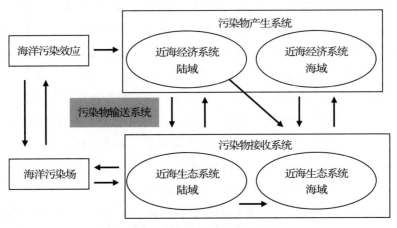

图 8-1　陆海统筹治污模式机理

工程"，实际上就是把预计排入湖泊河流的污染物，通过其他渠道排放，从本质上来看就是转移污染物排放渠道，其目的是降低减排成本。除此以外，沿海各地区大量开展了填海围涂工程。基于短期的视角出发，围填海工程能够扩大土地面积，从而解决土地使用紧张的问题，但同时也会破坏近岸海域生态平衡。以上短视行为通常会对海洋的生产力造成巨大且不可逆转的破坏，总体而言是得不偿失的。因此，必须要有针对性地推动陆海统筹，加强有关部门相互协调，构建陆海联动、江海同步的综合治理体系。

第九章

浙江近岸海域生态环境陆海统筹治理的基本框架

　　鉴于当前浙江近岸海域生态环境监管面临着"九龙治海、各自为政""生态环保部门不下海、海洋部门不上岸"的现实困境，基于近岸海域生态环境陆海统筹治理的科学内涵，陆海统筹治理机制的设计需要考虑以下几个方面的要素：一是主体要素，包括监管机构、参与主体；二是运行机制，从运行驱动方式看，包括政府监督、市场协调和社会协同机制，从运行路径来看，包括横向协调、纵向控制和网络协同机制，从保障机制来看，包括约束机制和激励机制；三是信息支撑，基于海洋和陆地的社会、经济、生态系统及其子系统的数据信息采集、加工、传输和运用；四是目标定位，即陆海统筹治理机制所要实现的均衡目标。借鉴 Leavitt（1965）钻石模型，基于近岸海域生态环境治理的社会—经济—生态系统化框架，以陆海统筹治理的目标定位、治理主体、经验借鉴、信息支撑、

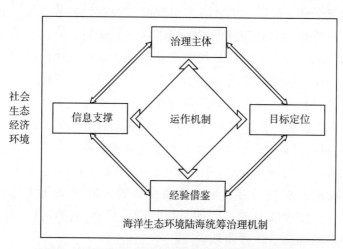

图 9-1　近岸海域生态环境陆海统筹治理的钻石模型

运行机制五大要素为核心，设计浙江近岸海域生态环境的陆海统筹治理机制（见图9-1）。

第一节　浙江近岸海域生态环境陆海统筹治理的原则

海域生态环境陆海统筹治理应以经济发展与环境保护协同共进为主要目标，重视陆海生态系统的整体性，以构建陆海一体化发展格局为着眼点，强调上级与下级、沿海与内陆以及部门间的沟通协调，以明确各治理主体的利益分配与责任归属为工作重心，并对海洋治理的公共属性达成共识，始终以公共意志及公众利益为出发点和落脚点。

一　陆海统筹治理的发展性原则

发展是解决中国一切问题的基础与关键，浙江近岸海域生态环境陆海统筹治理应遵循发展性原则，坚持保护与发展并重，强调生态与经济并举，海洋环境治理主体应在秉持绿色发展理念的同时，积极发挥主观能动性，基于陆海自然资源禀赋、陆海资源环境承载力、地区经济发展水平等客观条件，对生态环境与经济发展共赢之路展开探索。在资源开发方面，应坚守生态红线、环境质量底线和资源利用上线，合理确定资源开发布局和开发强度，包括发展远洋渔业、重视海洋生物养殖育种，加强深海远海风能开发、建设"海上三峡"等；在产业发展方面，应积极引导陆域资金、技术、人才等要素向海洋产业转移和扩散，在实现海洋资源开发的基础上对陆域资源枯竭现状进行缓解，同时，基于绿色低碳的发展要求，科学系统评估相关产业布局，根据其风险等级进行分级分类管理，浙江应充分发挥宁波作为海洋经济发展示范区的表率作用，在海洋科技研发与产业化、海洋资源要素配置市场化等领域展开积极探索，以推进浙江海洋产业高质量发展；在基础建设方面，应按照陆域完善、海域补课、陆海打通的要求，统筹陆海基础设施建设，尤其是在交通运输领域，亟待完善陆海通道网络，加快港口集疏运系统与海空通道、陆上交通的有机衔接，形成更便捷畅通的陆海空立体综合交通体系，促进生产要素陆海产业间的自由流动，推动陆海经济一体化发展，为生态环境的统筹治理夯实基础。

二　陆海统筹治理的整体性原则

海域生态环境陆海统筹治理应遵循整体性原则，坚持以生态系统为基础，实现"从山顶到海洋"的"陆海一盘棋"生态环境保护策略，建立陆海一体化的近岸海域生态环境治理体系，构建陆海联动、统筹规划的治理格局。第一，从近岸海域生态保护出发，制定地区环境规制政策，浙江应贯彻"以海定陆"理念，聚焦于杭州湾、象山港、乐清湾等重点海湾，以入海排污口专项整治工作为切入点，统一陆海环境监管标准，进而制定有针对性的环境规制政策，倒逼陆域产业结构优化升级，严格控制陆源污染物排放造成的海洋污染。第二，基于海洋资源环境承载能力，科学布局沿海产业，一方面，中央需加强浙江等沿海地区的政府对沿海海域进行保护、开发和利用的义务和权益，贯彻绿色低碳可持续发展理念，促进高消耗高污染产业的淘汰和新兴产业的培育；另一方面，浙江应加快近岸海域资源环境承载能力监测预警机制的建立，引导各沿海城市的绿色可持续发展，着力优化沿海产业布局，构建陆海统筹、优势互补的发展格局。第三，有效衔接陆域规划和海域规划，为实现近岸海域生态环境陆海统筹治理，浙江应深入理解涉海规划，摆脱陆海规划两分的思维桎梏，根据国土空间规划新思路，借鉴深圳等地区的规划研究，将全省海岸带地区划分湾区单元进行海岸带地区法定规划编制探索，进一步推进陆海统筹规划管理，同时，充分认识地域区别，结合具体的地理特征、海洋环境、资源禀赋等开展陆海统筹的空间规划。第四，统一陆海生态环境监测布局，分别负责陆域和海域环境监测的行政部门应加强沟通协调，统一规划环境质量监测点位，推进监测评价技术交流，建立陆海统筹的环境监测数据信息共享机制和重大海洋环境问题及突发环境事件通报机制，探索推进近岸海域生态环境联合监测工作。

三　陆海统筹治理的协同性原则

在推进近岸海域生态环境陆海统筹治理的过程中，纵向和横向政府部门之间缺乏沟通协调的问题较为明显，存在互相推诿、各自为政的情况，难以合力推动近岸海域生态环境治理绩效提高。从纵向来看，根据《海域使用管理法》规定，沿海县级以上人民政府海洋主管部门根据授权，负责本行政区毗邻海域使用的监督管理①，但由于我国未界定浙江等沿海行政区的海上行政区划，导致沿海各级地方政府无法有效履行近岸海域生态环境治理职能，多头管理、重叠管理、责任落实不到位等问题阻碍了陆海统筹治理的开展。从横向来看，虽然浙江与上海、江苏等沿海地区，安徽、江西等内陆地区在省级层面就环境保护、生态治理等达成共识，但是缺少健全的跨区域协调机制，未形成完善的市县级区域合作规范，部分治理主体会为实现自身利益而牺牲整体利益，行政边界地区的环境污染防治工作尤其容易陷入"囚徒困境"，各地区互相推卸责任，放任污染排放，最终对近岸海域生态环境造成严重破坏，分管不同海洋资源、缺乏沟通协调的政府部门同样降低了陆海统筹治理成效，各政府部门往往秉持不同的管理理念、实施不同的政策措施，不仅浪费了社会资源，也制约了陆海联动治污工作的推进。因此，近岸海域生态环境陆海统筹治理应坚持协同性原则，即通过完善顶层设计，明确内陆和沿海的利益分配与责任归属，健全涉海部门的协作机制，实现中央和地方、沿海和内陆以及不同部门在近岸海域生态环境治理上的协调配合。

四　陆海统筹治理的公共性原则

为切实解决海洋环境的污染损害、海洋资源的开发利用等现实问题，实现近岸海域生态环境的长效治理，浙江在推进陆海统筹治理的过程中应秉持公共性原则。第一，近岸海域生态环境治理的本质属性是构筑生态文明的公共空间，旨在保护生态环境、共享生态利益、配置生态资源，以公共决策和公共行政为手段，通过社会主体之间的协作与互动推进的社会活动②，在近岸海域生态环境治理的过程中，社会结构形态发生转型，新的公共领域逐渐形成，政府、企业、社会公众等治理主体通过不同的空间媒介探讨共同关注的海洋环境问题，影响相关环境政策制度的制定执行，携手推动符合大多数人环境利益的公共性目标的实现。第二，近岸海域生态环境治理的价值取向是践行生态利益共同体理念，陆海统筹的推进有赖于政府为主导、企业为主体、社会组织和公众共同参与的海洋环境治理体系的构建，即需要政府通过提供制度保障、明确组织分工、加强监督执法，

---

① 详见《中华人民共和国海域使用管理法》第三十七条。
② 任洪涛：《论我国环境治理的公共性及其制度实现》，《理论与改革》2016 年第 2 期。

建立多元参与的陆海统筹治理框架，企业通过节能减排、绿色创新、清洁生产，承担起近岸海域生态环境治理主体责任，社会组织通过科普宣传、建议献策、监督反馈，成为联系政府、企业与公众的桥梁，社会公众通过积极学习知识、广泛参加活动、主动参与治理，夯实生态环境陆海统筹治理的基础。第三，近岸海域生态环境治理的现实目标是保障优质的生态公共产品和服务的供给，生态环境陆海统筹治理反映政府、企业、社会公众等对生态公共产品服务的集体性诉求，浙江海洋局和环保部门应代表公众利益，根据公平和效率的原则配置海洋生态资源，佐之以环境治理的市场机制，切实提高地区生态产品服务的数量和品质。

第二节　浙江近岸海域生态环境陆海统筹治理的目标定位

海洋在本质上是社会—经济—生态系统的复合体，也属于地球大复合系统的一部分。在海洋社会、经济、生态复合系统中，海洋生态资源子系统是基础，海洋经济产业子系统是主导，海洋社会子系统是载体，三者联结成为海洋再生产的自然、经济与社会过程。海陆统筹治理机制，要基于"社会—经济—生态"可持续发展视角，从海洋生态安全保障、海洋环境资源可持续利用、海洋经济绿色发展等角度阐释近岸海域生态环境陆海统筹治理机制的总目标，确定陆海统筹治理的目标定位。

一　治理主体陆海统筹

长期以来，中国海洋环境管理主要由政府主导，呈现出"条块结合、以块为主、分散管理"的特征，地方海洋管理机构受到沿海地方政府和主管部门的双重领导，而不同海洋环境管理机构间又存在明显的职能交叉，难以实现统一有效的管理。长期以来，海洋陆源污染治理分别由负责河流排污监管的环保部门和负责入海排污口、海洋倾倒监管的海洋部门共同承担，这种两部门、两段式的监管模式导致污染防治责任主体不明确，海陆边界交错区域极易形成监管真空，放任海洋污染的扩散。2018年国务院机构改革将海洋环境保护职能全部整合至生态环境部，从宏观层面上确立了陆海统筹的治理架构，但具体到实践层面，仍需要各部门和各级地方的积极探索。

治理主体的陆海统筹应从三个层面开展。第一，中央层面应建立对地方海洋环境状况常规化的监测体系。根据 Holmstrom 与 Milgrom 共同提出的多任务委托—代理模型，由于信息不对称或监督能力不足，委托人无法对具有多重目标的代理人进行有效监督，代理人会倾向于完成可测度的目标，忽视那些不可测度的目标。通过对沿海地方海洋环境状况的常规化监测，中央政府能够识别沿海地方政府海洋环境的治理绩效，使得沿海地方政府能够将海洋环境治理和保护纳入地方工作当中，改变沿海地方政府"重陆地、轻海洋"的惯性思维。现有的海洋督察和环保督察对地方近岸海域生态环境起到了很好的监督作用，但仍无法同时对所有沿海地方政府实施常规化的监督。本质上而言，海洋督察和环保督察仅是地方海洋环境治理的外生冲击，难以改变沿海地方政府的海洋环境治理体系。通过对地方建立常规化的海洋环境监测体系，将地方海洋环境保护的动力内生化，使得地方政府不再被动地应对督察反馈，充分调动地方政府的主观能动性，创新海洋环境管理模式。第二，沿海地方层面需要建立起独立于地方利益的海洋环境统筹机构。近岸海域生态环境治理的主要困难之一在于海洋环境保护机构被地方利益所俘获，海洋环境管理是建立在地方利益的基础之上。然而，海洋并非仅仅属于沿海地方政府，建立在地方利益基础之上的海洋环境管理危及了所有公民以及子孙后代的利益。因此，要真正发挥海洋环境管理机构作用需要使其摆脱沿海地方政府的掣肘，独立行使监督权。此外，海陆统筹要求海洋环境管理机构要和地方产业发展做对接，参与到产业规划当中，防止危害海洋环境的不合理产业的布局。第三，建立以流域为单位的陆源污染综合管理机构，打破基于行政边界管理导致的碎片化治理。近岸海域生态环境损害既来源于沿海地区的污染排放和不合理开发行为，也与内陆地区的污染排放密切相关，内陆地区排放的污染物通过河流的运输，最终汇入海洋，对近岸海域生态环境造成危害。因此，海陆统筹也应包括沿海地区与内陆地区的统筹，而当前基于行政区划作为污染治理边界的方式容易造成相互扯皮，最终陷入"囚徒困境"，放任污染排放，恶化近岸海域生态环境。基于系统性治理的思路，跳出基于行政区划治理的模式，建立以流域为单位的陆源污染综合管理机构，立足于近岸海域生态环境治理的整体性目标，将流域上下游地区均囊括进来，促使地区间开展有效合作，协力改善近岸海域生态环境。

二　治理手段陆海统筹

长期以来，中国近岸海域生态环境治理主要依赖于政府管控的方式，然而，过度依赖于政府的被动治理手段不仅投入成本、监督成本巨大，而且难以调动陆源排污企业的自觉减排积极性，导致污染治理效率低下。国内外大量研究和实践表明，综合运用市场化手段和社会力量能够有效提升环境治理的效率。因此，治理手段陆海统筹在政府手段陆海统筹的基础上，需要进一步拓展到市场手段陆海统筹与社会手段陆海统筹。

近岸海域生态环境治理的市场化手段是指遵循市场上自由交易的原则，开展近岸海域生态环境损害治理的方式。其含义是借助市场化手段建立海洋陆源污染利益相关者之间的协调、合作机制，推进陆源污染的海陆统筹治理，弥补政府治理手段的不足。市场化手段的海陆统筹可以从三个方面展开：一是开展跨行政区的生态补偿转移支付试点工作，组建多部门、多学科背景下的专家组科学评估入海河流及入海口海域的环境承载力，对接污染物总量控制指标，制定流域上、下游地区的陆源污染排放考核标准，建立考核奖惩和生态补偿机制，要求排污治理未达标的行政区通过财政转移支付形式向考核达标地区进行补偿，以此在流域上下游形成污染治理的正向激励，提高流域上下游地区合力保护海洋环境的积极性。二是加强陆域排污配额差异化管理，基于排污总量控制制度，对流域上下游不同地区污水排放配额进行差异化分配，促进有需求的地区开展排污权交易，通过盘活资金提高陆域污染源的防治效益。三是开展海洋陆源污染责任保险试点工作，鼓励、引导排污严重的重化工业投保强制责任保险，建立投保污染责任保险的激励和约束机制，推动陆源污染企业全面承担海洋污染损害赔偿责任，进一步增强企业的海洋环境保护责任意识。

近岸海域生态环境治理的社会手段是指调动社会力量（公众、媒体以及社会组织）参与到近岸海域生态环境保护中，充分发挥社会力量的优势。长期以来，在近岸海域生态环境的利用和管理领域公众及利益相关方的参与度都比较低，社会力量参与明显不足。因此，首先，调动公众、媒体及社会组织的参与积极性。建立公开的环境监管信息共享平台，及时向社会提供陆源污染治理的相关进展及海域环境的各项信息确保公众知情权，如借助广播、电视、微信、微博及其他新媒体，及时跟进和发布近岸海域生态环境的动态变化，加强近岸海域生态保护宣传和科学知识普及工作。进一步健全举报、听证、舆情监测等多种社会参与渠道，明确社会力量在近岸海域生态环境治理中的重要角色。其次，将公众、社会组织及媒体参与海洋陆源污染治理的事前、事中和事后全过程的做法制度化，给予强有力的法律保障。公众数量庞大，一旦能获得法律保障，就能在近岸海域生态环境保护中形成合力，有效制约近岸海域生态损害行为。最后，鼓励近岸海域生态保护非政府组织的发展。公众作为个体在对抗地方政府或企业中会处于弱势地位，即便在有法律保障的情况下也可能在地方政府或企业的压力下放弃本该享有的权利或放弃举报近岸海域生态损害行为。因此，通过鼓励近岸海域生态保护非政府组织的发展，使得普通公众能够有效地组织起来，提高公众参与率。

三 治理信息陆海统筹

陆源污染源包括陆域工业废水、生活废水、农业污染等多种类型，除少数的近岸固定点源排污外，大量的污染物以区域或流域形式进入海洋，属于面源污染。面源污染具有来源广、周期长、持续性强等特点，其排污责任主体以及不同主体带来的污染程度难以清晰界定。如在近期开展的渤海入海排污口排查中，排查人员发现渤海范围内入海排污口数量众多，远超地方政府上报的数量，同时，这些排污口布局错综复杂，难以追踪到具体的污染源。同时，入海河流上、下游地区间在污染监测信息沟通上的不足更加大了海洋污染源追踪和治理的难度。

近岸海域生态环境治理的陆海统筹需要建立在入海河流上、下游地区以及沿海不同地区间相互沟通协作的基础之上，而治理信息的共享是实现这种协作最为重要的环节之一。治理信息的共享应主要关注三个方面。第一，监测信息共享。监测信息的共享主要聚焦于不同行政区陆域或海洋环境监测信息的共享。由生态环境部制定跨行政区监测信息共享的规范，整合原有分散在各级地方环保部门或海洋环境部门的环境信息。在全面实施监测信息共享以前可以先选取部分地区进行试点，开展渐进式的监测信息共享改革。监测信息的共享并非简单地将陆域环境信息和海洋环境信息堆积到一起，而需要对这两者进行系统的分析，能够为海洋环境治理提供决策参考，如探测海域各项生态指标的变化与陆源污染排放之间的联系，实现对陆源污染的责任追溯，通过密切关注陆域环境监测信息，识别突发的海洋环境污染风险。第二，监测技术共享。近岸海域生态环境信息监测、信息处理和分析以及应急响应均需要借助现代先进的科学技术，但沿海不同地区监测技术发展水平可能存在一定的差异，通过推动海洋环境监测技术在沿海地区间的共享，并将云计算、大数据及人工智能等先进技术整合到近岸海域生态环境信息监测、处理和分析当中，实现近岸海域生态环境监测的自动化，提高应急效率。第三，治理经验共享。中国在水污染治理方面积累了较为丰富的经验，其中，多数的治理政策均是来自于地方的先行先试，如目前已在全国范围内得到执行的"河长制"，该政策产生于无锡市在应对 2007 年爆发的太湖蓝藻危机过程中，属于典型的地方性海洋水污染治理政策，在治理水污染过程当中，"河长制"发挥了重要作用。浙江在 2013 年底开展的"五水共治"也取得了较好的水污染治理效果。在长期的实践过程当中，部分地方政府在水污染治理方面取得了丰富的成果。与此同时，这些丰富的水污染治理经验的分享往往仅限于省级行政区内，难以对其他行政区产生正向的溢出效应，降低了水污染治理效率，也往往造成重复性的资源投入。因此，亟须建立一种横跨行政区划的治理经验共享机制。如可以由生态环境部组织设立一种省份或地级市互访制度，互访的人员主要是在地方水污染或海洋污染治理中拥有丰富经验的人员，互相取长补短，提高近岸海域生态环境的治理效率。

四　治理政策陆海统筹

长期以来，中国的近岸海域生态环境政策停留在"头痛医头、脚痛医脚"的状态，相当一部分近岸海域生态环境保护和损害修复政策并未将陆地污染治理作为近岸海域生态环境保护重要工作之一，在"损害—修复—损害"的循环中，近岸海域生态环境损害不但未得到有效的修复，反而不断恶化。海洋环境治理和陆地环境治理的脱节是海洋环境损害无法得到有效治理的关键原因之一。

为打破"损害—修复—损害"的恶性循环，提高近岸海域生态环境治理的效率，亟须构建起基于陆海统筹的近岸海域生态环境治理政策。具体而言，治理政策的陆海统筹应从三个方面展开。第一，构建基于陆海统筹的法律法规体系。近岸海域生态环境治理政策是在一定的法律法规框架下产生的，法律法规所限定的框架基本决定了治理政策的总体思路。在陆海二分理念的影响下，关于海洋和陆地的法律法规存在明显的不协调，例如，涉海的法律法规体系本身并不完善，和陆域的法律内容也有矛盾存在，海陆管理部门在生态保护的过程中存在管理交叉和管理空白。统筹陆海法律法规体系的重点在于提高海洋法律法规的地位及协调陆域法律法规和海洋法律法规。首先，从结构上完善海洋法律体系，推动"海洋入宪"进程，在宪法中形成有中国特色又符合国际法准则的涉海条例，由此进一步提高海洋的战略地位和全民的海洋意识。其次，从内容上完善海洋法律法规，做好与陆域法律内容衔接。进一步完善对陆源污染防治方面的法律法规，协调好与《中华人民共和国水污染防治法》及《中华人民共和国大气污染防治法》等法律法规的衔接，实现"从山顶到海洋"的全过程保护治理。第二，探索海洋环境规划和陆地环境规划"多规合一"，避免"规划冲突"和"规划真空"。当前，在环境规划问题上，海洋环境规划和陆地环境规划往往是相互独立的，缺乏相互之间的协调。然而，海洋环境与陆地环境密切相关，只有在规划层面将海洋环境与陆地环境统筹考虑，才能有序开展海洋环境的保护与损害治理。在沿海省市，海洋和陆地环境规划可以在省级政府的协调下统筹开展，而对于内陆地区而言，由中央政府进行协调，将沿海省份与内陆省份的环境规划进行统筹，防止"下游治理、上游污染"的情况出现。第三，统筹陆地和海洋的环境治理政策，保证政策制定和实施的协调推进。海洋环境规划的实现需要依靠具体的政策措施，环境规划的陆海统筹保证陆地和海洋规划能够在长时间内得到有效协调，保证方向的一致性。而在陆海规划统筹框架下，如何实现海洋环境的有效治理，则需要具体到环境政策的制定和实施。海洋环境治理要做好海洋环境治理政策与陆地环境治理政策的协调，明确内陆和沿海地区的利益分配与责任归属。在陆海环境治理政策统筹实施过程中，内陆落后地区在资金上可能面临一些困难，中央政府可以通过转移支付的方式给予支持。此外，考虑到不同地区发展程度的差异，内陆一些落后地区往往面临着经济发展与环境保护之间的矛盾。为解决这一矛盾，可以再构建一种定点帮扶机制，由沿海发达地区对口帮扶内陆落后地区，为落后地区淘汰高污染性产业，发展清洁产业提供技术和人才上的支持。

第三节　浙江近岸海域生态环境陆海统筹治理的主体

明确海洋环境治理的主体关系是建立职责清晰、协同有序现代治理体系的重要前提。主体是从事实践活动的人，落脚到海洋环境治理中，主体是海洋环境治理的发起者和执行者。在推进从传统管理向现代治理转变的改革背景下，中国海洋环境治理主体的类别和角色定位均发生了变化。参与主体的变化是从传统环境管理到现代环境治理变革过程中最为突出的特征。传统的环境管理主要聚焦于解决集体行动困境问题的政府和私有化模型，将政府视为单一管理主体，而企业和公众被视为被动的接受者[①]。陆海统筹作为一种现代化的环境管理概念，需要调动海洋环境的利益相关者的积极性，实现近岸海域生态环境从碎片化监管到统筹治理、从单一参与主体到多元主体的共同治理。主体不仅包括政府还包括企业、社会公众、非政府组织等其他参与对象，强调的是多主体之间平等的协同治理。

一　政府

无论是在传统的海洋环境管理还是现代的海洋环境治理中，政府始终扮演着重要的主体角色，这主要与对海洋环境的公共物品属性认知有关[②]。同时，海洋环境保护本身是一个涉及陆海跨区域的系统性问题，需要上下级政府、不同区域政府及不同部门政府之间的协调合作。在2018年中央机构改革以前，海洋环境监管职责主要隶属于国家海洋局，但其职能仅限于入海口及近海海域的环境监管，经由陆域入海河流排放的污染监督属于生态环境部。这种陆海分割式的环境监管造成部门之间相互推诿责任，难以形成治理合力，极大影响了中国海洋环境治理的效率。2018年中央机构改革后，由新组建的自然资源部承担原国家海洋局与水利部、农业部等有关部门的海洋资源监管职责，新组建的生态环境部承担原国家海洋局对应的海域污染防治职能。至此，从中央层面打破了陆海分割下的治理困境，生态环境部既可以对陆域环境污染开展监督和治理，也可以对海洋环境开展监管，而自然资源部则实现了对陆海自然资源的统筹监管（见表9-1）。此外，由于内陆地区是海洋陆源污染的主要来源，因此浙江省层面的政府主体不仅包括浙江省的各个地级市还包括参与陆源排污的内陆流域沿线地方政府。

---

① 杨立华、张云：《环境管理的范式变迁：管理、参与式管理到治理》，《公共行政评论》2013年第6期。

② 王印红、渠蒙蒙：《海洋治理中的"强政府"模式探析》，《中国软科学》2015年第10期。

表 9-1　　机构改革后中央及地方涉及海洋环境治理的政府主体分类

层级	海洋环境治理的职能部门及涉海辖属机构		涉及海洋环境治理的主要职责
中央层面	生态环境部	海洋生态环境司、国家海洋环境监测中心	海洋污染监管、海洋环境监测、涉海工程环境影响评估等
	自然资源部	国家海洋局（北海分局、东海分局、南海分局）	海洋自然资源调查监测、海域使用规划、海岛保护利用管理等
	农业农村部	渔业渔政管理局（黄渤海区渔政局、东海区渔政局、南海区渔政局）	渔业用海规划、渔业水域生态环境保护
地方层面	沿海及涉陆源排污的流域沿线地方政府	生态环境厅	生态环境监测处、海洋生态环境处等	海洋污染监管、海洋环境监测、涉海工程环境影响评估等
		自然资源厅	海洋（与渔业）局等	海洋自然资源调查监测、海域使用规划、海岛保护利用管理、渔业用海监管等

注：根据各部门机构官网信息整理得到，其中各地区机构改革有一定差异，部分地区（如山东、浙江、福建、广西等）在自然资源厅下设立海洋（与渔业）局，部分地区（如辽宁、江苏、广东等）不再单独设海洋（与渔业）局，且不同地区涉及辖属机构单位名称存在不同。

二　企业

在现代海洋环境治理模式下，企业、社会公众、非政府组织被认为是发挥市场机制和社会机制作用的重要载体[①]。海洋环境与企业之间的关系是双向的，企业既是损害海洋环境的主要主体也是参与保护海洋环境的重要力量[②]，一方面，企业在生产过程中需要排放一定的污染物，虽然可以通过革新生产技术降低污染物排放水平，但企业为追求利益最大化，往往会通过各种方式推卸应承担的环境责任，这对其他社会主体的环境保护动能造成较为严重的负面影响；另一方面，在市场机制中，企业是海洋环境公共产品的重要提供者，通过对清洁生产技术、低碳环保设备等的研发创新、引进利用，将有效降低污染水平、促进传统产业绿色化发展，进而扎实推进近岸海域生态环境保护。中国海洋环境治理的企业主体主要以参与海洋环境污染减排的企业为主，另外还包括少部分直接从事海洋环境污染

---

① Chen S., Ganapin D., "Polycentric Coastal and Ocean Management in the Caribbean Sea Large Marine Ecosystem: Harnessing Community-Based Actions to Implement Regional Frameworks", *Environmental Development*, Vol. 17, 2016, pp. 264-276.

② 全永波、尹李梅、王天鸽：《海洋环境治理中的利益逻辑与解决机制》，《浙江海洋学院学报》（人文科学版）2017 年第 1 期。

治理的企业和直接从事海洋环境污染监督的企业两个类别。对于前者，参与环境治理的主要表现是生产方式的绿色改造升级、自觉减少污染排放，这主要有赖于政府的激励引导。而对于后者，参与环境治理的动机除了政府给予的绿色资金补贴或技术支持外，还需市场利润本身的驱动。在实践中，中国主要采取政府购买以环境污染治理为主业的企业服务的方式来保障企业利润，这一模式在中国推动生活垃圾分类治理的实践中取得显著成效。统计数据显示，截至 2020 年 5 月，中国涉及垃圾分类处理业务的企业数量已经达到 39 万家，为生活垃圾治理做出突出贡献。相对而言，海洋环境污染的企业参与程度还较低，直接从事海洋环境治理的企业数量较少，这主要与海洋环境污染治理、近岸海域生态修复等工程技术含量高、资本投入大有关，因而需要政府给予一定的绿色补贴支持，同时通过产学研合作形式为企业提供技术和智力支持。

三　社会公众

海洋环境质量与社会公众利益密不可分，海洋流动性特征导致任何消费者都可能受到海洋污染的利益侵害，因此，公众具备参与海洋环境治理的充足动力[①]。这里的社会公众不仅包括社会组织，还包括独立的中国公民。就我国的现实情况而言，公民的参与还远远不足，这一方面是因为公民缺乏相应的近岸海域生态环境保护意识和专业知识，海洋治理公共决策一般具有较强的专业技术性，普通公民往往囿于自身水平限制，难以针对近岸海域生态环境保护政策的制定、执行和监督等提出可行性意见或建议；另一方面源自缺乏相应的通畅渠道供公民直接参与，政府行政部门由于对公民的专业性缺乏信任，同时为维护部门或个人利益，往往将公民排斥在近岸海域生态环境治理之外，使其难以在近岸海域生态环境重大决策中发挥作用，致使公民参与的积极性和贡献度相对较低。借鉴学习发达国家推动公民参与海洋环境监督和治理的经验对我国具有一定的启示意义，如日本建立多层次的教育体系，在海洋环境治理中运用大众教育、精英教育和普及教育相结合的方法对社会各个阶层进行教育，美国努力动员科学界、利益相关者及公众参与制定海洋相关政策和规划，通过召开地区性公

---

① 张继平、潘颖、徐纬光：《中国海洋环保 NGO 的发展困境及对策研究》，《上海海洋大学学报》2017 年第 6 期。

开会议、成立专门的网站来征求各方意见和建议，促进民主决策。公民参与海洋治理的力量虽然弱小但并不能忽略，其主要分为两种情况，第一种情况是公民出于对近岸海域生态环境的关注愿意为国家的海洋治理做出贡献，我国崇尚国家观念和集体主义精神，公民往往具有很强的公益心，基于此，公民参与近岸海域生态环境治理具有广泛的社会基础，有助于加强综合决策的社会公正和正义。第二种情况是公民为了自身利益参与海洋治理决策，将根据个人利益受到损害的严重程度和舆论媒体的监督力度，发挥相应的制衡作用影响决策。作为全国最为发达的沿海地区之一，浙江有着良好的经济条件和公民素质条件，可以在海洋环境的陆海统筹治理中充分发挥社会公众的主体作用，浙江亟待强化海洋环境教育，提高公民海洋环境保护责任意识和参与海洋环境治理的技术能力。同时，完善公民参与海洋治理的知情权、参与决策权与诉讼权，落实其保护近岸海域生态环境的责任和义务，拓展社会公众参与近岸海域生态环境治理的深度和广度。

四　非政府组织

囿于个人力量的有限性，公众往往通过非政府组织的形式开展生态环境保护活动，海洋环境保护非政府组织作为致力于海洋保护活动的非营利性、非政府性、自主性的公众力量的集合体，具有更强的专业性和技术性，往往能更加科学、客观地反映公共利益，在表达海洋环境治理意愿、参与治理政策制定及开展环境治理监督等层面均有更大的优势[1]。海洋非政府组织经常通过开展环境保护主题活动、编写环境保护科普读物等方式普及海洋环保知识、促进海洋环境信息交流，如大海环保公社在互联网发布《关于渤海法案项目的公开信》，呼吁公众重视《渤海法案》的建立与推行；"蓝丝带"海洋保护协会举办"蓝丝带海洋保护海南行""长江校友·蓝丝带海洋环保中国行"等活动宣传海洋保护意义。此外，海洋非政府组织公益性、专业性和民间性的特点使其能充分调动社会资源以弥补政府在提升海洋软实力过程中人力、财力和物力的不足，并且海洋非政府组织中的大部分成员来自海洋专业岗位及海洋爱好者，其所拥有的专业知识技能、仪器设备等可以有效地帮助政府提高政策制定、执行、反馈的效

---

① 杨振姣、孙雪敏、罗玲云：《环保 NGO 在我国海洋环境治理中的政策参与研究》，《海洋环境科学》2016 年第 3 期。

率。经过多年发展，中国现已形成了中国海洋学会、"蓝丝带"海洋保护协会、深圳蓝色海洋环境保护协会等多个专业化的海洋环保社会组织，但仍面临法制建设不健全、管理体制不完善、公众基础薄弱、资金来源单一及专业水平较低等多种问题①，如《社会团体登记管理条例》《民办非企业单位登记管理暂行条例》等规范海洋非政府组织的主要法规对其人数、资金等硬性指标过高，规模较小的海洋非政府组织的法律地位与权利未获得切实的保障，难以与政府进行有效沟通，享受政府的福利政策；社会公众对于海洋非政府组织的信任度也较低，由于志愿组织"失灵"问题时有发生，公众难以完全信任非政府组织，对其立场、目标和行动等存在较大疑虑。浙江为推进近岸海域生态环境陆海统筹治理，应明确界定海洋非政府组织的海洋环境参与权，推动相关法律法规的建立以提供法律地位和权利保障，包括对海洋非政府组织的经费支持制度，支持其开展海洋环境保护方面的有偿服务等，同时应鼓励海洋非政府组织提高专业水平，加强对外交流合作，学习先进经验，建立有效的监督机制，积极与政府和其他组织进行合作。

五 四大主体间的关系

在现代海洋环境治理体系中，政府间以及政府与企业、社会公众、非政府组织等利益主体间存在复杂的交互影响关系。立足治理主体的角色定位，基于利益相关者视角，梳理主体间的逻辑关系，是建立现代化的多元协同环境治理体系的重要前提。

（一）中央政府与地方政府间的关系：压力型体制下的目标一致

承担多重角色的中央政府和各地方政府是推动海洋环境治理的核心主体。然而，不同层级、不同地区政府间的利益目标存在差异，因而推动中央及各地方政府采取一致性的环境治理行动至关重要。在海洋环境日趋严峻的现实背景下，中央政府对于治理海洋环境污染存在强烈意愿。在中央政府行为策略明确的前提下，政府间博弈关系主要表现为央地政府之间以及地方政府相互之间的竞争—合作关系。由于海洋本身流动性及公共物品属性特征，地方政府积极执行海洋环境治理的行为具有正外部性，能够使

---

① 张继平、潘颖、徐纬光：《中国海洋环保 NGO 的发展困境及对策研究》，《上海海洋大学学报》2017 年第 6 期。

邻近地方政府受益，但同时牺牲了自身经济发展收益，而采取消极执行策略则会增加自身经济收益，但同时产生负外部性，使邻近地方政府收益减少。因此，在缺少外部激励和约束的环境下，追求利益最大化的地方政府不会自觉采取环境治理行动。为此，中国长期以来主要借助于自上而下的压力型体制来约束地方政府行为，引导其开展环境治理①。然而，由于央地政府间信息不对称等因素影响，传统的以指标考核为核心的压力型政治激励模式在指标设置、测量、监督等实施过程中面临多种问题，现实中地方政府暗中合谋、地方官员操纵统计数据等现象频发②。为此，党的十八大以后，中央制定了一系列针对环境治理体制的重大改革举措，其中中央环保督察制度成为进一步压实环保责任、解决信息不对称的重要手段。

在海洋环境领域，央地政府之间逐步形成了以中央环保督察和国家海洋督察两大督察机制为核心的压力体制。通过专项督查、"回头看"、不定期督查督导、环境审计等多种形式的压力传导，地方政府环境治理的"共谋"结构得到有效规制，海洋环境治理成为地方政府的一项中心政治任务，从而推动作为"代理人"的地方政府按照中央"委托人"的治理目标或意愿行动③。以 2019 年 7 月中央第三生态环境保护督察组进驻海南督察为例，在进驻期间，收到多份群众举报的海南澄迈县沿海地区围填海造成红树林损害的问题。督察组随即对澄迈县开展调查，发现部分房地产开发项目违规侵占红树林自然保护区多达 500 亩，累积破坏红树林约 4700 株。中央督察组认为海南省海洋部门对海域使用管控不严，未经核实就给予相关企业围填海指标，长期疏于对红树林自然保护区的监督，并将督察情况形成报告反馈给了海南省政府。海南省随即对包括澄迈县在内的 9 个围填海项目开展审查，并于 2020 年 10 月 19 日发布《海南省贯彻落实中央第三生态环境保护督察组督察报告整改方案》，规定了澄迈县围填海项目的整改措施及整改落实时间点。澄迈县根据海南省委、省政府指示要求，成立红树林破坏问题整改工作组，针对问题建立责任清单，明确了整改标准要求和完成时限。通过这一案例可以看出，中央生态环保督察

---

①　黄南艳：《海洋环境管理中的经济学手段研究》，《海洋信息》2004 年第 3 期。

②　张金阁、彭勃：《我国环境领域的公众参与模式——一个整体性分析框架》，《华中科技大学学报》（社会科学版）2018 年第 4 期。

③　王刚、宋锴业：《中国海洋环境管理体制：变迁、困境及其改革》，《中国海洋大学学报》（社会科学版）2017 年第 2 期。

组的下沉式督察对解决上下级政府间的信息不对称、逐级压实环保责任具有重要作用，确保了自上而下的治理合力的形成。

（二）地方政府与地方政府间的关系：海岸带综合治理下的区域合作

在中国现行的环境管理体制下，地方政府是地方环境治理的主导者和责任人。然而，海洋环境污染是一个跨区域的复杂问题，其责任归属往往难以清晰界定。以杭州湾海域污染为例，除沿岸地区直接的排海污染外，还有大量污染物是经由钱塘江、长江口流入，因而涉及的污染责任对象不仅包括杭州湾海域沿海地区，还包括钱塘江、长江等陆地流域沿线地区。同时，受海洋流动性影响，各地方的污染责任大小在实践中难以界定，造成地方政府在海洋环境治理中相互推诿、扯皮。因此，在区域海洋环境治理中需要打破行政区域壁垒，从陆海生态系统的整体性视角实施海岸带综合治理，以期形成污染治理合力。海岸带综合治理理念最早由国外学者提出，此后被多个国家和国际组织采纳和推广，其内涵是将整个海岸带空间作为管理对象，承认各生态系统之间的联系，维持海岸带生态系统从产生到再生过程的流动性，实现系统中各物种需求与人类需求相平衡的治理策略①。党的十八大以来，包括福建、广东、山东、浙江等在内的多个沿海省份地区相继制定海岸带综合保护与利用规划，从生态系统的整体性视角划定了所辖省份内的海岸带功能区，明确了跨区域、跨部门的海岸带治理职责。同时，山东、浙江等沿海地区还探索实施了"河长制""湾长制"等陆海一体化治理制度，以流域、海湾等生态系统为治理对象，通过明确省、市、县、乡各级党政领导干部责任，推动跨区域的环境治理合作。综上，在现代海洋环境治理体系下，一方面，地方政府行为会受到海岸带保护和利用规划政策的"硬约束"；另一方面，随着"河长制""湾长制"的联动推进，原有零散、碎片化的地方政府海洋环境监管职责在整体性的海岸带生态系统治理目标下得到有效统一，从而打破行政壁垒下的集体行动困境。

（三）政府、企业、社会公众与非政府组织间的关系：多元治理下的协调共生

按照公共经济学理论，政府、企业、社会公众和非政府组织相互间在

---

① 赵绘宇：《资源与环境大部制改革的过去、现在与未来》，《中国环境监察》2018年第12期。

环境治理过程中呈现出冲突—合作、委托—代理等多层复杂关系，如何协同不同主体间的利益、调动各主体参与环境治理的积极性是构建协调共生的现代环境治理体系的关键。

首先，作为社会公众的代理人，政府本质上是公共利益的代表，而企业作为市场经济主体是以追求利润最大化为行为目标，这就必然形成政府与企业之间的利益冲突。但海洋环境问题本身具有非线性特征，在源头追溯上，受海洋流动性影响，海洋污染责任难以清晰界定，在结果影响上，政府关停排污企业也会造成地区经济增速下降，进而可能带来社会就业等问题①。因此，地方政府和企业之间可能为了地区经济增长而与企业"合谋"。在前文海南澄迈县沿海红树林生态损害的案例中，澄迈县地方政府与当地房地产开发商之间就实质上达成了"合谋"，地方政府为了经济发展在全县发展规划修订时将自然保护区调整为建设用地，强力推动红树湾围填海项目，加快旅游地产开发，而当地的房地产企业则在政府许可下获得自然保护区海域的使用权，在保护区内填海造地建设楼盘，对红树林造成严重破坏。这种合谋通常更容易发生在事实规则的监管制度下，尤其是在腐败的情况下，实现可持续结果的可能性将严重降低。这种情况在责任主体不清晰、污染边界难界定的海洋陆源污染中更为突出，各地方政府更是缺乏对本地排污企业监管和处罚的动力，导致企业因违法成本低而不会主动降低污染排海。

其次，地方政府和社会公众主要表现为委托—代理关系，但一方面，相对于强势、具有垄断地位的政府，以分散形式存在的公众在契约关系中处于劣势地位，公众的分散表达呈现出相互竞争和排斥的现象，对海洋环境治理的意见难以统合整理形成一致的利益主张和诉求，社会公众只能通过有限渠道以无序、非理性的方式参与海洋环境治理，甚至通过非法聚众、游行、示威等破坏社会公共秩序的方式，这导致地方政府在传统以经济增长为核心指标的政绩考核压力下，可能为追求经济、政治利益而忽视公众的环境利益。另一方面，公众对近岸海域生态环境治理相关的决策信息等有清晰的认知理解是充分发挥公众参与作用的关键，但信息公开机制不健全，已公开的信息欠缺完整性、真实性和时效性等现实情况阻碍了公

---

① 曹忠祥、高国力：《我国陆海统筹发展的战略内涵、思路与对策》，《中国软科学》2015 年第 2 期。

众的有效参与。此外，公众参与渠道过窄、中间环节过多等问题对公众参与海洋环境治理的积极性也造成较大损害，相关政府部门可依据自身意愿限制参与方式，或为了符合自身利益需求，对公众参与时获取的信息进行加工挑选。

最后，政府与非政府组织应呈现良性互动关系，在陆海统筹治理的过程中，非政府组织可以作为政府与公众沟通的桥梁和纽带，上呈民意、下达政令，不仅反馈公众的意见和建议给政府，参与环境政策的制定，还监督政策的有效执行，确保近岸海域生态环境的改善，但相较于发达国家，中国非政府组织面临的问题较多，与政府的合作存在困境，一是独立性问题，非政府组织的独立性是其与政府良性合作的基础，但我国海洋非政府组织对政府有很强的依赖性，许多较为成熟的非政府组织在成立之初就与政府保持密切的联系，在人事任免方面受到政府的支配与控制，而由民间自发成立的海洋非政府组织虽然拥有充分的自主权，但缺乏社会资源，开展组织活动的压力加大，最终只能选择依附政府来获得发展的空间。二是非政府组织相关法律体系不完善，由于立法工作的滞后性，有关海洋非政府组织的立法并不完善，现行的法律法规主要侧重于政府对海洋非政府组织的控制和管理，这不仅影响非政府组织的发展，也不利于其与政府合作的深度推进。三是非政府组织能力问题，在欧、美、日等国，慈善捐款占非政府组织总体资金的比重超过40%，但我国仅有10%左右，这不仅反映非政府组织缺乏公信力，也体现其对高素质人才的吸引力不足，尤其是海洋非政府组织，其本土性质比较强，影响力大多局限于沿海省市，难以深入内陆，如海南的蓝丝带海洋保护协会，这导致大部分海洋非政府组织与政府开展陆海统筹治理合作的能力不强。

随着绿色政绩考核体系的建立以及环保督察制度的实施，海洋环境治理成为地方政府的重要政治任务，地方政府与排污企业之间的"合谋"空间得到有效限制。但实践经验表明，单一政府主导式的环境管理模式也面临机制失灵问题，企业、社会公众、非政府组织的参与作用不容忽视。为此，党的十九大报告明确提出，要构建政府为主导、企业为主体、社会组织和公众共同参与的环境治理体系。在现代海洋环境治理体系下，政府不再是万能的，而是以"元治理"的服务者姿态，适度下放环境监管权力，建立完善市场和社会机制，为企业、社会公众和非政府组织主动参与共治海洋环境创造条件①。在平等磋商、共同决策和相互监督的"元治理"机制下，企业、社会公众和非政府组织不再是环境治理事务中的被动接受者，而是可以成为主动参与者，与政府在信息共享、信任互惠中实现协调共生。

第四节 浙江近岸海域生态环境陆海统筹治理的信息支撑

陆海统筹治理也是生态、社会、经济系统信息和监管信息的传输过程，信息支撑是陆海统筹的海洋环境治理能够发挥作用的基础。信息支撑主要是指哪些信息有助于浙江近海海域生态环境的陆海统筹治理以及这些信息如何进行整合。这一节从监测信息和治理经验两个角度出发对陆海统筹治理的信息支撑进行分析。

一 监测信息

监测信息的供给以及跨部门、跨地区的共享是实行海洋环境陆海统筹治理最基本的条件。然而，陆海环境信息监测尚存在诸多问题，阻碍着监测信息的供给和共享，主要体现在以下几点。

一是监测缺乏统筹管理。各部门虽然都对陆海区域开展了监测，但其系统性和完整性都不强。两者监测指标、频次和点位不仅重叠交叉，而且不能在时间和空间尺度上进行统筹，难以满足环境质量管理的需要。在规划、设计和实施统筹陆地和海洋环境监测时，存在许多技术层面的连接问题以及管理层面的协调问题，这不仅浪费了行政和财政资源，还对监测工作的开展造成负面影响。

二是监测管理职责不清。虽然《环境保护法》《海洋环境保护法》和国务院"三定方案"都规定了各部门的环境监测和监督职能，但在具体的实践中，未明确监测工作的职责权限和具体分工。目前，中国环境监测管理的法律体系尚不完备，环境监测陆海统筹缺乏统一规定。由于各方对

---

① Schreiber E., Bearlin A., Nicol S., et al., "Adaptive Management: A Synthesis of Current Understanding and Effective Application", *Ecological Management & Restoration*, Vol. 5, No. 3, 2004, pp. 177–182.

政策规范的解读存在差异，而且缺乏统筹协调机制，致使部门间未实现有效的合作与交流，不利于网络资源的优化和技术的发展。

三是监测规范标准化的滞后。中国各部门的环境监测机构都基于标准、规范开展工作，但由于部分项目的监测方法存在差异，"一个对象、两组结果"的情况时有出现，监测规范与标准的不统一，对整个过程的质量保证和控制造成了重大障碍。另外，考虑到陆海统筹环境监测技术系统的发展，现有标准和规范仍不完善。从陆海统筹环境监测来看，中国尚未形成有效的研发、开发与推广应用机制，缺乏系统的研究计划和固定的资金来源。

四是数据共享匮乏、信息发布混乱。对于同一种监测方法，不同部门对同一项目的监测结果应保持一致，但由于各部门监测机构运行和管理方式的不同，导致信息沟通存在问题。目前，中国各部门自行发布监测信息，往往造成评价结果不一致、信息公开混乱，这不仅影响了公众对环境质量的直观感知，还增加了各级政府进行管理决策的行政成本。

因此，监测信息的供给与跨部门、跨地区的共享需要解决四个方面的问题。第一，陆域和近海环境监测信息实现统筹管理。当前，从机构层面来看，已经实现了整合，但实际运作中还存在诸多问题，监测信息仍旧无法真正实现统筹。从海洋环境治理的角度来讲，陆域环境监测主要是流域污染以及面源性的污染，主要由内陆地方政府负责，通过技术性手段实现常态化实时监测。近海环境监测主要由沿海地方政府负责，也需要依靠技术性手段进行常态化监测。统筹性管理要求内陆和沿海地方政府的环境监测信息能够进行互通，最终应整合到同一个环境信息监测平台，便于各地区及时调整环境监管政策。同时，沿海地方政府间的近海环境监测信息也需要实现统筹，提高近海环境治理效率。第二，建立分工明确的监测体系。明确不同环境的监测职责，比如流域环境的监测、近海环境监测、面源污染监测的归属，避免不同部门、不同地区在监测职责上的重叠，从而出现互相推诿、标准不一的情况。第三，统一监测标准。环境监测标准在沿海不同地区间以及内陆与沿海地区间必须保持一致，为陆海统筹治理奠定基础。第四，监控信息共享。监测信息共享主要侧重于共享各行政区陆海环境的监测信息。生态环境部制定跨行政区监测信息共享的标准，整合分散在地方环保部门或海洋环境部门各级的原始环境信息。在监测信息共享全面实施之前，可以选择部分地区进行试点，逐步实施监测信息共享改革。共享监测信息不仅仅停留在陆海环境信息的整合上，还涉及对陆海信息的系统分析，如检测海域各种生态指标的变化与陆源污染排放的关系，以追溯陆源污染责任，并通过密切关注陆域环境监测信息，识别突发海洋环境污染风险。

二　治理经验

美、日、欧等发达国家对海洋的开发利用起步较早，因此相较于中国等发展中国家，更早地面对海洋污染、近岸海域生态资源破坏等生态环境问题，在海洋立法、执法、监测等方面开展一系列积极探索，虽然由于国情不同，国外海洋环境治理机制、重点及实施途径等与我国现实情况存在一定的差异，但美国、日本及欧盟地区作为海洋大国（或地区），在区域海洋环境治理方面的经验仍有可取之处，可供我国参考借鉴。如美国在联邦政府层面设立高级别的国家海洋委员会，负责海洋发展政策战略制定，以国家海洋和大气管理局为统一的行政管理机构，统属国家海洋局、海洋大气研究中心等部门，同时在州府层面设立海洋管理机构进行协作，在横向和纵向上实现了对海洋管理部门的统筹，推进了海洋环境治理的整体实施，此外，美国联邦政府积极鼓励加利福尼亚州等沿海地区根据自然资源条件、环境污染状况等客观因素，开展区域环境治理合作项目，成立新的区域海洋环境治理组织；日本在区域海洋污染联防联治方面有成功经验，在治理濑户内海环境时，日本政府通过专门立法[1]，为统筹治理沿海和内陆，实施海陆联防联控提供制度保障，地方政府依据相关条款出台严格的环境规制政策来控制排污总量、水质情况，还对沿岸涉海活动进行严格的规定以推动沿海地区经济发展由"传统型"向"环境型"转变，同时，日本经济虽然数十年来持续低迷，但各届政府均高度重视海洋科技的研发，经过长期努力，日本在海洋垃圾处理、海洋环境监测、海洋生态修复等方面都掌握了世界领先的技术，培育了一批能配合政府切实推进海洋环境治理的企业；波罗的海曾是污染最严重的海区，沿岸国家一度饱受海洋环境污染的危害，因此对于海洋环境治理达成了高度共识，海洋环境治理的整体性立法和各国国内立法都以海洋生态环境可持续发展为最高利益，在此基础上，波罗的海各国建立了完善的海洋环境治理协调机构，以

---

[1]　日本于 1978 年颁布《濑户内海环境保护特别措施》。

具有代表性的赫尔辛基委员会为例，该组织以超国家模式监测和监督各国海洋环境治理情况，并在充分考虑各国经济发展水平差异的基础上，建立协调、应急管理机制和制度机制，不仅明确各治理主体的权责，也在一定程度上打破了行政管辖边界，切实推进近岸海域生态环境协同治理。

随着中国对海洋的不断开拓，海洋经济及相关产业迅速发展，但近岸海域水质恶化、赤潮频发、海洋生态系统破坏等近岸海域生态环境问题日益突出，为推动经济高质量发展，在生态保护和经济发展之间实现共赢，沿海各省市积极探索近岸海域生态环境治理模式。首先，在治理体系、管理机构、合作机制等方面进行了一系列尝试，并取得了一定的成效，其经验同样值得学习推广，如三亚市为解决渔业过度捕捞、珊瑚礁系统受损、污染直排入海等问题，实行分级管理和分区域管理，不仅组织建立海洋生态保护区，划分核心保护区和经济开发区，错开时间和空间开发利用海洋生态环境资源，还出台规定限制保护区内污染排放总量，对违法的单位和个人进行严厉处罚以规范海上活动和沿海经营活动；大连市入海排污口排放超标问题严重，赤潮现象屡次发生，面对严峻的海洋污染，大连市首先高度重视陆源污染的治理，不仅对企业直排口进行整理改造，封堵一定数量的排污口，实行截流并网措施，还在重点排污口安装监控系统，定期进行测量，实施实时数据传输。其次，高度重视海洋环境保护法律法规建设，大连市以国家层面和省级层面的法规为依据，基于实际情况，制定了一系列条例来细化法规，明确各部门在海洋环境治理工作中的权责，提高海洋环境治理绩效。最后，为避免政出多门、部门权责重叠的问题，大连市建立了统筹海洋管理事务的机构，加强各部门的沟通和协调以更好地推进海洋环境治理工作。

经过长期的实践，美、日、欧等海洋国家和中国沿海省市形成了各具地方特色的近岸海域生态环境治理经验，但是由于海洋信息共享基础薄弱，海洋治理经验共享机制尚未建立等原因，差异化的近岸海域生态环境治理经验并未有效扩散，浙江等沿海省市难以通过吸收先进经验，切实推动海洋环境治理效率提高，避免重复性的社会资源投入。国际海洋治理经验难以交流共享不仅是因为国际交流合作机制尚未健全，更主要的原因是存在由地理环境、人文历史、政治体制等塑造的认知壁垒，本节着重分析国内治理经验难以推广的缘由，主要包括以下几个方面。

一是尚未形成上下联动的海洋环境治理信息共享机构，中央一般基于宏观视角进行近岸海域生态环境治理规划，地方在近岸海域环境污染处理等具体问题上有较大的自主权，这与地方保护主义结合，往往导致各地海洋部门各自为政，中央与地方、地方与地方间的海洋治理信息存在脱节，难以实现近岸海域生态环境治理经验共享；二是近岸海域生态环境信息缺少统一标准，各地区各部门的信息共享平台多样，信息共享内容存在较大差异，信息数据分类标准也比较混乱，这不利于海洋治理经验准确、清晰地传播；三是信息化设施建设的不足与不平衡，近岸海域生态环境治理经验的高效推广对信息技术有较高的要求，但经济发展不平衡的现实情况将导致各地信息化建设水平存在较大差距，信息化水平较低的地区相关基础设施薄弱，专业技术人员稀缺，不仅无法及时准确地共享近岸海域生态环境治理的经验，其形式也相对单一，缺乏创新性。

综上所述，为推进近岸海域生态环境治理经验共享，在国际层面，中国应不断扩大蓝色伙伴关系范围，积极参与全球海洋治理体制机制及规则规范的制定实施，在全球海洋治理的新领域推动构建新的国际合作机制与平台，畅通近岸海域生态环境治理经验交流共享的渠道；在国家层面，中央应在近岸海域生态环境治理信息共享方面加快法治化建设，出台具体的法律法规，监督地方政府实时更新海洋环境治理信息，将动态及时准确地反映到上级有关部门，避免虚报瞒报错报等造成上下联动失败的问题，同时积极推进信息化建设，建立海洋治理经验共享机制，完善海洋科学数据共享平台，设立包括网络平台、新闻媒体等在内的海洋治理经验宣传网络，促进海洋治理经验的归纳、总结和凝练，进而推动普适性原则的提出和差异化方案的构建；在地方层面，浙江等沿海省市应开展常态化的横跨行政区划的治理经验交流分享活动，如可以由生态环境部组织设立省份或地级市互访制度，互访的人员主要是在地方水污染或海洋污染治理中拥有丰富经验的人员，互相取长补短，提高近岸海域生态环境的治理效率，此外，加大信息化专业人才引进力度，鼓励通过物联网、云计算和大数据等新技术和手段提供近岸海域生态环境治理经验咨询服务。

浙江近岸海域生态环境陆海统筹治理机制的总体设计

　　海洋环境治理结构是从静态维度呈现治理体系内各主体间的相互关系，运行机制则是从动态维度进一步梳理不同要素之间的协同演进脉络，探究治理效用在既定结构和条件下的传递路径。中国陆海统筹的海洋环境治理的权力结构、社会结构和区域结构不是独立存在的，而是相互交织、相互关联，贯穿于海洋环境治理的制度安排、过程协调及反馈调适全过程，共同构成一个动态、完整的运行体系（如图 10-1 所示）。据此，陆海统筹海洋环境治理的运行机制具体包含"自上而下"的治理制度安排设计和传导、多主体跨区域的治理过程协调和统一、"自下而上"的治理反馈传导和优化三个部分，最终表现为一个纵横交错、联动有序的治理体系。

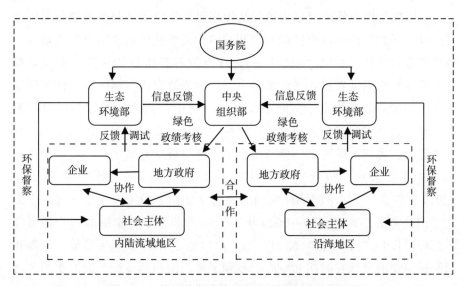

图 10-1　基于陆海统筹的海洋环境治理运行机制

第一节 "自上而下" 的治理制度安排

权责清晰、多元参与、陆海协同的海洋环境治理结构不是自发形成的，而是需要科学、合理的制度安排加以约束和引导。立足海洋生态系统视角合理规划海洋开发，逐级压实海洋环境保护责任，是避免海洋"公地悲剧"发生的关键。政府部门尤其是中央政府是海洋环境治理制度设计的主要主体，机构改革后，国务院以及生态环境部承担了这一主要职责。海洋环境治理制度作用对象是各地方海洋环境保护责任主体，其目的在于规范各地方海洋开发行为，确保履行海洋环境保护职责，促进海洋环境可持续发展。

中国海洋环境治理制度安排可以分为两类：一是"事前"的防范控制制度，针对近岸海域生态环境作出有针对性、全局性的顶层规范，包括海域使用规划、海洋主体功能区划、海洋生态红线、海域排污总量控制等制度手段；二是"事后"的督察追责制度，主要针对地方政府海洋环境保护责任履行情况进行审查，包括海洋环保督察、绿色政绩考核等制度手段。

一　防范控制制度

从中央到地方的政府纵向治理结构是海洋环境治理制度效用传递的主要路径。强调海洋环境可持续发展利益的中央政府根据全国海洋环境自然特征和基本形势，制定"事前"的海洋开发和环境保护规范，提供全局性、指导性的制度安排，在此基础上，各地方政府依据辖区内具体实际制定更为详细的制度规范，不断创新践行"两山"理念。国家高度重视近岸海域生态环境的保护工作，为实现科学用海、文明用海、生态用海，在中央层面，各相关职能部门修订出台了多项与近岸海域生态环境保护密切相关的政策法规，包括《水污染防治行动计划》《海洋环境保护法（2017年修正）》《全国海洋观测网规划（2014—2020年）》《海洋生态文明建设实施方案（2015—2020年）》以及即将印发实施的《全国海洋生态环境保护"十四五"规划》等，通过制定和实施这些规范，使得我国海洋事业的发展在时间和空间上得到了较为明确的设计，同时也为各级地方政府，尤其是江苏、浙江、广东等沿海省市推进海洋生态文明建设事业、实现海洋环境保护与经济发展共赢提供了制度保障。在地方层面，作为近岸海域生态环境质量的责任主体，江浙粤等各级政府在充分考虑本地区自然环境、经济水平、产业结构等特点的基础上，依据中央的政策法规，制定差异化的海洋环境保护和海洋资源开发规范，如《浙江省海洋经济发展"十四五"规划》《浙江省近岸海域水污染防治攻坚三年行动计划》《江苏省海洋经济促进条例》《广东省海岸带综合保护与利用总体规划》等，对协调海洋产业和生态环境、统筹陆域地区与海域地区的发展道路展开积极的探索。

近岸海域生态环境治理是艰巨的长期任务，政府作为主导力量在海洋资源开发规划、海洋生态安全立法等方面进行了大量努力并取得了突出成果，但随着海洋治理向深度拓展，各级政府在制定"事前"规范时存在的问题也逐渐暴露，对近岸海域生态环境质量的提高造成较大的阻碍。

一是近岸海域生态环境治理法律体系尚不完善，现行围绕近岸海域生态环境的法律法规大多聚焦于某一特定领域，并未从全局视角进行统筹规划，主要表现为对海洋渔业、油气开采等传统行业的规范较多，对生物制药、新能源利用等新兴行业的关注较少；对节约能耗和减少排污反复强调，对生态保护和综合管理相对忽视；对社会公众较为严格，对行政主体则明显宽松。此外，近岸海域生态环境治理法律法规对相关部门的职权划分及权责义务并未明确说明，当前各管理机构之间权限模糊、责任不清的问题较为突出，如《海洋环境保护法》规定在环境保护行政管理部门开展审批工作时应征询海洋、渔业、海事、海军等部门的意见①，但对环境保护行政管理机构如何切实履行职责，如何与其他部门有效开展协商工作以及这些部门如何充分发挥监督作用，都缺乏明确规定。

二是陆海生态环境保护立法互相分割、衔接不畅，在一般性生态环境保护立法中，《环境保护法》为综合法，还包括《水污染防治法》《大气污染防治法》《固体废物污染环境防治法》等环境保护单行法，这些法律法规一般只适用于陆地生态环境保护，而将海洋环境保护排除在外②。此

---

① 详见《中华人民共和国海洋环境保护法》第四十三条。

② 《中华人民共和国水污染防治法》（2017 年修正）第二条明确规定："本法适用于中华人民共和国领域内的江河、湖泊、运河、渠道、水库等地表水体以及地下水体的污染防治。海洋污染防治适用《中华人民共和国海洋环境保护法》。"

外，陆海生态环境保护立法的制度设计、管制措施和标准要求等也存在一定的差异，如《环境保护法》规定对违法排放污染物且拒不改正者可按原罚款额按日连续处罚①，《海洋环境保护法》虽然也有相似规定，但当日最高罚款额为 20 万元②，这容易导致执法资源的内耗。

三是近岸海域生态环境治理规划体系有待健全，当前我国近岸海域生态环境治理规划主要针对海洋环境污染方面的问题，但根据《海洋环境保护法》，近岸海域生态环境的治理应包括海洋生态、陆源污染物、海岸工程建设项目、海洋工程建设项目等多个方面，这表明要形成对近岸海域生态环境的全面保护，需要进行综合统筹推进治理，单一的环境规划难以切实发挥效用，此外，环境治理规划"自上而下"的制定将导致中央缺少对地方利益的平衡和考虑，地方难以切实承担中央的规划目标，中央也难以有效把握地方的具体规划。

为制定具有针对性、全局性的近岸海域生态环境治理规范，实现中央集中统一与地方自主权的有机结合和良性互动，落实各级政府在近岸海域生态环境治理中的责任和要求，应当着重在以下几方面努力。

首先，要完善海洋法律体系，积极推进"依法治海"，一方面应规范分散于各部门的海洋立法职权，建立海洋立法的多元参与机制，广泛听取社会各界关于近岸海域生态环境治理的意见和建议，并组织专家学者科学审视立法工作，明确不同地区、行业和部门在相关问题上存在的矛盾和冲突，秉持"地区服从国家，局部服从全局"的原则科学解决，切实推进立法程序的规范化和科学化。另一方面应充实完善海洋环境治理的法律体系，在科学梳理、分类归纳现有相关法律法规的基础上，积极推进空白领域的立法工作，聚焦于海洋生物制药、新型能源利用以及绿色海洋科技研发等新兴产业，强调海洋生态补偿、环境保护、污染监测等多个方面，明确政府、企业、社会公众等治理主体的具体职责。

其次，要从整体上构建陆海生态环境治理法律体系，即在强化《环境保护法》的基本法地位，在充分发挥其统领性、统筹性功能的基础上，重新界定《环境保护法》与《海洋环境保护法》的关系，落实"陆海统筹、以海定陆"的思路，强化海域与陆域、流域之间的协调联动，同时清除陆

---

① 详见《中华人民共和国环境保护法》第五十九条。

② 详见《中华人民共和国海洋环境保护法》第七十三条。

海两套环境法律制度之间的障碍，使原来只适用于陆地的环境保护法规可以适用于海洋环境保护，并通过行政法规、部门规章和地方立法对环境影响评价制度、生态红线制度、生态补偿制度等在陆海环境治理中均发挥重要作用的制度进行完善。

最后，要优化近岸海域生态环境治理规划体系，应由国家海洋局牵头，联合海洋生态环境司、渔业渔政管理局等部门成立专门的工作组开展近岸海域生态环境治理规划的编制工作，在充分考虑我国近岸海域生态环境治理规划编制、执行绩效的基础上，统筹分析各地方政府、部门的利益及相应的责任和义务，依托现行有效的相关法律、法规，制定全面系统、科学规范的近岸海域生态环境治理规划编制规程，科学划分不同层级、部门规划的从属关系，对规划编制主体、标准及程序进行规范化，明确在编制规划过程中不同层级部门的主要指导方向和内容，同时，应充分理解近岸海域生态环境治理的内涵，聚焦于海洋资源开发、海洋环境保护、海洋科技创新等多个领域，推动海洋治理规划更加全面、协调和系统。

二　督查追责制度

在"事前"海洋环境保护规范执行过程中，地方政府由于有着更为复杂的利益考量，在工作中往往重视规范制定而轻视规范落实，对中央环境政策存在执行偏差，因而"事后"的督察追责制度成为中央政府重要的约束手段[①]。机构改革后，生态环境部承担了对沿海地区和内陆涉陆源排污地区开展陆海一体化的环保督察责任。借助例行督察、专项督察和"回头看"等多种方式，由生态环境部的专职督察机构审查各地方海域使用、海洋生态红线保护、海洋环境污染防治等"事前"规划的落实情况，并将督察结果反馈移交给中央组织部。中央组织部将环保督察结果纳入绿色政绩考核中，作为地方干部任免依据，从而形成对地方政府行为的干预约束。最终，依托环保督察和绿色政绩考核两个制度手段，在生态环境部、中央组织部以及地方政府之间形成闭合的效用传导过程。

（一）海洋环保督察

作为促进我国海洋资源的集约利用以及切实保护近岸海域生态环境的重要法治保障，海洋环保督察在推进解决我国近岸海域生态环境治理领域

---

① 余敏江：《论生态治理中的中央与地方政府间利益协调》，《社会科学》2011年第9期。

的突出问题上发挥着重要作用。在《海洋督察方案》中规定,海洋督察主体通过定期与不定期、综合与专项、联合与独立、明察与暗访等相结合的方式,对相关政府部门和个人开展督察工作,其重点在于督察地方政府是否贯彻落实党中央和国务院有关海洋资源环境的重大决策部署、有关法律法规以及国家海洋资源环境计划、规划和重要政策措施。海洋环保督察在提高各级海洋行政部门综合决策能力和管理水平,保障海洋生态文明建设,推进海洋经济高质量发展等方面发挥了积极作用,但也存在程序设置模糊、权力缺乏监督、法律规范缺失等方面的问题亟待整改。

首先是设置的督察程序较为模糊,虽然《海洋督察工作管理规定》和《海洋督察方案》对海洋督察报告、整改落实、移送移交等程序进行了规定,但并未涉及调查核实程序和责任落实程序,即海洋督察主体对违规违法问题的调查核实与问责,若海洋监管主体在监管方面出现缺失,很可能导致特定的督察行为如对具体事件的调查核实及相关人员的问责处理等缺乏规范性,从而削弱了海洋督察制度对近岸海域生态环境治理的监督实效以及对督察结论的客观性和问责结果的公正性产生干扰。

其次是海洋督察缺少监督,海洋环保督察工作只有在督察权力规范、廉洁运行的基础上,才能有效监督检查海洋行政管理权力运行,不规范地行使海洋督察权力将难以保证海洋督察结果和责任追究的客观公正,不仅影响被督察者的权利,也对海洋督察机制的公信力造成损害,但我国海洋督察机构基本上是行政机关的内部机构,难以保障独立性,并且我国海洋督察制度规范尚不健全,当前海洋督察工作的规范性文件聚焦于督察工作如何开展,而如何防止海洋督察权力滥用的问题似乎被有意忽略。

最后是海洋督察法律规范缺失,近年来我国不断加大海洋立法力度,逐步完善海洋资源开发利用、近岸海域生态环境保护等法律法规,但仍然存在较多不足,如海洋督察制度缺少法律层面的有力支撑,现行的《海洋督察方案》只是规范性文件并不具备法律效力,海洋督察制度规范地方政府行政权力运行、促进近岸海域生态环境治理的作用难以有效发挥。

因此,为有效落实海洋环保督察工作,强化对海洋行政权力的监督制约,推进海域生态环境陆海统筹治理,应重点从以下几个方面入手。

第一,应细化海洋督察的程序设置,尤其是对调查核实程序和责任落实程序。对问题的调查核实是海洋环保督察工作的重要内容,但《海洋督察方案》并未对此进行明确规定,亟待对相关程序进行细化处理,具体措施包括明确督察对象的人权保障，限制证据材料收集的手段和时间，赋予被督察对象适当的辩解权等，这不仅有助于解决海洋行政管理存在的问题，提高督察结果的公信力，也有利于发挥海洋督察程序对督察权力运行的约束作用；追究督察对象的责任是贯彻落实海洋环保督察工作的重要环节，但当前的海洋督察规范尚未设置相应的程序，应在有关政策文件中对此进行明确规定，同时以制度的形式固定责任追究程序保障机制，即要求以书面形式做出对督察主体的问责决定，形成决定的相关材料必须书面成套保存备查，问责决定需要及时向社会公开等。

第二，应建立海洋督察权力的监督机制。首先应充分发挥监察委的监督作用，可考虑在海洋督察组以及地方海洋督察机构开展督察工作时，派驻同级监察委监察员对海洋督察工作进行监督；其次应加大海洋督察工作信息公开力度，可在督察机构的网站、公众号等信息平台，对海洋督察工作的进程和相关情况进行及时公告，让有关机构和社会公众充分了解督察工作的进展，对督察主体形成约束；最后应充分发挥海洋督察权力外部监督机制的作用，赋予被督察对象和社会公众举报海洋督察主体违法违纪行为的权利，并畅通相关渠道，建立多层级举报制度，实现对海洋督察权力的约束。

第三，应加快海洋督察的法治化进程。明确和统一海洋督察基本事项对于推进海洋督察工作具有重大意义，需要在国家的宏观层面通过规定海洋督察工作基本原则和基本事项的法律法规，并在特定的细分领域分别制定海洋督察规范，在此基础上，沿海地方政府和海洋督察机构依据当地实际情况，制定相应的地方性法规和规范性文件。

（二）绿色政绩考核

绿色政绩考核是指考核机关按照一定的程序和方法，对领导班子和领导干部在环境保护、生态管理、资源开发等方面的表现进行考察、核实和评价，并将考核结果作为干部任用、奖惩等的依据，其在约束地方政府行为、扎实推进生态环境治理上发挥了重要作用。我国环境保护工作起步较晚，对城市环境综合整治工作的量化考核也是在《关于城市环境综合整治定量考核的决定》公布后才正式开始，但经过多年发展，尤其是随着《关于改进地方党政领导班子和领导干部政绩考核工作的通知》《生态文明建设目标评价考核办法》《绿色发展指标体系》等政策文件的出台以及中央生态环境保护督察在各省份、各部门、各行业的全面铺开，生态文明建设的目标体系、考核机制正逐渐成型，绿色政绩考核制度已逐步完善。

以浙江和广东为例，浙江作为东部沿海发达省份，在生态文明建设方面进展迅速，如制定《浙江生态省建设规划纲要》《浙江省生态文明建设目标评价考核实施办法》等政策文件，全面推行"湾（滩）长制"实施方案等，这对破除"唯GDP论英雄"观念、探寻生态环境保护与经济社会发展共赢道路具有深远意义，有效地推动了"两山理论"的践行和绿色政绩考核制度的完善。广东是最早开展绿色政绩考核实践的省份之一，在绿色政绩考核方面起步较早，通过长期的探索实践，取得了一系列具有现实意义的进展，如出台《广东省绿色发展指标体系》和《广东省生态文明建设考核目标体系》等针对各地绿色发展和生态建设情况的评价考核指标。同时将考核层级延伸到乡镇政府，考核对象扩大到党政一把手和环保工作的分管领导，把环境保护单项工作的考核统筹起来列入考核体系等。

但现行绿色政绩考核制度在许多方面仍然存在不足，如对近岸海域生态环境治理的重视程度不够，沿海地方政府需要承担近岸海域生态环境治理的责任，其内容应涵盖海洋绿色产业发展、海洋生态保护修复、海洋环境综合治理、海洋生态风险防控和海洋生态文化培育等多个方面，可是现行的考核指标体系对近岸海域生态环境治理鲜有涉及，如《广东省绿色发展指标体系》仅有两个指标与海洋直接相关，分别是近岸海域水质优良（一、二类）比例和海洋保护区面积，这容易造成近岸海域生态环境治理的责任和压力传导不到位，不利于实现海洋经济与生态环境的协同发展。此外，考核数据监测和核算方法未规范统一、绿色考核的评价周期有所错位、考核结果未切实运用等问题同样较为突出。

因此，为切实发挥绿色政绩考核对近岸海域生态环境治理的促进作用，践行绿色新发展模式，实现海洋环境保护与经济发展协同共进，应健全绿色政绩考核的方法体系、完善绿色政绩考核的运行机制、夯实绿色政绩考核的保障措施，具体来说包含以下几个方面。

第一，在制定绿色政绩考核方案时，既要确保绿色政绩评价体系的全域适用性，也需要考虑到各地级市在自然生态、社会环境等方面的差异，基于不同的功能区划，提出不同的发展要求、设置不同权重的指标体系，尤其是对宁波、嘉兴等滨海城市，应明确突出其治理近岸海域生态环境的职责，设置科学规范的、涉及发展海洋绿色产业、培育海洋生态文化等多个领域的数据指标，如提高"战略性新兴产业增加值占 GDP 比重"等高质量发展指标的权重，增加"（海洋）绿色 GDP""（海洋）环保法规制度落实情况"等指标，以全面反映地方政府海洋治理的绩效，并制定与设定功能区相适应的奖惩机制，激励各地采取切实有效的行动，提高区域发展质量。

第二，拓展获取数据的手段，挤压统计数据水分，查处统计违法案件，规范考核数据的统计核算。同时，积极推进考核常态化形成长效机制，将考核后的责任追究、奖惩措施落到实处，真正把近岸海域生态环境治理工作与干部任免相结合，对未完成近岸海域生态环境目标任务的或造成近岸海域生态环境损害的要严厉追责，对在任的领导干部即时严惩，对已经调任或退休的领导干部也要追究相关责任，对完成任务但连续排名靠后的，也应要设置对应惩戒措施，实现考核压力的传导。此外，应重视近岸海域生态环保督察等运动式治理的规范运用，不仅要避免过多的"政治号召"同时存在，使基层政府疲于应付，导致上级权威和治理效果受损，也要敦促当地政府及时从运动式治理中总结经验教训，形成常态化考核机制。

第三，应对绿色政绩考核的配套制度进行完善。在干部任期方面，需要切实落实关于领导干部任期的相关规定，在没有特殊情况的前提下保证领导干部相对完整的任期，以支持领导干部开展关于近岸海域生态环境治理的有益探索。在责任追究方面，应加快《浙江省党政领导干部生态环境损害责任追究实施细则（试行）》《领导干部自然资源资产离任审计制度》等制度的完善细化，将绿色政绩考核指标变成领导干部的硬性约束。此外，需要提高社会公众对近岸海域生态环境治理工作的参与程度，以实现社会公众对政府政绩的有效监督以及公众对政府治理行动的信任支持，具体包括推动绿色政绩考核指标数据等基础信息的公示公开，加大对海洋生态文明等的宣传教育力度，保证社会满意度调查的独立公正等。

第二节　多主体、跨区域的治理过程协调

中央"自上而下"的海洋环境治理制度安排传导至地方层面后，地方政府作为海洋环境治理的责任主体，企业、社会公众和环保组织作为重要参与主体，来协同开展、落实海洋环境具体治理工作。地方层面的海洋

环境治理效果既受到地方政府、企业、社会公众和非政府组织的协调程度影响，同时也取决于地区之前尤其是沿海地区内部以及陆域流域地区和沿海地区之间能否建立一体化的合作治理关系。

一　多元主体共同参与

地方政府依据中央海洋环境治理要求，统筹指导生态环境部门制定海域使用规划，科学划定海洋生态红线，明确所辖区内海洋环境治理具体章程和计划，在本地区形成责任清晰、职责明确的区域海洋环境管理体制。

以"湾长制"为例，"湾长制"是以逐级压实地方党委政府近岸海域生态环境保护主体责任为核心，以构建长效管理机制为主线，以改善近岸海域生态环境质量、维护近岸海域生态安全为目标的治理新模式。政府作为治理主体，其承担的责任涉及决策、执行、监督三个层面，一是要加强行政立法，及时颁布"湾长制"相关法律法规，尽可能地保证"湾长制"的实施日趋完善，使"湾长制"的贯彻落实切实做到有法可依、有据可查。二是要通过宣传教育、组织设置、整合非政府组织力量、分配使用财政资金等方式保障"湾长制"的有效运行。三是要监督"湾长制"的治理成效和各级湾长、各职能部门负责人的工作绩效，并开展相应的问责和监督。

随着"湾长制"的落实和推广，查处违法案件、取缔"三无渔船"、实施各类专项整治工程等均取得阶段性进展。但在近岸海域生态环境治理的过程中，地方政府存在的问题也逐渐显现，包括未建立长期有效的法律规范，未对基层湾长职责进行明确界定，未给予基层政府充分的自主权等等。"湾长制"可视为近岸海域生态环境治理工作的具体化政策，地方政府在推进"湾长制"过程中暴露的不足具有一定的共性，针对相关问题提出的对策建议不仅推动"湾长制"治理体系的完善，更有助于提升地方政府生态环境治理能力，发挥其在治理近岸海域生态环境的主导作用。

为实现陆海统筹多元治理，政府应加强近岸海域生态环境治理顶层设计。第一，应健全近岸海域生态环境治理的法律法规，以"湾长制"为例，一方面应将"湾长制"纳入海洋生态文明实施方案规划，明确落实工作目标、时间表、路线图和保障措施等。另一方面，需要将"湾长制"纳入以《海洋环境保护法》为代表的法律法规中，明确"湾长制"在近岸海域生态环境保护管理中的法律地位，为近岸海域生态环境治理提供法治保障。第二，建立近岸海域生态环境治理协作网络，不仅要建立完备的多级湾长沟通机制，促进湾长之间的沟通交流，还应改变试点之间的割裂状态，实现省市之间的有效配合，协调解决跨区域污染问题。第三，构建多元主体参与的海洋治理机制，政府应积极引导社会公众参与近岸海域生态环境治理，通过建立"湾长制"信息化平台、广泛开展近岸海域生态文化的宣传活动以及举办座谈会、听证会、专家论证会等，拓展社会公众参与近岸海域生态环境治理的广度和深度。

企业是损害近岸海域生态环境的主体，也是参与近岸海域生态环境治理的主体，企业需要承担节能减排、清洁生产、生态修复等多方面的责任，但企业往往以追求利润最大化为目标，其与近岸海域生态环境保护之间的矛盾冲突是普遍存在的问题，而大部分企业的社会责任感相对欠缺。从企业所有制成分来看，公有制企业参与近岸海域生态环境治理的主动性通常要优于私有制企业，国有企业通常领先于民营企业、外资企业。而从不同规模的企业来看，大型企业往往有能力和动力转变发展理念，开展清洁生产，进行绿色创新，但是中小企业由于在资金、人才、技术等方面不具有优势，为避免被市场淘汰往往会采取违法违规行为，对近岸海域生态环境保护的意识相对薄弱。

地方政府在推进近岸海域生态环境治理时，应高度重视沿海企业的环境意识和社会责任，通过健全近岸海域生态环境治理企业责任体系和市场体系，推动环评审批、排污权交易、跨部门跨区域综合执法等多项制度改革的落实，引导企业转变绿色经营理念，树立可持续发展思想，制定绿色发展规划，通过研发或引进绿色技术、设备进行严格的源头治污。同时，沿海企业应积极寻求合作互助平台，加强与近岸海域生态环境研究机构、高等院校等开展技术、人才合作，实现尖端技术、人才的引进和绿色低碳发展模式的践行。

社会公众作为重要参与者，通过听证会、互联网平台等多种方式参与近岸海域生态环境保护规划和治理决策，对地方政府制定的各类"事前"制度安排提出意见。考虑到海洋环境规划本身的专业性特征，组织程度较高、专业知识完备的海洋环保非政府组织理应在此过程中发挥主要作用。但社会公众参与近岸海域生态环境治理的责任意识不强，往往当政府开展近岸海域生态环境治理的具体宣传活动时，公众才会参与其中。活动结束也就意味着公众参与近岸海域生态环境保护行为的结束，当公众自认为利益受损时，甚至会排斥政府的治理工作，通过违法违规行为来维护自身权益。而海洋环保非政府组织虽然在推动海洋经济发展、促进近岸海域生态环境治理等方面具有重要作用，但囿于专业化人才不足、社会公信度不强、与政府交流沟通不畅等因素，其效用难以充分发挥，这将导致全社会共同参与治理和监督近岸海域生态环境的良好氛围无法形成。

因此，为推动近岸海域生态环境多元共治模式的高效运转，对于社会公众，需要增强其参与海洋保护的认同感，政府应在充分发挥电视、广播等传统媒体作用的基础上，加强对网络媒体、数字报纸杂志等新媒体的建设，推动新旧媒体的融合，把握舆论引导主动权和控制权，对近岸海域生态环境治理的必要性、迫切性和可行性进行报道，并与环保部门和高等院校等展开合作，及时公示近岸海域生态环境治理的工作进度以及成效，进而激发社会公众对海洋保护的积极性和主动性。对于非政府组织，一方面需要政府进行扶持，通过建立专项法律法规来提供法律地位和权利保障。另一方面，海洋环保非政府组织应不断提高自身专业水平，积极对外交流合作，将国外先进经验与国内实际情况相结合，推动组织架构、管理模式的优化。同时，主动与政府、企业、媒体等展开合作，推动筹资渠道的拓宽，监督机制的建立和社会公信力的提升。

二　陆海区域有效协调

陆域地区和沿海地区之间的陆源入海污染合作是近岸海域生态环境治理过程协调的重要组成部分。通过入海河流进入海洋的陆源污染物是海洋污染的主要来源，其具有跨行政区、责任不清晰等复杂特点。由于海洋自净能力有限，入海污染物的持续超排会导致海洋环境承载力过载，若对陆域污水不加管控，海洋环境污染困境将难以摆脱，但长期以来，即便是我国的沿海城市也未突破"重陆轻海"的传统观念和思维，向海发展往往停留在向海索取，这对近岸海域生态环境造成了极大的破坏，根据历年的《中国近岸海域环境质量公报》和《中国海洋生态环境状况公报》，在入海河流监测断面中，劣 V 类水质断面占比一度达到了 47.5%，其中渤海海区甚至高达 65.31%，虽然经过多年的治理管控，严峻的形势有所缓解，在 2020 年 I—III 类水质断面比例达到了 67.9%，劣 V 类水质断面比例仅有 0.5%，但入海河流水质仍为轻度污染，氨氮、化学需氧量、高锰酸钾指数等均明显超标。此外，全国大陆自然岸线保有率不足 40%，17% 以上的岸段遭受侵蚀，约 42%海岸带区域的资源环境承载力超载①。为推进近岸海域生态环境质量提高，亟待落实陆海统筹规划、流域协调治理。

我国早在 1996 年的《中国海洋 21 世纪议程》中就提出了要坚持"海陆一体化"，统筹好沿海陆地区域和海洋区域，张海峰结合实际问题，对相关内容进一步拓展，于 2004 年在北京大学召开的"郑和下西洋 600 周年"报告会上提出了"海陆统筹"概念，随后在 2010 年的"十二五"规划纲要中，"坚持陆海统筹，制定和实施海洋发展战略"的总体要求被明确提出，陆海统筹开始成为指导中国陆海发展协同共进的根本原则。2012 年，党的十八大报告首次把海域与陆域一起纳入"优化国土空间开发格局"；2017 年，党的十九大报告更是将陆海统筹与海洋强国紧密联系。而在政策框架方面，我国现行海洋陆源污染治理政策体系也相对完整独立，《海洋环境保护法》《防治陆源污染物污染损害海洋环境管理条例》《水污染防治行动计划》《陆源排污口邻近海域监测技术规程》等不同效力级别的政策已为近岸海域生态环境陆海统筹治理奠定了法律基础，提供了制度保障。但在 2018 年机构改革之前，我国海洋环境管理的职能分散在环保、国土、农业、交通运输等多个职能机构中，各部门在遇到具体环境问题时往往相互推诿，难以合力推进近岸海域生态环境治理，各地方海洋环境管理机构也因沿海地方政府和上级（中央）主管部门的"双权威领导"，工作安排出现混乱，主观能动性受到抑制，进而降低了海洋治理效率，虽然国务院机构改革将海洋环境保护职能整合至生态环境部，从宏观层面上确立了陆海统筹的治理架构，但在实践中，"双权威领导"的现状仍未有实质性的改变，各级政府及各部门之间的职责和职能协调仍未有效落实。全流域性的地方协调机制也存在缺位，当前没有大流域协调机制对长江、黄河、淮河等入海流域的水环境问题进行规制，对陆域政府和沿海政府环境治理的职能进行统筹，而且由于流域监测网络缺乏统一的规划配置、邻近区域的环保部门缺乏联系与合作，陆源污染物的防治也难以落到实处。此外，陆海产业未深度融合，具有核心竞争力的企业、产业集群尚未形成，这不仅导致企业缺少承担海洋环境治理重担的能力和积极性，也阻碍陆海地区为共同利益目标开展生态环境共保共治。

---

① 姚瑞华、张晓丽、刘静等：《陆海统筹推动海洋生态环境保护的几点思考》，《环境保护》2020 年第 7 期。

　　为实现陆海区域的有效协调，推动近岸海域生态环境陆海统筹工作的顺利开展，首先应在规划层面将陆海环境统筹考虑，沿海省市的环境规划可以在省级政府的协调下统筹开展，但沿海和内陆间的统筹，需要由中央政府进行协调，陆域地区和沿海地区也应在明确利益分配与责任归属的基础上，围绕海域排污总量控制制度，在环境监测点位、技术人员、监测信息等多个层面互联互通，借助排污配额差异化分配推动区域间的入海排污权交易，形成陆海一体化的激励和约束机制，确保跨区域的治理过程协调统一；其次，应建立大流域协调机制，从各入海流域的整体性出发，以流域内的所有要素为对象，统筹治理上、中、下游之间的水生态环境问题，不仅要确立入海流域水污染协调治理机构执法主体的地位，也要协调好陆域和沿海各级政府及其相关部门的利益关系，对水污染防治事权进行合理的配置与协调；再次，应构建并完善流域专业化的信息平台，推进入海流域生态环境协同共治，具体措施包括加强入海流域水污染防治情况等信息的征集、分享、公开工作，并以此为基础建立信息共享平台和流域化的交易平台；最后，应积极推动陆海产业融合互动，实现生产要素在陆海产业间的自由流动，通过加深陆域区域和沿海区域的经济联系来夯实近岸海域生态环境陆海统筹治理的基础，具体措施包括以园区为核心加快建设现代化海洋产业集群，吸引陆地高新技术、资本、人才等向海洋产业集聚，构建深近岸、近海、海岛、远海、内陆多维空间开发布局，明确不同区位的功能定位和发展重点等。

第三节　"自下而上"的治理反馈调适

　　"自下而上"的适应性协调是从管理迈向治理最为突出的特征[①]。党的十九大以来，中国环境治理重心不断下移，"因地制宜、精准施策"成为各地方环境治理所遵循的重要理念。近岸海域生态环境具有多样性、复杂性特征，"自上而下"的制度安排可能存在与地方近岸海域生态环境特征、地方治理主体特征不相适应的情况，因此，仅依靠单一的

---

　　① Schreiber E., Bearlin A., Nicol S., et al., "Adaptive Management: A Synthesis of Current Understanding and Effective Application", *Ecological Management & Restoration*, Vol. 5, No. 3, 2004, pp. 177–182.

政府主体通常难以实现对近岸海域生态环境的有效治理。立足适应性治理理念，鼓励具备地方知识的当地政府、企业、公众及环保组织在"干中学"过程中因地制宜探索近岸海域生态环境治理新模式，是中国现代海洋环境治理运行机制中的重要一环，也是区别于传统海洋环境监管制度的突出特征。"自下而上"的治理反馈调适与"自上而下"的治理制度安排相辅相成，具备地方知识的基层主体治理实践将为中央层面制度设计和健全提供重要经验，避免制度落实过程中出现不适应、不匹配。同时，更加完善的顶层设计也有助于中央及时发现问题，避免地方政策执行偏差。

一　地方政府层面

中央政府保持政策实施规则的弹性化，为地方政府自主探索创新治理模式提供足够制度空间，是确保"自下而上"适应性反馈调适得以实现的重要前提①。近年来，中央制定的海洋生态红线、"湾长制"、海域排污总量控制等一系列创新治理制度均属于指导性的弹性规则，地方层面的试点实践是决定制度能否高效落地的关键。同时，通过总结各地方试点实践的共性经验并反馈至中央政府，有助于进一步完善制度体系建设，逐步形成可落地、可推广的治理模式，促进各类创新制度在更大范围、更高层次上推进。以"湾长制"为例，2017年国家海洋局印发《关于开展"湾长制"试点工作的指导意见》后，浙江、秦皇岛、青岛、连云港、海口一省四市先后开展了湾长制试点工作。其中，浙江建立了"湾滩结合、全域覆盖"的组织架构，嘉兴、宁波、温州等地级市按照分级管理和属地负责的原则，建立由市和县（区、管委会）二级"湾长"以及乡（镇、街道）和村（社区）二级"湾（滩）长"组成的组织体系，并将"湾长制"与生态红线、灾害应急防御、渔场修复等监管制度相结合，实现联动治理，其他四个城市同样结合地方海湾特征及具体问题，从组织结构、责任分工、运行模式等方面开展"湾长制"的积极探索。地方试点实践经验为中央进一步制定"湾长制"行动方案并在全国全面推广提供了宝贵借鉴。2019年5月生态环境部组织召开全国海洋生态环境保护工作会议，

---

① 石绍成、吴春梅：《适应性治理：政策落地如何因地制宜？——以武陵大卡村的危房改造项目为例》，《中国农村观察》2020年第1期。

对继续推进"湾长制"建设做出具体安排。此后，河北、福建、广东等其他沿海地方相继出台"湾长制"实施方案，"湾长制"开始在全国沿海区域全面推行。

但地方政府治理理念仍存在欠缺，难以发挥"自下而上"治理机制的作用，由于我国政府长期奉行"唯 GDP 论英雄"的发展观和政绩观，地方政府往往承受较大的 GDP 考核压力，推动地方政府，尤其是基层政府将执政理念从"重经济、轻环保"转变为"经济与环保并重"仍有待努力，将生态环境治理的工作重心从大气、土壤等领域向海洋方面调整也存在一定的困难。当前部分沿海地区的基层管理者对海洋治理的认识出现偏差，将生态环境治理工作视为负担，责任意识相对欠缺，不积极发现、报告和解决问题，或对待污染防治、生态修复等工作急功近利，避重就轻，以水质类别等单一指标作为考核依据，并且忽视后续维护措施，这将影响生态环境的长治久安。虽然中央高度重视近岸海域生态环境治理，通过"湾长制"等试点工作积极探索以绿色发展为导向的高质量发展之路，但是基层政府对中央精神的学习、领会、贯彻仍有待加强，基层政府往往将生态环境保护作为上级的一项政绩要求，没有内化为政府工作的责任意识，甚至存在做表面文章以应付检查，不考虑实际解决方案的情况。此外，以浙江省为例，通过浏览浙江省生态环境厅的门户网站可发现与大气、土壤、水污染相关的信息数据十分丰富，而近岸海域生态环境方面的资料则明显较少，后者不仅没有实时的监测数据展示，相关部门的组织架构、职能介绍也没有，这再次表明近岸海域生态环境治理工作较其他领域未得到充分的重视。

为实现"自下而上"适应性反馈调适，亟待转变地方政府的治理观念，提高地方政府近岸海域生态环境的治理绩效。"绿水青山就是金山银山"作为新时代推进生态文明建设、统筹环境保护与经济发展二者关系的重要战略思维，应尽快准确地传达至各级政府，督促沿海地方政府统一近岸海域生态环境治理的思想和行动，积极探索绿色发展新路径，推进"湾长制""国家级海洋生态文明示范区"等工作的落实，实现绩效竞争与示范效应，为中央政府提供治理经验，促进政策认知的深化和政策方案的细化。在具体措施方面，以"湾长制"等试点工作为例，应建立试点探索的容错机制，鼓励地方政府进行制度、机制和政策的创新，即以习近平总书记概括的"三个区分开来"①，明确政策试点探索容错的原则。同时，应完善政策试点的科学论证，建立政策试点到逐步推广的合法性依据，即充分利用专家学者、高端智库等专业资源，对地方政策试点探索的有益经验进行归纳、总结和凝练，并通过公众参与和协商机制夯实民主参与的合法性基础，确保地方治理经验和问题建议等能自下而上清晰准确地向中央反馈。

二　社会公众层面

社会公众是海洋环境保护的受益者，也是海洋环境保护运动的主要执行者，无论是公众个体基于对近岸海域生态环境的关注或出于维护自身利益的需要参与基层海洋治理，还是海洋非政府组织通过深度实地走访核查、提起海洋环境公益诉讼等方式跟踪、评估和监督海洋治理政策的执行情况，都将推进"自下而上"的治理反馈调适，在督促地方政府对近岸海域生态环境治理展开积极实践和探索的同时，帮助中央政府及时准确掌握地方治理情况，进而对规章制度、组织架构、政策方案等进行优化调整。以2017年成立的"千岛海洋环保"公益团队为例，截至2020年10月，该组织共吸引12000人次志愿者参与海滩环保，清理了20多个岛屿、40多个沙滩、168.5吨的海洋垃圾，并且还对捡拾到的垃圾进行分析，定期采集地区海洋垃圾密度，为有关部门决策施政提供参考。在2018年两会期间，该组织还通过中华环保联合会，提交了一份民间机构提案，以"千岛海洋环保"公益团队为代表的海洋非政府组织不仅提高了近岸海域生态环境治理效率，培育了公民的海洋保护意识，还向政府部门反馈了翔实的数据信息，推动政策的优化、完善和落实；社会公众个体的力量在海洋生态环境司组织的"我为海洋生态环境保护建言献策"公众意见线上征集活动中有所显现，建言平台在4个月内征集到国内外各界241位建言人提出的803条建议，涉及陆源污染防治、生态环境修复、治理体系构建等多个领域，包括直接管理措施、产业结构调整优化等多个方面，其中不

---

① 习近平总书记在2016年省部级主要领导干部贯彻党的十八届五中全会精神专题研讨班上的讲话中指出，要把干部在推进改革中因缺乏经验、先行先试出现的失误和错误，同明知故犯的违纪违法行为区分开来；把上级尚无明确限制的探索性试验中的失误和错误，同上级明令禁止后依然我行我素的违纪违法行为区分开来；把为推动发展的无意过失，同为谋取私利的违纪违法行为区分开来。

乏真知灼见，这些意见和建议的反馈对"十四五"海洋规划的编制、海洋法律法规的修订、海洋环保标准的优化具有重要的现实意义。

但社会公众在"自下而上"治理反馈调适中的作用亟待加强。一方面，公众参与基层治理，反馈问题意见的能力和积极性较弱，当前在近岸海域生态环境治理相关的政策制定及执行过程中较少体现公众参与环节，相关文件的专业术语往往较为晦涩，致使公众难以深入接触近岸海域生态环境治理的具体工作，而且公众大多缺乏渠道获得及时准确的信息，浏览每年公布的《海洋生态环境公报》《近岸海域环境质量公报》已是公众认识海洋治理情况较为容易的方式，但公报提供的与近岸海域环境质量、生态状况、污染情况相关的信息数据也明显存在欠缺，其以概括描述的专业术语和总体统筹为主，并未对不同地区、海域的污染种类进行详细阐述，公众即便具备一定的专业知识也难以筛选出重要信息进而直观了解近岸海域生态环境的真实情况。另一方面，海洋非政府组织并未被明确赋予环境知情权、诉讼权等海洋环境参与权，相关政策法规只是进行了浅显的原则性规定，如《环境保护法》（2014 年修订版）虽提出"凡依法在社区的市级以上人民政府民政部门登记的、专门从事环境保护公益活动连续五年以上且信誉良好的社会组织，都能向人民法院提起诉讼"①，但诉讼程序方面仍未明晰，而且由于政府海洋环境政策过程的封闭性以及政策信息的闭塞，海洋非政府组织对非制度化的参与渠道有很高的依赖度，这都将导致非政府环保组织难以充分参与基层近岸海域生态环境治理，难以对治理成效和实际问题进行准确反馈。

为充分发挥社会公众在近岸海域生态环境治理中的作用，建立健全"自下而上"的治理反馈机制，亟待加强公众个人和非政府组织参与基层治理、反馈问题建议等的能力和积极性。一方面，各级政府，尤其是沿海地方政府，应加快建立海洋环境信息公开制度，包括对海洋污染监测数据的实时共享公布等，并开通和完善网上政务服务中心等线上公众参与渠道，利用微博、知乎、B 站等自媒体工具，畅通互动交流渠道，拉近与民众间的距离，并且可考虑开放部分海洋环保工程设施，通过举办海洋环保宣传教育活动，邀请各界人士参与海洋环保工程建设，充分认识海洋环保工程的用途及运转情况以打消疑虑、凝聚共识。另一方面，应推动法律法

---

① 详见《中华人民共和国环境保护法》（2014 年修订版）第五十八条。

规的完善以赋予环保非政府组织参与近岸海域生态环境治理的身份资格和法律地位，包括海洋环境政策参与权、决策权、诉讼权等，尤其应明晰非政府组织对海洋环境政策执行情况的监督反馈权利，敦促其定期向国家提交监督报告，对环保部门和企业的行为进行评估反馈并提出相应的建议，需要强调的是，相关规范中不仅需要明确的条文条例，还应包括具体的流程形式。

第十一章

浙江近岸海域生态环境陆海统筹治理机制实施的实现路径

浙江近岸海域生态环境陆海统筹治理机制构建完成后，如何在具体实践中将其实现，发挥其对近岸陆域的污染减排效应与近岸海域的生态环境改善效应，就成为实践中的重中之重。一方面，浙江近岸海域生态环境陆海统筹治理机制的实施需要包括政府、企业、社会公众在内的多主体联动治理，发挥"政府—市场—社会"的协同机制效应；另一方面，还需要激发环评手段、信息网络、技术经验等在内的治理"软要素"效用。此外，进一步优化陆海统筹治理的模式，形成"垂直领导+平行监督+交叉联合"的纵横交错的治理几何模式也是实现浙江近岸海域生态环境陆海统筹治理机制的关键路径所在。

第一节　协同多主体联动治理

一　转变政府的核心定位

（一）识别海域生态环境陆海统筹治理中的政府定位

政府在传统海洋环境管理和现代海洋环境治理中一直扮演着重要的主体角色，这主要与海洋环境具有公共产品属性的认知有关。在近岸海域生态环境陆海统筹的治理中，政府具有重要的双重定位，基于供需视角，政府既是生产者，也是提供者。随着海域环境的陆海统筹治理日益拓展和深入，囿于近岸海域生态环境的不确定性与信息的不完全性，政府难以通过"有形的手"提高近岸海域生态环境陆海统筹治理中的资源配置效率以使其达到"帕累托最优"，最后造成陆海统筹治理中的供给不足。海洋环境管理的具体政策、规划、海洋环境质量标准等具有公共性特点，作用范围受到一定限制。政府主要担当这些规章制度的提供者，企业、公众参与的程度相对更大一些。政府在近岸海域生态环境治理过程中的角色定位与企业、社会主体的参与存在复杂的网络关系。在搭建陆海统筹治理网络体系中由于政府的有限理性、自利倾向以及考虑到政府投入成本与收益的因素，可能造成政府在海域生态环境陆海统筹治理中陷入低效，甚至存在"政府失灵"的现象。

近岸海域生态环境陆海统筹本身是一个系统性问题，涉及不同地方的陆海区域，需要上下级政府、不同地区政府、不同部门政府协调配合。2018年中央政府改革前，海洋环境监管职责主要由国家海洋局负责，但其职能仅限于河口和近岸海域的环境监管，而通过陆域排放入海的污染监管却存在权责模糊的问题。河流归属于环境保护部门，国家海洋局负责海洋环境的监管，然而这种陆海环境边界区域的监管却造成了部门之间相互推诿责任的现象，使得近岸海域生态环境陆海统筹治理难以形成治理合力，极大影响了我国海洋环境治理的效率。

2018年中央机构改革以后，新组建的自然资源部承担了原国家海洋局、水利部、农业部等海洋资源监管有关部门的职责，新成立的生态环境部负责污染防治，原由国家海洋局负责的管辖职能因陆海分异而产生的治理困境已从中央层面打破。生态环境部不仅可以对陆地环境污染进行监管，还可以对海洋环境进行监管，而自然资源部则实现了对陆地和海洋自然资源的全面监管（见表11-1）。此外，由于内陆地区是陆源海洋污染的主要来源，因此在近岸海域生态环境陆海统筹治理过程中的相关主体不仅包括中国沿海11个省市地方政府，还包括参与协同治理的内陆河流区域的地方政府。

表11-1　　近岸海域生态环境陆海统筹治理的中央和地方政府

等级	陆海统筹治理部门及相关下属机构		陆海统筹治理主要职责
中央	生态环境部	国家海洋环境监测中心海洋生态环境司	海洋污染监管、海洋环境监测、海洋工程环境影响评价等
	自然资源部	国家海洋局（北海分局、东海分局、南海分局）	海洋自然资源调查与监测、海域利用规划、海岛保护与利用管理等
	农业农村部	渔业局（黄渤海渔业局、东海渔业局、南海渔业局）	渔业海域规划、渔业水域生态环境保护

续表

等级	陆海统筹治理部门及相关下属机构		陆海统筹治理主要职责
本地	沿海和河流流域地方政府陆海统筹治理	生态环境部	生态环境监测处、海洋生态环境处等	海洋污染监管、海洋环境监测、海洋工程环境影响评价等
	沿海和河流流域地方政府陆海统筹治理	自然资源部	海洋（水产）局等	海洋自然资源调查与监测、海域利用规划、海岛保护与利用管理、渔业海域监管

注：根据各部门、各机构官网信息，不同地区机构改革存在一定差异。部分地区（如山东、浙江、福建、广西等）设立了自然资源厅下属的海洋（渔业）局，部分地区（如辽宁、江苏、广东等）不再设立海洋（渔业）局。独立的海洋（和渔业）局，不同地区的下属机构名称不同。

陆海统筹治理中政府的角色定位首先要明确不同层级的政府及政府各部门之间都有一个一致的目标，基于政府间的根本出发点和利益点来看，中央和地方政府之间要明确分权，以便充分发挥地方政府在近岸海域生态环境陆海统筹治理中合力的作用，调动地方政府之间的积极性；其次，涉及近海海域或陆海边界的各行业的政府管理部门要尽量避免治理之间的冲突矛盾，否则还是会出现利益驱使下的权利争夺或者职权推诿的旧疾；最后，在近岸海域生态环境陆海统筹的治理与分部门、分级别、分群体相结合的管理体制下，也可能会出现多主体治理格局下削弱陆海统筹治理合效的局面，所以要清晰地处理好不同主体之间的定位，从而减少或避免这种治理效果不增反降的问题。

（二）保障政府的核心政治地位

近岸海域生态环境陆海统筹治理中充分发挥政府政治地位需要添加新的角色需求。从政府政治地位的自身需求出发，陆海统筹的治理需要政策和标准的约束。海洋的复杂性、多样性和动态性意味着治理的概念要拓展开来，以解决生态环境治理过程中的问题。政治领导、政治意愿和支持的作用对于实现海域生态环境陆海统筹治理的政策具有非常重要的作用[1][2]。

---

① Balgos M. C. , Cicin-Sain B. , VanderZwaag D. , "A Comparative Analysis of Ocean Policies In Fifteen Nations and Four Regions", In Cicin-Sain, B. , VanderZwaag, D. , Balgos, M. C. （Eds. ）, *Routledge Handbook of National and Regional Ocean Policies*, London/New York：Routledge, 2015, pp. 3-49.

② Mercer Clarke, C. S. L. , *Rethinking Responses to Coastal Problems：an Analysis of the Oportunities and Constraints for Canada （Doctor of Philosophy）*, Halifax：Dalhousie University, 2010. Retrieved from URL：https：//dalspace. library. dal. ca/handle/10222/12841？show=full.

实施具有政治管理计划的治理机制有利于减少治理冲突，达成妥协。政府治理是一个由结构、动力和标准组成的系统，其中政府治理互动和治理能力是针对近岸海域生态环境陆海统筹治理系统的补充要素。治理系统中有一套规则和正式以及非正式程序，这些规则和程序让每一个主体参与进来。随着政府统筹协调角色发生变化，政治进程、制度结构、政策层级机制（以政府、市场、社会为导向的创新方式）的统筹治理方式将有助于发挥多主体之间的协同优势。

合作性治理是介于政府治理和自治理之间的复合性治理模式，以不同政府组织和社会成员之间的横向合作为特征，同时兼顾纵向协同治理以及网络联防联控治理的结构模式。在网络社会的合作治理中政府的角色并不只是单纯地缩小，更确切地表现为角色变化。政府发挥主导作用，主动设计合作性治理，不依赖官方权威来管理这种治理结构。更多地突出社会型企业等主体角色，多主体纵向、横向、网络式的合作参与结构通过生产自己的服务持续创造经济收益，创造可持续的社会发展产物。政府监管的实施必须与中国经济社会发展和环境污染相结合，以市场化、法治化、专业化、产业化为导向。

二　凸显社会型企业的地位

（一）挖掘企业的社会属性

伴随社会的不断进步和发展，企业的角色定位逐渐发生了变化，企业在自身成长发展的过程中越来越重视发挥自身的社会责任，这样一批以企业方式实现社会目的的组织出现并快速发展起来。近岸海域生态环境陆海统筹治理中需要注入一批以承担、分担、共担社会责任为己任的企业力量，强化统筹治理的合力。随着社会企业的关注不断扩大，企业成长为不再单纯地追求利益目标，而是同时追求社会目的和商业目的的复合组织。

社会型企业也可以简化称作社会企业，对社会型企业的多边定位进行深入剖析，主要可以分为两类：一类是更强调"社会"意义的观点。社会型企业是为履行社会性目的而建立的组织，因此认为社会性目的优先于商业目的。另一类是将社会企业中的"企业"意义同等地强调为社会目的。没有商业创新活动的成功就很难达到社会目的，强调社会企业的商业创新，即是将社会企业理解为非营利民间组织的商业化形态。无论何种立场，社会企业活动的重要依据都是履行社会目的。社会企业的社会目的是为弱势群体创造就业机会、提供社会服务以及社区融合等。这种模式转变到近岸海域生态环境治理中可以延伸为协助政府等其他主体，充分发挥个体优势，为陆海统筹治理提供市场化的管制与监督贡献。企业是以追求利润为存在目的的组织。在此基础上，寻找社会性这一修饰语蕴含着怎样的含义，具有怎样的实践内涵，成为社会企业身份定位的核心课题。

（二）发挥社会型企业的多边功能

第一，以社会目的为导向。随着生态环境恶化，近岸海域生态环境陆海统筹治理工作受阻等问题的凸显，社会对能够承担社会责任的企业的需求日益增加。各项统筹工作的治理需要一批以社会融合和社区变革为导向的社会企业。社会企业活动可以被理解为社会弱者的自救、自立对策、社会弱者雇佣、扩充社会性服务、协同完成社会治理等履行社会目的的企业。经营社会企业的社会企业家们不仅可以为社会创造弱势群体的就业机会，同时在社会环境治理等方面可以提供社会服务，推进社会环境治理的变革。社会企业在公共服务领域的活动空间不断升级与扩大，在治理近岸海域污染与陆海统筹的管理工作中需要将市场化的方式引入到社会服务的供给池中。

社会企业为达到社会目的，将多种利益关系调整为可能的复合利益组织模式来运营。它体现了社会企业的明确差异性，社会企业不同于营利企业那样作为追求利润的单一利益相关者，更不同于合作社那样单纯地以实现社会目的为导向，社会企业突破了传统的工人或消费者工会成员排他性的决策结构和利润分配原则，组织了与社会企业活动相关的社区的各种利益相关方的参与，建立了复合利益相关者模型。社会企业社会目的的实现需要解决组织运行的挑战，即在民主协调复合利益相关者利益关系的同时实现复合目标。通过利用社会企业的复合利益相关者模型，能够挖掘单一利益相关者组织的特性和局限性并解决复合利益的社会型企业治理问题。

第二，以社会服务供给为支撑。提供社会服务也是社会企业的重要宗旨之一。以往在个人和家庭以及非正式层面提供的社会服务，在经历了服务需求的增长、家庭构成的变化后，开始在公共层面寻求解决办法。同时，随着社会服务的社会性处理，社会服务领域的工作岗位提供可能性扩大，对提供社会服务社会型企业的关心也增加了。这也涉及市场方式在社会服务提供中的引入。传统上，公共组织和非营利性民间组织被视为社会价值取向组织。然而，公共服务领域中政府组织与非政府组织、营利组织与非营利组织之间的界限逐渐被打破。

第三，以促进社会融合为重要目的，增进企业参与权利。促进社会融合和社区发展是社会企业的一个重要目的。社会企业所面向的社会融合与区域性变革是在改变区域性规范和社会角色的基础上，保护当地文化并提高资源回收利用率，转变弱势群体经济状况的演化过程。随着社会型企业地位的提高和作用的发挥，社会弱势群体的政治影响能力也逐渐上升，进而促进了社会大众之间的交流互动，提高了相互之间的信任水平。在社会型企业的活动空间范围内，目前仍大多停留在社区范围的层面上，社区发展是社会型企业活动的重要依据。如果说一直以来社会企业的发展是为了履行为弱势群体提供就业机会和提供社会治理服务的社会目的，那么强调履行社会融合和社区发展的社会目的，则具有扩大社会企业活动空间的重要意义。在社会企业的社会目的中应该重要指出的一点是，社会型企业活动始于社会价值实现，最终应该秉持将包括环境治理在内的社会治理体系重建的企业未来发展观。因此，在社区融合的同时，强化主体人的权力与协同的力量应成为社会企业活动的重要内容。为社会弱势群体提供就业机会或提供包括环境治理协同在内的社会服务，最终促使全社会群体形成融洽的社会氛围以及完善的环境治理等体系制度。此外，社会群体应该作为社会型企业参与过程中的重要行动者或间接参与者，从而能够更好地促成多主体角色定位变化与协同合作的陆海统筹治理模式。

（三）以社会型企业为主导的社会经济主体的权责变化

社会型企业以"创新商业模式，解决社会问题"为主要目标，它弥补了政府、市场和公民社会职能的不足，充分发挥了社会治理的作用。以社会目的为导向的社会企业在一定程度上需要政府的支持，特别是在初创时期。就支持这些活动的社会企业政策而言，必然与为弱势群体提供就业机会的积极劳动力市场政策和提供社会服务的社会政策有着密切的联系。如果在没有政策联系和协调的情况下执行各项政策，就会造成相当大的资源浪费。资源浪费的结果会给社会企业所向往的社会目的的实现带来困难。在社会企业活动中，政府扮演着需求者的角色。政府将社会企业作为应对大规模失业和经济危机的积极劳动力市场政策的抓手。同时，弱势群体劳动融合、社会服务政策应对保育、长期疗养等新的社会风险等要求，也带来了社会企业活动的需求。政府通过提供公共补贴或与社会企业建立提供社会服务的私人委托关系，支持社会企业的活动，为社会型企业活动制定法律和制度，支持社会型企业活动。

三　强化社会主体的功能

（一）社会群体的参与

社会群体需求性增加，表现为政府与社会企业在陆海统筹治理过程中的社会需求性升级。首先来看，政府治理中的社会需要不断增加，政府已经不能再用传统的角色和政策工具来妥善解决复杂的社会问题，公民社会在社会问题的解决过程中的重要性呈快速增长的趋势。在 Harmon 和 Mayer（1986）[1] 看来，现实中中央政府与地方政府之间的关系，以及政府与公民社会之间的关系，已经具备了复杂的"多中心体制"（polycentricity）的面貌，不同于传统理论的解释和一般的想法。与此同时，社会企业的群体需要程度不断增加。如果没有群体社会的主导性参与，社会型企业提供工作岗位、提供社会服务包括环境治理等社会目的的实现将难以持续维持。如果是社会企业利益当事者的单一结构，就有可能陷入他们的利益关系，如果社会企业活动过于强调市场导向性，也需要有实力来牵制。因此，群体社会阵营的主导参与成为社会企业社会目的实现的核心前提。

从社会企业家培养、资源动员、消费者评价和社会企业支持作用四个方面进一步深入分析社会企业与公民社会的关系。公民社会需要不断培养具有社会企业家精神的企业家。不仅要有大学等专业教育机构，还要有市民社会团体层面的实践性教育培训机构。为了社会企业的发展，市民社会阵营所动员的资源超越了传统的非营利组织的捐款和志愿服务，意味着社会网络等社会资本的扩大，而社会资本是对现有"资源"概念的扩大，包括信任、公民参与、团结、网络等。其结果是，支持社会企业活动的资源概念正在从社会和政治层面扩展到非物质层面。社会企业要积极利用社会资本。这是因为社会企业与营利性企业相比，其经济资源动员的可能性是微弱的。因此，成功的社会企业经营需要努力调动市民社会领域所能调动的非物质资源。从国外海域生态环境陆海统筹治理的经验学习中了解到，欧洲社会资本研究调查结果表明，参与组织活动乃至参与各种组织活

---

[1]　Harmon M. M.，Mayer R. T.，"Organization Theory for Public Administration"，Little Brown，1986.

动对提高社会资本水平、增进社会福利有着重要的影响。进一步可以解释为，在社会发展的进程中，一项社会组织活动中群体的积极参与要比未涉及群体参与者的活动更具有代表性，社会资本在未来发展中得到更高的信任程度，在这个过程中社会治理效果更好。

社会组织是公共关系的三大要素之一。狭义上讲，是按照一定的目的和制度实现一定目标的公共活动群体。例如企业、工厂、学校、医院等。根据组织的类型，社会组织可以分为四类社会组织分类（见表11-2）。

表 11-2 按组织类型的社会组织的分类

定义	解释
竞争性营利组织	竞争性营利性组织由生产性、商业性和服务性组织组成，它们通过树立良好的组织形象来抢夺客户，在市场竞争中追求自身的经济效益，利润更加明显
竞争性非营利组织	具有竞争力的非政府组织 NPO 由各种专业学术研究团体组成，几乎没有盈利动机
独占性营利组织	一般来说，独占性营利组织是指在市场竞争中占有较大市场份额的组织，由于其生产的产品或服务的独特性，其市场上的其他组织很难与之竞争
独占性非营利组织	独立性非营利组织包括政府机构和军队

近岸海域生态环境陆海统筹治理需要加大对社会组织和地方政府的支持，融入社会组织的多主体协同共治进一步影响了三方的博弈变化。值得注意的是，近岸海域生态环境陆海统筹的治理需要调整中央政府和地方政府、社会企业、社会群体，甚至和非政府组织之间的适度权力，上级政府过多的输血式支持并不能推动陆海统筹治理达到良好的成效，群体保持积极地参与治理的状态和各方主体之间积极的协调联防联控治理方式能够在陆海统筹治理中凸显治理的合力效果。因此，中央政府、地方政府、社会企业、社会主体内部以及各个主体之间应采取梯度策略、平行策略以及综合网络优势，强化陆海统筹联合治理的优势，减少直接投入，力求合理配置资源，实现效益最大化，避免资源浪费。

（二）引入社会主体后的合力变化

社会主体可以包括非政府的社会组织以及普通的社会群体，在引入社会主体后，主体的监督与积极参与对陆海统筹治理的效果产生了影响。治理过程出现了政府、企业、社会主体之间的博弈，不断增加社会组织和普通群体的治理效力。作为理性人，每个参与陆海统筹治理的主体都会尽量减少自己的损失，同时发挥个人的治理效力。在这个三方参与的博弈矩阵中，如果适度增加治理过程中的负收益（可以理解为惩罚），参与者就会考虑成本，从而选择力求三方联合治理的合作策略以追求满足自身需求。因此，适度增加社会组织和普通群体的治理压力，可以约束并适度控制三方治理中的行为策略，达到正向的治理趋势。整体上，提高社会组织和普通群体的参与程度与治理权限将显著影响三方治理中的博弈效果。社会主体的积极参与既能够分担陆海统筹治理的压力，又有利于促使多头治理过程中达到平行监督的效果。根据表11-2的分类标准，社会组织属于营利性组织，当然也存在典型的诸如非政府机构的非营利组织，根据社会主体的参与需求以及治理中提供的治理能力特点，综合利用三方优势，充分发挥政府—市场—社会效果的陆海统筹治理机制能够凸显综合治理的合效。

四　发挥政府—市场—社会的协同机制

（一）政府—市场—社会协同治理的角色变化

近岸海域生态环境陆海统筹治理的实施过程中常常由于海域治理呈现出区域性、集聚性、周期性、多样性和多重性的复杂特征，因而很难厘清治理权责、治理范围、治理手段与治理效果。因此，厘清近岸海域生态环境治理主体之间的关系，是建立责任明确、协调有序的现代陆海统筹治理体系的重要前提。海域治理中的主体是从事实践活动的人，因此在近岸海域生态环境治理中，参与的主体是其发起者和执行者。在推动传统管理向现代治理转变的改革背景下，我国近岸海域生态环境治理主体的类别和角色定位都发生了变化。

随着政府—市场—社会协同治理机制的构建，多主体参与者的变化是传统海域生态环境管理向现代海域生态环境治理转变的最突出特征。对比传统海域生态环境管理模式与现代化的海域生态环境治理模式，传统的管理模式主要是着眼于解决集体行动困境的政府和私有化的模式，在这个过程中政府被视为单一管理主体，发挥重要的管理定位，而企业和社会公众则作为被动接受者。然而，在现代海域生态环境治理的发展理念下，参与的主体不仅包括政府，还包括企业、社会主体，其中社会主体包括了社会公众、非政府组织等，现代化治理模式更多地强调多元主体之间平等、协调、联合治理效果。

在传统模式下，政府主导下的近岸海域生态环境管理模式已经无法适应当前的严峻形势，多元化参与的第三方治理是当下构建近岸海域生态环境陆海统筹治理体系发展的必然趋势。虽然国务院的体制改革消除了原有的陆海部门之间的行政壁垒，但近岸海域生态环境治理本身是一个复杂的体系，不仅涉及海洋相关政府部门之间的协作，还需要企业组织、社会主体（包括公众和非政府机构）的合作和参与。近岸海域生态环境陆海统筹治理的过程中需要各种参与者之间以治理目的为导向的互动，呈现出一种非"中央集权控制"的政府—市场—社会协同的"网络社会"特点。网络社会的核心特征是通过协商解决社会问题，而不是通过分层制度的控制或指示解决问题。在处理单纯依靠政府机构难以解决的近岸海域生态环境污染问题过程中，中央政府、地方政府、地方自治团体、市民团体以及企业和普通群众等各种参与者之间的横向、纵向、网络和自愿合作的作用大大增加。这种政府—市场—社会协同治理的机制在不影响参与者履行其本意或保持现有组织形式的情况下，同时能够提供解决社会问题所需要的灵活性和安全性，即充分利用协同合作治理解决陆海统筹中的近岸海域生态环境问题。

（二）发挥多主体的协同治理合力

在近岸海域生态环境治理模式中，企业、公众和非政府组织被认为是能够发挥市场机制和社会机制作用的重要组成部分。从政府机制看，政府的新角色体现在运用各种政策工具，有效管理中央政府、地方政府、社会团体、非政府组织、企业等不同社会成员。这种协同机制下需要的政府角色不再是管理物质资源和方案的人力配备，而是通过调动和组织各种社会成员所拥有的资源，以高效的方式实现公共价值最大化的人力统筹。

从市场机制看，企业是海洋环境公共产品的重要提供者，发挥着核心载体的作用。海洋环境与企业的关系是双向的，即企业不仅是破坏海洋环境的主体，而且在保护海洋环境方面也发挥着重要作用。近岸海域生态环境陆海统筹治理的企业主体以参与海洋环境污染减排的企业为主，包括少数直接从事近岸海域生态环境污染治理和监管的企业。参与近岸海域生态环境污染减排的企业主体在治理中的主要表现形式是生产方式的绿色转型升级和有意识地减少污染排放，这一过程中主要依靠政府的激励和引导。而对于被动式参与近岸海域生态环境治理的企业来讲，这些企业的治理动力来源于政府给予的绿色基金补贴或技术支持，同时还有治理过程中产生的市场利润。在浙江近岸海域生态环境治理的过程中，现行治理方式主要采取政府购买以环境污染治理为主业的企业服务的方式来保障企业利润，类似于这种政府保障的模式在推动我国生活垃圾分类管理的实践中取得了显著成效。但是，在现实情况中，涉及近岸海域生态环境陆海统筹治理的社会企业的参与仍然较少，直接从事的企业更为鲜见。这主要与海域生态环境治理复杂、陆海统筹实施中牵涉范围庞杂、资金投入大以及现实操作困难有关。因此，政府需要给予一定的绿色补贴和统筹支持，同时通过产学研合作的形式为企业提供技术和智力支持。

从社会机制来看，陆海统筹治理的核心是合作。在这个合作治理过程中，社会主体的参与是推进并且提升治理效果的关键。通过自主行为者和组织之间的互动，超越原有组织边界和政策，才能创造一种具有新的公共价值的解决社会问题的方式。因此，合作治理是指由公共机构主导的与解决公共问题有关的互动。合作治理的本质是指政府与民间组织和公民等所有关心社会问题的利益相关者之间的互动。从多主体合力共治的角度出发，合作治理意味着非政府利益相关者的实际和直接参与，而不仅仅是简单的意见咨询，同时意味着具有一定形式和公开组织的集合行动，在陆海统筹治理中有意地进行相互之间的合作。

政府主导的自主组织与行为者之间的有意进行分层、结构化的互动，通过网络和市场等三种机制的社会调节模式达到政府—市场—社会的最佳组合，利用自主行为者和组织之间的各种形式的合作，超越现有的组织性边界和政策，创造新的公共价值，是一种社会问题解决方式。以不同政府组织和社会成员纵向治理、横向合作、网络联合为特征的合作治理具有多重优势。根据 Goldsmith 和 Eggers（2004）[1] 的观点，合作治理能够有利于利用不同参与主体的优势专长，不拘泥于现有组织的文化或框架，更容易进行创新。这主要源于摆脱政府官僚制的框架，从而可以确保近岸海域生态环境陆海统筹治理过程的快速性和灵活性，而且还具有利用社会团体或志愿服务团体等多种群体亲和性组织，提高社会主体参与积极性的优点。

---

[1]　Goldsmith, Stephen and William D. Eggers, *Governing by Network: The New Shape of the Public Sector*, Washington, DC: Brookings Institution Press, 2004.

第二节　发挥软要素的多功能效用

一　识别统筹治理中的软要素

（一）从防控到问责过程中的要素识别

近岸海域生态环境陆海统筹治理中的关键软要素主要是指利用信息技术搭建起来的网络通信、监测、评估等。沿海生态环境保护中广泛利用互联网，体现为基于互联网的通信和信息技术进行存档、检索和分析，利用监测并存储的数据库实行信息数据间的交互功能，利用搜索引擎优化来确保抓取的数据和信息内容的适用性。权责明确、多方参与、陆海协同的海洋环境治理结构不是自发形成的，需要科学合理的制度安排来约束和引导。基于海洋生态系统合理规划海洋开发，逐步厘清海洋环境保护责任，是避免海域"公地悲剧"发生的关键。从政府部门的角度看，中央政府是海洋环境治理体系设计的核心。机构改革后，国务院和生态环境部承担了这一责任。

近岸海域生态环境陆海统筹治理体系的安排可以分为两类。一类是防治体系，陆海统筹治理要先建立防御保护，各部门各司其职发挥自主职能，之后才能进一步规划统筹措施。对海洋环境制定有针对性的总体顶层规划，包括用海规划、海洋功能区划、海洋生态红线、海域污染总量控制等制度性措施。另一类是检查问责制，要先从保护根源冉到治理手段的落实。主要审查地方政府近岸海域生态环境陆海统筹治理中的保护责任的执行情况，包括海洋环境保护检查、绿色绩效评价等制度方法。

从中央到地方政府的垂直治理结构是近岸海域生态环境环境治理体系有效性传递的主要途径。首先，中央政府强调以海洋环境可持续发展为目标，根据国家海洋环境的自然特点和基本情况，制定海洋开发和环境保护条例，并提供统筹指导性的制度安排。其次，地方政府结合自身具体情况，制定更详细的制度规范，如省级海洋功能区规划、省市海洋生态红线规划等。自国务院等相关机构改革后，生态环境部承担了沿海和内陆地区与排污有关的环境保护项目检查工作。生态环境部专门检查机构通过例行检查、专项检查、"回顾"等方式，对海域使用、海洋生态保护等前期规划实施情况进行审查。对生态红线和海域生态环境陆海统筹治理中的破坏防治进行监察、审查，并将检查结果反馈上级中央组织部。中央组织部进一步将环保督查结果纳入绿色绩效考核，作为地方干部任免的依据，形成对地方政府行为的干预和制约机制。最后，依托环保督察和绿色绩效评价两种制度手段，在生态环境部、中央组织部和地方政府之间形成封闭的有效性传递过程。

近岸海域生态环境陆海统筹治理的手段由政府主导的单向行政指挥模式转变为多主体合作的契约模式，这是国家层面海域生态环境陆海统筹治理模式的重大创新。近岸海域生态环境陆海统筹治理中的第三方治理重构了政府、社会企业和社会主体（包括社会公众和非政府组织等）的角色和职能。它不仅促进了市场化、法制化，同时使得海域生态环境陆海统筹的治理更加专业化、产业化，这一过程中也消除了统筹治理过程中的"政府失灵"的问题。但是，由于政府、企业、社会主体这些参与者之间存在严重的信息不对称甚至目标冲突，这就可能造成外部环境不经济的问题。因此，如何防范多主体中社会企业和社会主体内部甚至相互之间的道德风险和违约行为，从而降低政府—市场—社会机制治理过程中各部门和社会对环境治理的监督管理成本，进而提高近岸海域生态环境陆海统筹的治理绩效，具有重要的现实意义和参考价值。

（二）环境评估在近岸海域生态环境陆海统筹治理中的作用

环境影响评估（environmental impact assessment，EIA）一直是环境管理的主要政策工具之一，已经成为管理包括沿海和海洋环境在内的人类活动影响的全球一致方法。沿海和海洋科学从业者通过环境影响评估和类似评估产生的大部分建议都基于风险，但通常没有明确遵循风险评估方法。这有可能是环境评估方法的重大限制，但也可能是改善环境影响评估的机会。管理机构和自然资源管理者通常在明确的风险管理框架内运行，将环境影响评估形式中的风险评估应用于预计未来带来风险的正式流程。

当前的经济和社会转型趋势充分地证明了人类不恰当地利用环境及其资源会造成不可估量的直接后果。社会需要更好的管理模式，以遵循可持续性原则并从大自然提供的商品和服务中获得利益，而环境、经济和社会价值衡量是恢复"自然"作为生命支持和福利的基本价值的最佳方式。如今，认识到人类活动对海洋和沿海生态系统及其货物和服务的健康和保护的影响和依赖程度是一个不争的事实。环境影响评估（EIA，Munn，1979①；Glasson 等，2013②）是规划和评估人类活动对环境影响的关键工具。进行环境影响评估的义务由许多国际立法条约和惯例决定，这些条约和习惯规定了评估的结构和规模。原则上，在一系列活动可能产生对环境有重大不利影响的时候需要进行环境影响评估。在国家管辖范围内的海域，根据国家立法，无论是领海还是专属经济区，都需要进行环境影响评估以明确可以允许的活动类型和地点。由于公海经济利益的增加，国家管辖范围以外的地区开展了环境影响评估和加强保护的措施（Druel 等，2012③）。虽然一些国际法律和政策文书要求项目在国际水域进行环境影响评估，但缺乏对此类义务和评估内容的有效执法和监督。

同样，在国家管辖范围内的区域，海洋环境的环境影响评估规定往往不如陆地活动的环评规定全面，许多国家并不要求海上活动进行环评。环境风险表示对自然系统、物种和生态系统过程的潜在不利影响的组合（Lindenmayer 和 Burgman 等，2005④）。风险评估的核心定量任务是估计风险来源的可能性和后果。风险评估的第一步通常是确定可能的后果，从直接和明显的可能性考虑到更长远的事件后果。识别可能的后果通常是一项容易处理的任务，利用数值模型能够更加便利地模拟出可能的情况，这也可以通过聘请技术专家识别潜在风险来源来实现。环境风险评估（environmental risk assessment，ERA）考虑了人类活动后的不同可能情境，评估不同结果的概率以及这些影响的大小，同时考虑所涉及的不确定性（Susan 和 Cormier，2012⑤）。从影响评估转向风险评估涉及添加概率因素，即压力产生影响的可能性（Burgman，2005⑥）。风险评估框架通常包

---

① Munn E.，Munn R. E.，*Environmental Impact Assessment: Principles and Procedures*，SCOPE，1979.

② Middle G.，Clarke B.，Franks D.，et al.，"Reducing Green Tape or Rolling Back IA in Australia: What Is Each Jurisdiction Up to?"，2013.

③ Druel E.，Treyer S.，R. Billé，"Institute for Sustainable Development and International Relations"，*International Journal of Marine and Coastal Law*，Vol. 27，No. 1，2012，pp. 179–185.

④ Lindenmayer D.，Burgman M.，*Practical Conservation Biology*，2005.

⑤ Susan，Cormier，"Manual of Environmental Analysis"，*Integrated Environmental Assessment and Management*，2012.

⑥ Burgman M. A.，*Risks and Decisions for Conservation and Environmental Management*，London: Cambridge University Press，2005.

括识别特定压力和受影响的生态系统组成部分，分析影响的概率并评估不同管理措施下的影响（Susan 和 Cormier 等，2012）。ERA 的目的是提供有关不确定情况下达到最佳的管理决策的信息，使其成为数据贫乏情况下的宝贵工具（Harwell 等，1996①）。

目前，海洋矿物开采的实验证据和数据的缺乏限制了传统环境影响评估的实施。然而，工业发展可能会促使管理决策基于不完整的数据做出。作为生态影响评估的一部分，环境风险评估在处理不确定性方面可以发挥重要作用，将概率纳入分析内部有助于揭示和传达数据的稀缺性。此外，考虑到潜在的最坏情况，环境风险评估的实施改进了对所有需要评估的重大危害的识别，将概率风险分析整合到生态影响评估中从而估计不利影响的可能性将加强影响报告的透明度。将环境目标纳入导致近岸海域生态环境问题治理的政策中发挥着越来越重要的作用。环境评估包括了环境影响评估和战略环境评估，是面向海域生态环境变化过程的工具，环境评估向政府提供了环境状况的信息，从而实行相对应的解决措施。

二　构建信息支撑的治理网络

（一）跨域搭建实践网络的体系

技术变革是通过取得切实成果以推进发展中国家海洋和沿海管理的基本要素。在近岸海域生态环境陆海统筹治理机制中需要多主体的配合，更需要搭建起连接主体治理信息的网络体系。实践网络正在兴起并通过信息技术逐渐发展起来，当下的虚拟社区可能是一种共享信息的低成本的方式，并通过一定方式来克服发展的困境以及未来推进可持续发展的障碍。促进跨地区、跨陆海边界的实践网络的搭建需要减少网络搭建过程中的层级阻碍，充分利用现有的知识资本和社会信息库搭建网络平台。活跃的网络建立在参与联合活动和建立个人承诺和信任的基础上，信息与技术都是搭建实践网络的必要条件，然而技术本身并不能提供某些基本要素。在每个沿海生态系统的独特环境中，信息支撑的搭建需要相关知识的产生与传播，面对面的接触是无可替代的。在海域生态环境领域中，中央政府和地

---

① Harwell M. A., Long J. F., Bartuska A. M., et al., "Ecosystem Management to Achieve Ecological Sustainability: The Case of South Florida", *Environmental Management*, Vol. 20, No. 4, 1996, pp. 497-521.

方政府逐步形成了以中央环保督察和国家海洋督察两大督察机制为核心的压力体系。通过专项督察、"回头看"、不定期督察、环境审计等多种形式的压力传导，有效规范了地方政府在环境治理中的"共谋"格局，海洋环境治理成为中央的政治任务。

（二）陆海联通的基础设施网络

区域条件、区位因素、区划特点会影响陆海产业在空间地域上的运动，从而影响陆海统筹治理的进程。以 2009 年杭州湾跨海大桥为例，跨海大桥不仅缩短了浙江东南沿海与上海之间的时空距离，同时将连线之间的很多城市纳入了交通网络经济圈中，实现更多城市跨海域、跨区域、跨层次的经济互动。以港口及其集疏运系统为核心的基础设施共享是最重要的集聚动力，开放政策是重要的推动力量。在"以制造业为主导的工业实力型"临港产业发展路径中，临港工业开始与港口贸易共同在临港产业群中起主导作用，由它们共同带动港口关联产业和港口派生产业发展的双因素拉动模式，较以港口贸易单因素带动模式受世界经济波动影响的风险小一些，并且对区位条件和贸易的自由程度的要求也低得多。

另一个典型的案例是宁波—舟山国际自由港的打造，目的在于放松企业管制，集聚港口海运主体，促进集群发育。首先，以国际自由港建设为目标，引进大型航运服务业机构。围绕浙江海洋经济示范区规划，先行先试探索宁波—舟山国际自由港建设目标和市场机制，完善市场秩序，吸引跨国公司区域总部入驻。其次，促进中高端航运服务业集聚。建设三江口、东部新城、定海航运服务业集群，对在相关区域注册，开展航运相关金融保险、会计审计、法律服务等业务的机构，给予一定比例的财政补助。再者，放松企业管制，创新市场机制，促进港口海运集群发展。允许企业发展海运、理货、船代、货代、仓储等各类业务，允许人员在区域内居住，发展相关的生活服务业；实行宽松的税制，在自由港规定区域内，除减免关税，应对所得税、营业税等，实行减免或低税率政策，并加速资本活跃性开放内销市场。最后，建立高效、统一的宁波—舟山自由港管理机构。充分利用互联网和现代科技手段，建立统一管理机构，推行无纸化办公，简化行政和海关手续，提高工作效率。同时，优化政府对"综合型自由港"基础设施资源的配置能力，强化宁波自由港产业集群内各类企业的市场竞争能力。

陆海统筹基础设施网络在建设、运行或维护等不同阶段使得陆地与海洋之间发生显著的单向或者双向物质、能量和信息传输或运移的工程项目，按照功能属性海陆联通的基础设施网络可分为空间利用和交通运输。其中，空间利用主要是填海造陆、修建人工岛、建造大型海上浮体、海涂围垦等；而交通运输则可分为两类：一是连接不同陆域之间的跨海大桥、海底隧道等；二是供海上船舶停靠的码头工程等，包括跨海隧道、跨海大桥、港口。因此，搭建陆海统筹治理体系的网络建设要坚持陆海联动，加强综合协调，统筹布局交通网。

（三）城市数据共享和平台互通

在完善综合交通网的同时，要利用数据信息联动优化数据共享和互通平台。搭建能源保障网、水资源利用、海洋信息网、海洋防灾减灾网和沿海防潮网，形成向海域纵深挺进和向陆域腹地深入的完备通畅的立体基础设施网络和数据共享互平台体系。

一是完善能源保障网。要依据需求科学谋划布局电源点和电网建设，提高能源保障能力，推进沿海岛屿新能源与陆地电网融合，完善独立海岛电网能源保障系统。加快形成主要海岛厂网协调、电压等级匹配的电网网络，建设浙江舟山岛—岱山岛—衢山岛—小洋山岛—泗礁岛的多端柔性直流输电工程。

二是完善水资源利用网。实行严格的水资源管理制度，推进水资源全面节约、高效利用和合理配置，严格保护海岛水源地，因地制宜建设海水淡化、大陆引水等工程；完善以本地水资源、大陆引水和海水淡化为重点的供水水源系统，加强引水调水、应急供水和抗旱水源工程建设，提高供水能力和水资源开发利用效率，加强饮用水水源保护，加大节水技术和供水厂网建设改造力度。

三是完善海洋信息网。引入新的通信和信息技术，提升物流、航运信息服务水平，建设海洋空间基础地理信息系统和海洋信息服务平台，构建海洋立体观测体系，重点加强面向海洋保护、海洋防灾减灾的动态监测网络和评价能力建设。

四是完善海洋防灾减灾网。防灾减灾主要为抵御海啸、台风、风暴潮、海浪、赤潮、海冰等海洋灾害，包括为陆域开发提供防护和减灾能力的直接应对海洋灾害防、减灾工程。海岸带区域内各种重大工程项目要建立起防范海岸带自然灾害以及保护环境和生态所必须建设的防、减灾附属工程；开展气象、地质、海洋灾害预警监测，推动建立区域性共同防范自然灾害的长效机制。提升海上安全生产、环境保障服务和应急救助信息化水平，规划建设躲灾避难安置场所和救灾物资储备仓库，提高海上救助服务能力；开展海洋灾害风险评估与区划工作，加强海洋防灾减灾应急指挥能力建设；开展警戒潮位核定工作。

五是完善沿海防潮网。实施标准化海塘工程、山塘除险加固工程、城市排涝工程、渔港避风港工程，提高海岛防潮、防洪和抗旱能力；继续推进标准渔港建设，进一步抓好防台风设施建设；加强海平面上升影响调查及评估工作，健全沿海防护林体系，提升海岸防护能力。

（四）利用遥感技术实现定位治理

遥感在监测世界各地保护区的景观动态方面具有独特的优势，这种地域监测的技术优势可以在近岸海域生态环境陆海统筹治理过程中发挥重要作用。遥感的时间深度可用于监测新卫星和传感器系统部署的连续性以及图像采集能力。将监测的数据和其他地理信息数据进行整合分析，能够重点捕捉到近岸海域生态环境陆海边界处的生态情况。另外，在考虑多光谱图像档案时，利用遥感技术的这些定位方法能够将生态情况的变化转化为光谱域的变化。此时，光谱指数可被用作生态属性的代理指数，并能够作为时间序列轨迹进行跟踪。这个过程中涉及两类算法，一个是开发的算法，其用统计拟合规则来识别光谱轨迹（段）中一致进展的时期和分隔这些时期的转折点（顶点）。另一个是变化检测方法，用来捕获影响陆海边界数据变化的广泛过程，例如近岸海域生态环境陆海统筹治理过程中出现的衰退和死亡、生长和恢复以及其他驱动因素的组合。

遥感监测可以为海洋生态系统中的高效、透明、可重复和可防御的决策提供必要的信息。遥感所代表的数据科学和基础设施能够顺利地抓取地理信息便于近岸生态环境的评估与监测，例如，云计算、谷歌地球引擎（GEE）和大地球数据的改善能力接近，便于数据共享和集成和建模过程。遥感是科学家和土地管理者的通用工具。遥感平台、传感器的新发展和科学技术的进步为全球监测保护区提供了重要支持。遥感数据产品，加上用户友好的数据探索、分析和可访问的建模工具，使科学家和从业人员能够更好地了解环境变化如何影响物种种群、生态系统功能和维持它们的服务。

从管理的角度来看，扩大遥感在日常陆海统筹治理实施中监测的操作使用具有相当大的潜力。遥感数据集成到用于数据同化的框架、流程处理、研究报告等这一系列过程变得必不可少。在遥感使用过程中，要注意以下几点：一是平衡时间管理上的消耗。要分配足够的时间来处理遥感专家和统筹治理人员之间的合作关系，学习遥感技术操作中的基本框架与使用流程。二是储备广泛的数据分析工具和软件使用的技能和基础知识。遥感科学涉及领域较多，研究人员与统筹治理人员需要进行必要的标准化培训、操作流程指导、软件工具指南等。例如在评估资源和生态条件的趋势时，保护区的资源管理者会使用到所有可用的信息进行分析，以寻求遥感变化检测分析，其中包括历史航空摄影，要结合不同光谱波段以各种空间和时间分辨率来获取最新的卫星图像。遥感技术的使用在近岸海域生态环境陆海统筹治理中存在异常复杂的要求和程序，关键要把握好学习过程的重要性、难度和时间消耗。使用遥感数据进行监测的最重要限制之一是变体映射的准确性以及获取用于验证的地面数据的成本。这是获取传统原位测量方法并将其与遥感测绘和建模相结合的共同挑战。这也说明遥感不能总是满足整个信息采集的需要。虽然基于遥感的技术解决了传统方法无法访问的空间和时间领域，但遥感无法在地块尺度上与现场测量和监测的准确性、精确度和主题丰富性相媲美。

遥感技术最新发展的技术包括：捕捉生态系统变化的动态；对现有传感器、数据和综合方法的新发展的评估；处理先进遥感和时间序列数据的方法；以及多源和开源数据的整合。这些研究从现场测量、栖息地评估、社会经济发展、政策和管理因素以及清查和实际执行等角度对保护区的监测做出了贡献。生物圈、大气、水圈和社会层面的监测应用反映了遥感在栖息地测绘和生物多样性保护、检测自然和人为干扰的影响以及揭示评估生态系统在变化环境下的复原力和可持续性方面的优势。

三　运用统筹治理的技术经验

（一）陆海监测体系

促进数据共享，建立近岸海域生态环境环境监测网络、野外台站观测和区域生态修复示范为一体的陆海生态环境研究和监测体系。陆海统筹的环境监测网络体系与环境信息交流平台是构建一体化的环境监测体系的前提。虽然陆源污染的负效应在一定程度上被社会认可，但环境监测网络不健全、不畅通无疑在客观上导致了陆源污染的进一步加剧。陆海统筹环境监测网络体系的建设应以"科学、合理、全面、可行和可拓展为出发点，构建出国家环境监测网质量体系框架"，确保环境数据来源的真实、可靠，并为近岸海域生态环境陆海统筹治理与资源利用提供科学的数据支持。对于环境污染的重视程度基于污染物质在海洋中的行为对生命过程造成危害的认知，并依赖于观测技术与分析方法的改进与提高，对陆源污染进程与结果处于未知时，很难制定决策。受制于现有的政绩考核机制与地方政府的利益选择，内陆政府（特别是与沿海地区间不存在直接的利益制约的政府）常会无视或忽视海洋环境保护，这样不仅使环境信息不流通，还容易导致污染的海洋环境被变现的资产或区域的政绩所遮掩。因此必须构建出统一的陆海一体化的环境监测网络体系与环境信息交流平台，以完备的责任体制推动不同地方政府真正落实污染源头控制。资源开发利用保护是指开发、利用和保护各类海洋与海岸带资源的各种工程手段，如海上采油平台、海水淡化工程、海上网箱养殖等。在海洋强国战略背景下，必须统筹考虑陆海基础设施网络化规划、建设与利用，奠定海洋经济社会发展和资源环境监测保护基础。

（二）陆海污染综合防治

浙江近岸海域生态环境陆海统筹治理要扎实推进环境保护，着力调整产业结构，加大落后产能淘汰力度，新建项目按照最严格的环保要求配套建设治污设施。加强沿海城镇和临港工业区污水处理设施建设，完善配套管网，实现污水集中处理和达标排放，大幅提高水体再生利用水平。合理规划建设垃圾分类收集系统、转运系统和综合处理系统。加大海岸（洋）工程、陆源入海排污口和船舶污染监督监测力度，实施海洋开发利用活动污染物排放和海洋倾废总量控制，推进陆海污染同步监督防治。加强渔船污染物排放管理，严格控制船舶污染物排放，完善港口船舶污染物接收处置设施，健全指定区域内船舶污水禁排政策，加快建立防溢油应急体系和基地。强化海洋环境风险管理，加强项目海洋环境风险防控评价。优化现有油品码头空间布局，从严控制新建油品码头等高风险、高污染项目，对沿海布局的石化、油储等环境高风险源，划定海洋环境缓冲区，保证安全防护距离。加大港区风险防范力度，健全环境风险防范体系。建立和完善海洋环境立体监测、废弃物海洋倾倒监管、海洋自然灾害及海上突发事件响应等机制，推进涉海环境联合执法和跨区域海洋污染防治。

（三）各类生产要素整合

近岸海域生态环境陆海统筹治理经验要求整合多种生产要素，这包括土地、劳动力、技术、资金等。对沿海、沿江、沿口岸重点城市（城镇），陆海重点产业、重点园区、重大项目的土地资源提优提效。在人才和技术方面，推进人力、物力、财力、技术等转化为生产力，同时推动要素之间的自由流动，让劳动力、生产技术、土地资源等被充分利用，进而形成陆海生态系统内部要素流动的畅通。

一方面，要促进生产要素在陆海产业间的自由流动，具有先进技术含量的要素资源可以通过集聚效应迅速提升相关部门的优势，改善生产、提高劳动效率；政府及相关部门通过政策引导，促进资源、资金、信息、技术、劳动力等要素在陆域产业和海洋产业之间流动，通过生产要素流动所引致的产业边际生产率调整和产业结构重构效应，实现陆海产业协调发展。另一方面，要促进生产要素在陆海区域间的自由流动，依据具体情况因地制宜，建设高速公路和高速铁路，提高交通基础设施质量，为陆海两域之间的物流运输提供便利，引导陆海两域进行空间上的要素递延。

此外，还要确保海洋产业与陆域产业生产要素互相流通。海陆产业间相互关联关系的建立，是通过资金、能源、劳动力、技术、生产信息等各生产要素在海陆产业子系统间不断流通与循环实现的。海洋产业滞后于陆域产业，海洋产业的经济基础还很薄弱，海陆系统之间存在着"由陆向海"的能量梯度，使得海陆产业在资金、技术、人才、资源、信息等生产要素上存在流通趋势，以便陆域产业能够更好地发展并进入海洋产业领域，促进海洋经济发展。同时，海洋经济的高技术、高资金投入、复杂性、综合性等特征，吸引陆地更多的资金、技术、劳动力、知识信息等生产要素进入海洋经济领域，陆海产业之间通过生产要素流动得以联通。依据产业集聚效益，陆域更多的生产要素会向生产效率更高的沿海地区集中，海洋产业结构水平不断优化。随着生产要素流通效率的不断提高，相应地降低了生产成本，提高了陆海经济效益，最终实现陆海产业全面协调发展。

第三节　优化统筹治理的几种模式

一　实施统筹治理的垂直领导

(一) 搭建自上而下的制度体系

近岸海域生态环境陆海统筹治理是进行陆域和海域跨界治理过程中相较复杂的问题之一。表面上看，相关问题是工程技术性问题，但也有体制问题需要考虑①。受传统思维影响，中国重陆轻海，海洋环境保护起步较晚，监管职责分工、部门协调、社会参与等方面存在诸多不足。因此，由于陆地和海洋的分割而导致的多主体管理没有明确的领导者的问题一直是我国海洋环境管理体系中最突出的矛盾。实施统筹治理需要从层级分治的角度由上而下地逐级展开。

第一，中央下辖地方的垂直模式。在现代海洋环境治理体系中，政府之间以及政府、企业和公众之间存在复杂的互动关系。基于治理主体的角色定位，从利益相关者的角度梳理不同主体之间的逻辑关系，是建立现代、多元化、协同的环境治理体系的重要前提，中央政府和地方政府承担多重角色，是推进近岸海域生态环境治理的核心主体。但是，不同级别、不同地区政府的利益和目标存在差异，因此中央和地方政府需要推动一致的环境治理行动。一是在近岸海域生态环境问题日益严峻的背景下，中央政府治理近岸海域生态环境污染的意愿强烈。在中央政府行为战略明确的前提下，政府间博弈关系主要表现在中央与地方政府、不同地方政府之间的竞争合作关系。二是由于海洋本身的流动性及其公共产品属性，地方政府积极开展近岸海域生态环境治理会产生正外部性，可以使周边地方政府受益；然而，采用被动实施策略会增加其经济效益，但会产生负外部性，从而降低周边地方政府的收益。此外，受中央与地方信息不对称等因素影响，以指标考核为核心的传统压力型政治激励模式在指标设定、衡量和监督实施中面临多重问题，部分地方政府暗中勾结。因此，在没有外部激励和约束的情况下，追求利益最大化的地方政府不会自觉地采取近岸海域生

---

① 沈满洪：《海洋环境保护的公共治理创新》，《中国地质大学学报》（社会科学版）2018 年第 2 期。

态环境治理行动。为此，中国长期以来采取"自上而下"的压力传导式的制度来约束地方政府的行为，引导地方政府开展近岸海域生态环境治理。

第二，区域性地方两级垂直管理。区域性地方两级垂直管理即中央与地方权责的分配。近岸海域生态环境治理现状中，我国对中央与地方的职权界限划分比较模糊，且在多数海洋事务的处理上实行职责同构。这样会造成实际操作中的职责冲突，应该具体根据中央与地方能力的不同设置不同的权责权限。在实际治理中，各级地方政府及执法部门应依据法律、政策的规定更多地进行具体的执法工作，中央政府更多地对其执法工作进行监督。正确处理中央与地方的关系，从自然资源部层层分级向下，到地方各级海洋与渔业事务管理部门、水务部门、生态环境部门等，从地方层层分级到区域市县系统。

第三，省直管县。为了缓解县级财政困难，解决政府预算级次过多等问题，在现行行政体制与法律框架内，省级财政会采取直接管理县（市）财政的方式。由于各地具体情况差异较大，"省直管县"的类型也不尽相同，有些地区在财政体制、转移支付、财政结算、收入报解、资金调度、债务管理等各个方面，全面实行省对县直接管理；有些地区主要在补助资金分配和资金调度等方面实行省对县的直接管理。地级市的存在一方面为中心城市的发展，截留辖属县的资金，不利于县域经济发展；另一方面，地级市的作用知识上传下达，多了一个环节，不利于政令的畅通。理论上，"省直管县"独立于所在地级市，拥有的权力与地级市相差无几。但目前，就实际实行情况来看，这种理想状态未达到。市级政府部门从部门利益出发，为"代管"为由，阻滞"实权"下放。但这一状况正在被改变，省直管县逐步与地级市分离，渐渐向省靠拢，实现真正意义上的省直管县。

（二）纵向优化统筹治理的权力结构

权力结构主要是指以政府部门为主体的纵向和横向的治理形式。我国近岸海域生态环境治理结构纵向以中央政府、省级政府、基层政府为主线，涵盖从中央到地方涉及自然资源和生态环境监管的相关职能机构，总体表现为"自上而下"的命令控制模式。中央政府、省级政府和基层政府分别承担委托人、管理者和代理人的角色。中央政府作为委托人，负责制定近岸海域生态保护的法律和顶层规划。省政府作为管理者，负责贯彻落实中央海洋环境保护指令和政策，监督基层政府近岸海域生态环境治理工作。市、县基层政府在辖区内具体落实近岸海域生态环境治理责任，落实各类"自上而下"的指示和政策。但是，由于各级政府目标不同，信息不对称，省级和基层政府容易勾结，被动执行中央环保指令。因此，针对中央和地方政府，地方政府和县域管辖区域要进一步优化上、下级权力结构层次，完善权责明确的体系结构。

二　强化统筹治理的平行监督

（一）加强多主体的左右协同监督

横向来看，中国近岸海域生态环境治理结构主要表现在地方政府与地方监管部门的内部关系上。一方面，海洋的流动性特征和公共物品属性特征意味着跨区域地方政府治理合作对于解决近岸海域生态环境污染问题具有重要意义。这种跨区域合作不仅包括沿海地方政府之间的合作，还包括沿海地方政府与内陆地方政府之间的合作。另一方面，在地方海洋环境治理的具体过程中，地方人民政府、地方生态环境部门、地方自然资源部门围绕近岸海域生态环境治理形成内部横向治理结构，地方人民政府是海洋环境保护的主体，地方生态环境部门和自然资源部门是海洋环境保护的执行机构。由于地方自然资源和环境监管部门多受地方政府监管，其环境监管权限有限，地方近岸海域生态环境治理的效果在很大程度上取决于地方政府的环保态度和行为。有鉴于此，地方政府近岸海域生态环境保护责任的逐步落实，是确保横向治理结构有效运行的重要前提。此外，自2018年中央改革以来，地方生态环境部门获得了统一的环境执法监督权，但自然资源部门对海洋生态修复仍有监管权。因此，确定如何有效协调两个部门之间的职能，是未来需要解决的难题。

第一，优化政府—企业—社会主体间的协作监督。近岸海域生态环境陆海统筹的治理主体主要包括地方政府、企业和公众；作为跨行政区域的长三角区域，包括了各辖区的地方政府、企业和公众，还包括跨界的相关机构，如原国家海洋局东海分局以及中央政府等多方面利益主体。对环境影响最直接、最重要的主体是地方政府、企业与公众。从地位和作用上看，政府是"管制者兼被监督者"、企业是"被管制者兼被监督者"、公众是"监督者"，三者相辅相成、相互制约。地方政府之间在近岸海域生态环境治理上存在主动自愿的合作，但合作缺乏制度化保障。地方政府之间应建立和完善持续、稳定的协同合作的制度化机制，实现地方政府间的长期良性互动。这种机制包括利益协调与补偿机制、环境信息公开与共享机制、环境基础设施共建与共享机制以及环境保护联合执法机制协同治理的监督机制，以联合共治取代恶性竞争，以优势互补促进共同发展。

第二，加强跨域之间的防治监管。一是建立跨省级行政区河流跨界污染防治机制。自 2006 年以来，虽然担负陆源污染防治职责的环境行政主管部门加强了对陆源污染物的监测，但这种监测并没有对流域监管部门、流域所涉区域的行政管理部门有直接的制约作用。因此，针对此现状，必须以现实为基础，对直排入海河流域中建立跨省级行政区河流跨界污染防治机制，对入海河流的水质进行有效监管。国家有关部门应协调不同水系区域内的各省、市、区，共同确定跨省级行政区重要河流交界断面的水质控制标准；制定跨省级行政区河流突发性水污染事故应急预案，逐步建立我国近岸海域生态环境安全保障和预警机制，同时加强排污总量控制制度建设，使陆源污染物排海管理实现制度化、目标化、定量化。二是建立跨省级陆源污染防治的层次化与网络化管理体系。基于陆源污染防治的综合性与跨区域性，必须从不同层面、不同环境要素、不同污染源特点综合考虑，建立层次化、网络化的管理体系。各省级人民政府对本辖区的环境质量负责；具体执行由生态环境部联合相关部委，对陆域活动可能影响海洋环境的重大行为进行综合考量与评定；结合各种污染物排放特征，由生态环境部联合不同流域管理机构、省级环境行政主管部门共同制定相关标准、对策，共同对各种陆源污染行为进行监管。综合性的一体化环境管理体系的构建必然会遭受许多现实阻力，也可能会在实践中被异化或人为扭曲，但基于陆源污染的特征，建立综合性的一体化的环境监管体制紧迫且必要，打破阻力或破解异化最重要的手段便是强化政府责任的真正落实。陆源污染防治管理制度的改革不仅是一次利益的重新配置，还是对传统既得利益或某些权利（权力）的一种否定或挑战。

第三，加强沿海综合治理的区域合作。近岸海域生态环境陆海统筹治理是一个跨区域、复杂的问题，其责任往往难以明确。例如，杭州湾的污染源不仅包括沿海地区的直接海洋污染，还包括许多经钱塘江和长江口入海的污染物。因此，造成污染的相关主体不仅包括杭州湾沿岸地区，还包括钱塘江、长江等陆域流域。同时，受海洋流动性的影响，实践中难以界定各地污染责任的程度，导致地方政府在近岸海域生态环境治理中相互推透。所以，要消除区域海洋环境治理的行政壁垒，从陆海生态系统完整性的角度开展沿海综合治理，形成污染治理合力。目前，海岸带综合管理理念已被许多国家和国际组织采纳和推广。其涉及以整个沿海地区为管理对象，认识各种生态系统之间的联系，维持沿海生态系统从生产到再生的循环，实现整个系统中平衡各种物种和人类需求的治理策略。

（二）横向增补统筹治理手段

根据公共经济学理论，政府、企业和公众在近岸海域生态环境治理过程中呈现出冲突合作、委托—代理等多层次的复杂关系。如何协调不同主体的利益，培养各主体参与近岸海域生态环境治理的积极性，是构建协调共生的近岸海域生态环境治理体系的关键。

政府作为公众的代理人，本质上是公共利益的代表，而企业作为市场经济的主体，以追求利润最大化为目标，势必造成利益冲突。然而，近岸海域生态环境陆海统筹治理的问题具有非线性特征。在源头追溯方面，由于海洋流动性的影响，难以明确界定海洋污染的责任。从结果和影响来看，政府关停排污企业也会造成区域经济增速下滑，可能导致失业等社会问题。因此，地方政府可能为了区域经济增长而与企业"勾结"。此外，地方政府与公众主要表现为委托—代理关系。与强势垄断的政府相比，去中心化的公众在契约关系上处于劣势。因此，在以传统经济增长绩效为核心指标的考核压力下，地方政府在追求经济利益时可能会忽视公众的环境利益。随着绿色绩效评价体系的建立和环保督察制度的实施，近岸海域生态环境陆海统筹治理成为地方政府的一项重要政治任务，地方政府与排污企业之间的"勾结"得到有效遏制。然而，以往的实践表明，单一的政府主导的环境管理模式也面临着机制失灵的问题，企业和公众的参与也不容忽视。

为此，党的十九大报告明确提出，要构建政府主导、企业为主体、社会组织和公众参与的环境治理体系。在现代海洋环境治理体系下，政府不再是万能的，而是采取"元治理"的态度，适当下放环境监管权力，建立健全市场和社会机制，为企业和公众的积极参与创造条件。在近岸海域生态环境治理中加强多元治理主体之间的监督，有利于在平等协商、共同决策、相互监督的"元治理"机制下，使企业和公众不再是环境治理事件的被动接受者，而是可以成为积极的参与者，充分的实现信息共享、信任和互惠的合作关系。

（三）激发软要素边形功能

深入强化知识—技术—实践的相辅功能。知识—技术—实践是建设能力和取得切实成果以推进发展中国家海洋和沿海管理的基本要素。信息技术的发展和成熟，不仅促进了相关海洋和沿海问题的信息交流，同时加强了国际组织处理信息的能力。做好近岸海域生态环境陆海统筹治理首先要利用海洋和海岸知识管理经验和先进技术建立新兴的海洋和海岸管理网络。通过创建网络并共享所有类型的信息以切实增强近岸海域陆海统筹治理中技术信息要素的平行相辅功能，主要包括环境监测网络、沿海生态系统网络、清洁生产行业网络、利益相关者网络以及专业和学术知识共享等。利用现代信息技术确保近岸海域生态环境陆海统筹过程中的利益相关者之间的协调机制，此过程可能涉及政府、企业、非政府机构、海洋科研机构、社会团体等主体。

三　推进统筹治理的交叉联合

（一）推进多主体的划圈联合

第一，政府主体间区域合作。海洋中的政府协商包括中央部门之间的协商以及地方政府之间的协商，是一种跨区域、跨行业的管理模式，其能有效地规制并处理陆源污染问题，如果地区只着眼于自身管辖的海域，忽视其他地区的海洋污染行为，近海海域生态环境的恶化将难以遏制。这需要地方政府开展广泛深入合作，把海域作为整体研究，制定排污规定，协商制定排入海域的污染物总量。此外，应打破陆源污染防治中的"行政壁垒"和属地管理的限制。陆源污染是一种典型的跨区域性污染，许多情形下污染者与受害者脱节，要通过市场手段来完全解决不具有可行性，因为外部性、"搭便车"等情形在陆源污染防治中会大量出现，这需要打破行政壁垒、破除环境管制中的区域性。

第二，行政区域间纵横互补污染防治原则。预防入海河流的流域污染是海洋陆源污染防治的重中之重，从各个入海流域入手，对各种污染物的排放量实行有效的总量控制与排放控制。入海河流的水质状况差，需要从源头加强监管，逐层确立责任，完善环境责任的负担体系。因此在对重点入海流域污染防治中，应将所有可能排污的主体进行全面梳理，在不同行政区域间通过构建纵横互补的污染者负担与生态补偿原则，让污染成本内化，达成陆海利益均衡与互益。针对入海河流污染排放限制问题，必须重点结合不同污染物入海的状况与海洋环境质量，寻求流域污染控制与海洋污染防治间的关联性标准，使流域与海洋的各项控制指标成为一个无缝连接系统。

第三，推进海陆一体化治理手段。海陆一体化是我国现代海洋环境治理区域结构的突出特点之一。陆海协同不仅是指导我国海洋产业发展的重要科学理念，也是打破海洋环境监管行政壁垒、解决多元管理难题的重要途径。由于传统的陆海分治观，我国海洋环境管理长期以来一直处于综合管理、分散管理的状态，由陆地环境保护部门和海洋管理部门共同负责环境治理。但这种双部门监管模式导致海洋污染防治责任不清，海陆交界区域监管缺失。而且，两个部门职责重叠、冲突，缺乏有效的信息流通和共享机制，导致海洋环境污染特别是陆源污染日益严重。为解决陆海分界问题，中央政府对环保机构进行了改革。生态环境部统一了以前分散的污染防治和生态保护责任，自然资源部统一了自然资源资产所有者的责任。初步实现了中央职能部门层面的陆海协同监管，为构建陆海一体化协同区域治理结构奠定了坚实基础。除了具体职能部门的陆海协同，陆海协同的环境治理结构也需要从基于地方行政边界的碎片化管理模式转变为建立上下游区域协同治理模式。从河流流域到海洋的陆源污染是中国海洋环境污染的主要原因。陆海协同理念下的区域协同治理结构强调打破陆地和海域之间的区域行政壁垒，构建从山顶到海洋的污染治理体系，并辅以海湾地区的建立，促进沿海地区和流域地区之间的治理合作和风险共担。因此，环境部门改革后，沿海、流域和海域的治理主体合作模式成为陆海环境协同治理结构的中心目标，包括陆海治理方式和信息的整合。

（二）网状联动统筹治理手段

要搭建多中心治理的社会结构。社会结构主要表现为企业、公众、社会组织等多主体的协同治理。现代环境治理理念强调多社会主体共同参与，形成相互监督、相互帮助、相互制衡的有效网络结构。中国传统的海洋环境管理体制忽视了企业、公众和社会组织的独立治理作用，政府在付出巨大成本的同时，未能取得良好的环境治理效果。因此，在海洋环境保护意识提高和政府职能转变的大背景下，亟待在政府、企业、公众等参与主体之间建立信任、互惠、制衡的关系，确保各主体协同行动，保护海洋生态环境。其中，政府作为治理目标、规划和政策的制定者，需要承担组织多方合作的领导作用，是多中心治理结构的核心。企业、公众和社会组织是在政府制定的约束和激励机制下参与海洋环境治理的主体，参与海洋环境治理的决策、实施、监督等环节。在实践中，我国多主体协同环境治理总体上还处于探索的初级阶段，但局部地区也出现了一些成功的案例，其中福建省最为典型。为培养公众环保意识，激发社会监督，福建电视台于 1998 年制作了《绿色家园》环保科教栏目。家园环境友好中心（以下简称"中心"）于 2006 年正式成立，成为协调解决海洋污染等环境问题的重要平台。该中心在许多环境冲突中发挥了关键作用。通过组织政府官员、企业和公众代表参与多方圆桌会议，明确各自在环保方面的权力和责任，提高信息透明度，促进相互监督。中心致力于用市场手段引导企业参与环境治理，通过建立企业信用档案，探索构建国内首个环境信用评级体系，引导企业积极提供绿色产品和服务。同时，中心还注重对当地群众的环保动员和培训，支持公众成为环境卫士。

（三）升级反馈问责的立体结构

积极整合区域间相关国家政策资源，推进平台对接、规划对接、高位统筹、交叉互通管制模式，设计行政问责制度。政府责任构建的关键在于在正确确定归责原则的基础上进行行政问责制的设计。在规范政府环境行为方面，地方政府对环境质量负责缺乏约束机制和责任追究制度，环境法律体系中缺乏调整和约束政府行为的法律法规。在规范企业环境行为方面，对违法行为处罚软弱无力，缺乏量化标准。政府在环保方面不作为、干预执法及决策失误是造成环境顽疾久治不愈的主要根源。由于政府行政不作为导致的环境违法事件背后，揭露出地方政府对地方环境承担责任的重要性。如何确立不同区域间的政府责任，明晰污染流动轨迹下的政府责任是现代近岸海域生态环境陆海统筹治理过程中的重要课题。责任的承担不仅要与一定的损害恢复或补救措施相匹配，还要能对导致损害的责任主体实行应有的惩罚或制裁，达到既定的社会目的，满足社会正义。在陆海统筹治理中，潜在的风险、防治后果的不确定、对陆源污染物排放与海洋环境损害因果关系的相对无知等相互交融，致使防治前景不明晰，导致很多国家或地区的政府在对策或制度选择时犹豫不决、瞻前顾后，长期如此的直接后果便是对污染者、监督者、保护者等法律责任的延迟或不予确立。因此，建立政府责任管理体制的法律制度要健全责任体系，定位好责任主体的权限范围。陆海统筹污染治理中要更多地涉及综合性、全面性的污染防治，聚焦责任主体、明晰污染者范围，解决主要矛盾，强化法律责任的实用性，同时增强法制刚性。海洋环境治理结构从静态维度呈现治理体系主体之间的关系，运行机制则从动态维度进一步梳理不同要素间的协同演化逻辑，探索既定结构下治理效能的传递路径。中国现代海洋环境治理的权力结构、社会结构和区域结构并不是独立存在的，而是相互交织、相互关联的。它们贯穿海洋环境治理的制度安排、流程协调、反馈调整全过程，共同构成一个动态完整的运行体系（如图 11-1 所示）。相应地，中国现代海域生态环境陆海统筹治理体系的运行机制包括自上而下的治理体系安排的设计与传递、多主体跨区域治理过程的协调统一、自下而上的传递优化与治理反馈，最终表现为一个纵横交错、相互关联、协调有序的治理体系。

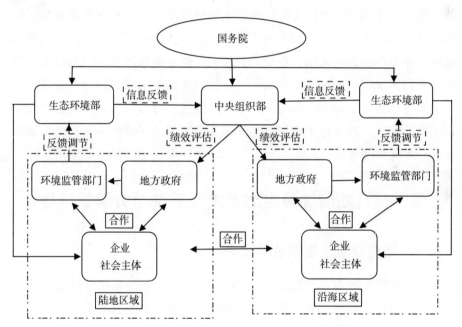

图 11-1　海域生态环境陆海统筹治理体系的运行机制

浙江近岸海域生态环境陆海统筹治理机制的运行仿真

评价近岸海域生态环境陆海统筹治理机制的运行效果，及时根据评价结果进行反馈调整是制度实施过程中不能忽视的问题。本章首先分析了陆海统筹生态系统及其系统动力学适用性，进一步构建陆海统筹治理因果关系模型和系统动力学流图，在模型通过有效性和灵敏度检验的基础上，设定了不同情境下的浙江近岸海域生态环境陆海统筹治理机制运行效果，并基于系统动力学（system dynamics，SD）模型进行仿真模拟。根据模型分析结果，提出了浙江近岸海域生态环境陆海统筹治理机制中存在的问题以及进一步完善的举措。

第一节 陆海统筹生态系统及系统动力学适用性

一 陆海统筹生态系统的概念

陆海统筹是将海洋和陆地作为两个独立的系统，综合考虑陆海间经济、生态和社会功能，利用陆海间的能流、物流和信息流等联系，以科学发展观为指导，对沿海区域发展进行统一规划，统筹配置资源要素，促进海洋产业与陆域产业融合联动、陆海产业空间布局紧凑衔接，实现陆海经济社会协调发展，进而推动区域全面发展。陆海统筹生态系统的关键是处理好陆海系统之间的关联性，疏通陆海之间的资源、信息、能源等交流通道，以促进陆海经济协调发展。

（一）陆海经济子系统的统筹

陆海经济统筹发展，可以有效利用海洋资源优势，缓解陆域资源紧缺矛盾，改变我国沿海地区产业发展与资源分布不均衡的格局。通过陆海统筹，加强陆海产业关联，从"陆向"经济转为"海向"经济，充分开发利用海洋资源发展相关产业，可以促进沿海地区全面发展。陆海统筹可以加强陆海产业融合，促进陆地产业部门与海洋产业部门的融合，提升产业竞争力，实现陆海交通网络的对接，促进陆海综合功能区整合。

（二）陆海生态子系统的统筹

陆地和海洋的生态过程具有连续性，陆海生态子系统的复合性与整体性特征，决定了陆海生态子系统可以综合调控生态环境问题。因此，陆海生态子系统的统筹，需要考虑海洋生态子系统和陆地生态子系统要素之间的相互作用，以实现陆海生态系统的统筹调控。

（三）陆海社会子系统的统筹

通过陆海社会子系统的综合影响，促进沿海地区社会关系的协调，提高国民海洋意识，改善沿海地区人民生活质量，推动沿海地区与内陆地区协作，建立跨区域生态补偿机制，促进沿海地区社会和谐发展。

（四）海陆经济社会生态子系统间的综合统筹

海洋和陆地构成一个复杂的陆海生态—经济—社会三维结构的复合系统，陆海统筹就是综合调控陆海经济—社会—自然系统之间的资源要素配置、物质流、能量流的合理流动以及社会关系的协调等，以期实现经济繁荣、生态安全和社会进步。其中，经济繁荣要以陆海经济增长为前提，为国家富强和满足民众基本需求提供永续的经济支撑；生态安全，即以保护海陆生态环境为基础，使经济社会发展与陆海资源环境承载力相适应；社会进步，是改善人们生活质量，提高社会的文明程度。陆域和海域作为独立的子系统，不断进行能量和物质交换，由此产生天然和非天然的关联性。经济上的关联性，主要包括陆海产业发展、空间布局、资源开发、生产要素配置、交通基础设施、生态环境保护六个方面。陆海统筹是基于全局观念的战略思维，进行统一的规划、协调、引导、监管等。陆海统筹生态系统是基于陆域生态系统和海域生态系统的完整性，重视陆域和海洋生态系统之间能量流、物资流、信息流的交互影响，考虑各生态系统内部要素之间关联性，倡导陆海协调、人海和谐、资源流动、优势互补，最终形成既独立又相协调的陆海统筹生态系统。

二　陆海统筹生态系统动力学的适用性

通过提供不同主观和客观因素如何相互关联并影响生物能源发展途径

的理解，系统思维丰富了政策反馈的方法，近岸海域生态环境陆海统筹的治理是既包含生态系统的思想又包含人类社会系统的内容，利用 SD 方法有助于更好地理解"现实世界"与人类对现实理解之间的反馈关系的社会结构或工具。系统的边界在主体和客体之间的相互依存和持续互动对话中被定义。在这种反馈关系中，现实世界的框架塑造了可持续性转型过程的特定发展路径。系统的原型可以作为解释陆海统筹治理结构如何影响政策进程或地方可持续发展的概念工具，并且通过做出假设并分析系统内行为的潜在模式，显示非系统解决方案的优势或劣势。SD 方法可以为陆海统筹治理结构提供清晰的逻辑关系图。治理结构的基本原理是，每个流程背后都有规则、权力关系和参与者的理解，这些规则、权力关系和参与者的理解塑造了路程展开的方式，这一点适用并贴合近岸海域生态环境陆海统筹治理中政府—市场—社会机制中涉及的政策规定、政府权力与企业和社会团体（包括个人）的参与之间的复杂关系。此外，使用原型和 SD 支持逻辑关系之间的反馈分析。系统思维（包括原型和 SD）不仅有助于分析反馈对政策制定和当地可持续发展的影响，而且还包括"时间延迟"（即使只是在认知层面）。时间延迟是反馈过程的后果，因为事件显示后果以及人类了解这些后果都需要时间。使用系统思维可以提高行动者和政策制定者对时间延迟的认识，从而有可能改变思维方式和政策设计。麻省理工学院的 Forrester 教授在 1958 年提出的 SD 模型可以很好地解决这个问题①。SD 模型在描述复杂系统结构、功能和动态行为之间的相互作用关系方面具有良好的适应性。它可以考察环境、社会、经济等复杂系统在不同场景（不同参数或不同战略因素）下的变化行为和趋势，并提供决策支持（Zeng 等，2014②；Guo，2016③）。SD 可以综合考虑经济、环境、能源、碳交易政策等多方面因素，结合多因素之间复杂多变的关系，通过构建近岸海域生态环境陆海统筹治理体系的动力学模拟模型，进一步

---

① Forrester J. W., "Industrial Dynamics: A Major Breakthrough for Decision Makers", *Harv Bus Rev*, Vol. 36, No. 4, 1958, pp. 37-66.

② Zeng L. J., Sui Y. H., Shen Y. S., "Study on Sustainable Synergistic Development of Science & Technology Industry and Resource - Based City Based on System Dynamics", *China Popul Resour Environ*, Vol. 24, No. 10, 2014, pp. 85-93.

③ Guo Z. D., "Moral Hazards and Prevention Measures of Third-Party Governance over Environmental Pollution", *Environ Sci Manag*, Vol. 41, No. 2, 2016, pp. 1-4.

分析治理体系中关键变量的变化对陆海统筹实施过程的影响①。

SD 模型建立与理论框架一致，符合战略的有机视角。该模型旨在反映组织学习中的战略变革过程。首先，它假定陆海统筹治理的组织学习系统是一个非线性的网络反馈系统；其次，这个治理系统既有产生不稳定的正反馈，也有产生稳定的负反馈；再次，系统的长期结果来自系统要素（即治理机制和学习程序）之间的详细相互作用；从次，当系统适应其环境时，结果实际上是在环境给定的范围内规定的；最后，系统内元素的涌现状态是可预测的——了解环境变化和了解学习的资源禀赋。SD 模型采用模块化开发，表明整个研究系统由多个子系统组成，以反映每个子系统之间的相互作用。

三　陆海统筹生态系统仿真的问题导向性

（一）模拟近岸海域生态环境治理政策的变化节点

陆源污染严重，近岸海域生态环境亟须转变的紧迫性。针对解决陆海统筹治理的实施措施，亟须一种方法解决问题，踏寻解决之道，仿真是落实政策是否有效的手段。系统动力学日趋复杂，规模日益庞大，全面、综合地运用系统动力学方法评估国内近岸海域生态环境陆海统筹治理体系，并给出虚拟和现实情境下的模拟数据与现实测度数据，对于后期实施陆海统筹治理的决策是一个非常复杂的系统工程，可以进一步深入挖掘。在生态环境陆海统筹治理过程中，治理流程和参与机构在承认和适应难以预测的未来面临的挑战。通过关注不确定的未来，决策可能会转向更具参与性的过程，需要解决权力和包容性问题。负责制定环境管理决策和监测生态系统对变化的响应的主体往往很多，并且通常包含参与数据收集、分析、政策影响和决策不同方面的参与者。在许多情况下，政府—企业—社会主体可能会具备一定的权限呈现出一种共同参与决策的情况，每个主体都可能聘请自己的专家组，这就需要进行一定的决策整合与协调。

（二）评估近岸海域生态环境系统的破坏强度

评估人为开发活动导致的陆海生态环境系统破坏的强度或程度，但

---

① Guo Z. D., "Moral Hazards and Prevention Measures of Third-Party Governance over Environmental Pollution", *Environ Sci Manag*, Vol. 41, No. 2, 2016, pp. 1-4.

破坏不具备可复制性或现实模仿性，故可利用仿真技术在不造成系统现实压力的情况下，评估人为活动的破坏力度，分析其对生态系统、服务功能的影响。对于模型的开发和评估，必须遵循一系列步骤（Davis 等，2007①；Elsawah 等，2017②），从模拟中构建理论和知识启发到实现模型直接目的，进而获得可靠的结果（Jakeman 等，2006③）。一个系统建模的思想一般具有迭代性质，系统构建过程要具备试验、错误识别和改进的思想。第一步是定义模型的目的，可以包括预测、系统理解、社会学习或为决策过程生成工具。模型和案例研究的目的是关键因素，因为它描述了模型假设的基础、定义变量和模型的限制。一旦确定并建立了变量及其关系，就可以在校准和验证过程中执行正式的模型制定。最后，可以进行模拟以研究正在建模的现象的动态轨迹。由于系统的锁定，生态环境系统的仿真通常在现有政策、实践和制度之上分层，而不直接在现实领域中验证破坏的后果，并且经常系统地重现解决措施。许多旨在促进沿海和海洋管理的治理"转型"并非源于对临时措施的批判性和整体性认识。相反，对于环境陆海统筹治理的改革通常是无法完全控制的，在治理实施过程中往往受到各方的限制，这可能来自多元主体，也可能是技术、资源、信息基础设施等的限制。这些限制意味着由于现有系统的负面影响而出现的其他问题变得无法解决或被接受为现状的一部分。因此通过系统仿真能解决冲突的优先事项，如资源的不确定性、有限理性、无法解决复杂性、利益相关者参与不足和无法满足既得利益者的要求等。

（三）突破现行陆海统筹治理中的困局

现行近岸海域生态环境陆海统筹的治理结构已相对完备，而如何突破、如何更优地解决现存缺陷是当下要重点关注的问题。海岸属于一类动

---

① J. P. Davis, K. M. Eisenhardt, C. B. Bingham, "Developing Theory Through Simulation Methods", *Acad. Manag. Rev.*, Vol. 32, 2007, pp. 480-499.

② S. Elsawah, S. A. Pierce, S. H. Hamilton, H. van Delden, D. Haase, A. Elmahdi, A. J. Jakeman, "An Overview of the System Dynamics Process for Integrated Modelling of Socio-Ecological Systems: Lessons on Good Modelling Practice from Five Case Studies Environ", *Model. Software*, Vol. 93, 2017, pp. 127-145.

③ A. J. Jakeman, R. A. Letcher, J. P. Norton, "Ten Iterative Steps in Development and Evaluation of Environmental Models", *Environmental Modelling & Software*, Vol. 21, No. 5, 2006, pp. 602-614.

态的社会生态系统，当前其受到越来越大的人为压力，这对有效的设计海岸和海洋治理系统提出了复杂挑战。造成海洋环境不可持续的因素有很多，而管理环节薄弱是其中关键的一点。沿海和海洋生态系统的管理通常是以分散的方式进行的，这就意味着系统内部的职责分散于多个机构之间。对于有效治理薄弱的管理问题，"综合管理"常常被作为可持续发展的管理思想，应用在海洋管理的规范文件中。值得注意的是，综合管理主要应用在现有的治理框架下，无法解决路径依赖、制度惯性和政策分层等根深蒂固的问题。这些持续存在需要通过变革治理的现实障碍可以被重新定义为"持续性存在的问题"，这些问题阻碍了有效综合管理的实现路径。解决持续性问题，创新地方实践举措，关键是要寻找一种替代管理的范式来理解并解决海洋管理中所涉及的复杂问题。持续存在的问题和当前已经表征出现的问题之间相互交织成更为复杂的管理难题，因此，海洋治理改革必须以能够识别并解决长期存在问题的方式有序推进。这就需要在识别现行海洋资源管理问题症结的同时，把握综合管理实施过程中的关键要点以解决"持续性存在的问题"。

第二节　陆海统筹治理因果关系模型的构建

一　整体系统因果关系的边界与假设

鉴于海洋陆源性污染联防联控机制受多重因素的影响，是一个典型的复杂系统，而系统动力学是以反馈控制理论为基础，能够从系统整体出发分析内外反馈信息、非线性特性和时间延迟影响[1]，因此，部分学者利用系统动力学研究开展海洋可持续性发展和海洋生态承载力等问题的研究。盖美和田成诗（2003）[2]利用SD模型对大连市海洋环境治理方案进行模拟调控，提出海洋治理的合理方案。陈卫东等（2009）[3]构

---

[1]　Forrester Jay W., "System Dynamics and Its Cause in Understanding Urban and Regional Development", *Journal of Shanghai Institute of Mechanical Engineering*, Vol. 14, No. 4, 1987, pp. 95–106.

[2]　盖美、田成诗：《大连市近岸海域水环境质量、影响因素及调控研究》，《地理研究》2003年第5期。

[3]　陈卫东、顾培亮、刘波：《中国海洋可持续发展的SD模型与动态模拟》，《数学的实践与认识》2009年第21期。

建了中国海洋可持续发展的 SD 模型，将海洋可持续发展系统分为社会子系统、经济子系统、资源和环境子系统，仿真模拟海洋可持续发展的对策。靳超等（2017）[①] 利用 SD 模型预测惠州市的海洋生态承载力状况并提出改善措施。上述研究为本章引入具有高阶次、非线性、多重反馈性的 SD 模型，构建浙江省海洋陆源性污染联防联控机制系统仿真模型提供了经验借鉴文献支撑。但上述研究主要集中在单一层面的探讨，未能将海洋环境污染联防联控治理置于整个大气污染治理环境中进行系统性的考察。鉴于此，本章以上述研究为基础，以 2013 年浙江省出台的《浙江省近岸海域污染防治规划》为基期，将陆源污染与海洋污染纳入同一系统，建立浙江省海洋陆源性污染联防联控机制的系统仿真模型，对该机制产生的长期效应进行仿真模拟分析，揭示该政策对浙江省近岸海域治理的运行成效，并对浙江省近岸海域生态环境治理提出长期有效的发展策略和对策建议。

浙江省海洋陆源性污染动态仿真模型以浙江省的行政边界为研究系统空间。由于沿海城市海水污染浓度数据统计始于 2006 年，故设置模型的起始时间为 2006 年，考虑到政策的实施有一定的滞后效应，本章确定模型的终止时间为 2030 年。其中，2017 年为现状水平年，2006—2017 年为历史统计数据年，2018—2020 年（A1）为近期规划水平年，2021—2025 年（A2）为中期规划水平年，2026—2030 年（A3）为远期规划水平年[②]。为减少步长时间带来的误差，确定模型仿真时间间隔为 1 年。根据海洋陆源性污染的动态过程以及各要素之间的相关关系，本章将浙江省海洋陆源性污染系统分为"排放子系统""控制子系统"和"污染损失子系统"，每个子系统各有特点又彼此联系。

利用 SD 仿真软件 Vensim 绘制出浙江省海洋陆源性污染联防联控机制因果关系图（见图 12-1）。

二　陆海统筹治理的排放子系统

海洋陆源性污染是内生因素和外部控制因素共同作用的结果，而陆域

---

① 靳超、周劲风、李耀初等：《基于系统动力学的海洋生态承载力研究：以惠州市为例》，《海洋环境科学》2017 年第 4 期。

② 姜秋香、董鹤、付强等：《基于 SD 模型的城市水资源承载力动态仿真：以佳木斯市为例》，《南水北调与水利科技》2015 年第 5 期。

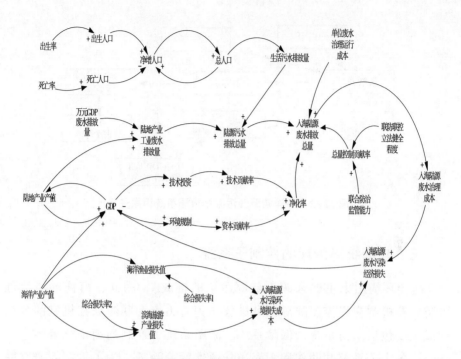

图 12-1　浙江省海洋陆源污染联防联控因果关系反馈

社会经济发展产生的环境负外部性是海洋陆源性污染出现的根本原因①。社会经济生产价值主要是通过国民收入实现初次分配，但随着国家经济发展进入"经济增速的换挡期、结构调整的阵痛期、前期反危机成本的消化期"，国民收入再分配开始利用财政、税收等手段对社会各个行业进行投资，带动陆域经济和海洋经济的发展。通过政策的调节，各行各业实现了快速发展，在催生大批工业企业的同时，也产生了更多的工业废水，尤其是沿海地区工业企业废水的排放，更是加剧海洋生态环境的恶化②；同时，沿海地区经济高速发展引发的大批人口迁移导致人口聚集，使得居民生活污水排放总量急剧增加。排放子系统相关变量的因果关系见图12-2。

---

① 戈华清、蓝楠：《我国海洋陆源污染的产生原因与防治模式》，《中国软科学》2014年第2期。

② 白书祥：《对初次分配与再分配关系的再认识》，《前沿》2004年第1期。

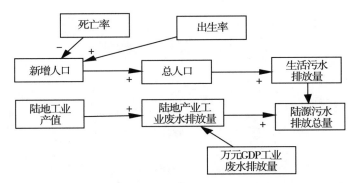

图 12-2   海洋陆源性污染排放子系统因果关系

三   陆海统筹治理的控制子系统

海洋环境污染主要来源于陆源污染的排放[1]，因此，海洋环境治理联防联控机制应将控制陆源污染排放作为着力点。联防联控机制的系统构成主要包括动力系统、保障系统、激励系统、控制均衡系统等多个子系统，各个子系统共同作用于海洋陆源性污染治理。为了更深入研究联防联控机制的作用机理，本章选择简单系统，即考虑把海洋陆源性污染联防联控保障系统、引导系统和均衡系统纳入海洋陆源性污染联防联控控制子系统，主要聚焦于相应的，海洋陆源性污染联防联控机制主要研究的保障机制、引导机制和均衡机制。控制子系统相关机制的因果关系见图 12-3。

海洋陆源性污染联防联控引导机制是通过排污标准对污染源的排放加以限制、监测和监控[2]，规范工业企业污染物的排放行为，引导居民树立环境保护意识，实现标准化排污。联防联控保障机制主要是从联防联控立法健全程度、联合防治监管能力等方面进行考量[3]，通过构建完善的联防

---

① 胡求光、沈伟腾、陈琦：《中国海洋生态损害的制度根源及治理对策分析》，《农业经济问题》2019 年第 7 期。

② 牛桂敏、郭珉媛、杨志：《建立水污染联防联控机制，促进京津冀水环境协同治理》，《环境保护》2019 年第 2 期。

③ Zhou X., Elder M., "Regional Air Quality Management in China: The 2010 Guideline on Strengthening Joint Prevention and Control of Atmospheric Pollution", *International Journal of Sustainable Society*, Vol. 5, No. 3, 2013, p. 232.

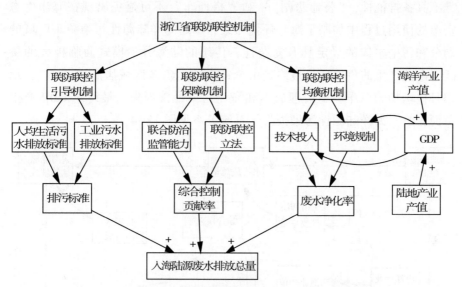

图 12-3　海洋陆源性污染联防联控机制控制子系统因果关系

联控立法体系，明确跨区域、跨部门的管理权限，规范区域管理部门的联合执法检查工作，提升联防联控的监督监测效率。联防联控均衡机制则是将政府的技术投入和环境治理投资作为主要的资金来源，均衡企业生产投入和政府环境治理投入的关系。尤其是技术投入，对海洋陆源性污染的治理起主导作用，甚至能够弥补产业结构不合理带来的环境负效应[①]。

四　陆海统筹治理的污染损失子系统

经济发展水平与生态环境之间存在长期的动态关系，无论是"脱钩理论"还是环境库兹涅茨曲线都描绘了不同经济增长阶段和环境污染之间的关系。浙江省作为粗放型经济发展的典型样本，在保持 GDP 高速增长的同时，工业排污、内陆城市生产生活污染物通过河流转移入海以及沿海地区废弃物直排入海等污染问题也随之而来，对近岸海域生态环境产生极其不良的影响。海洋环境作为典型的"准公共物品"，在使用上缺乏竞争性

① 李斌、赵新华：《经济结构、技术进步、国际贸易与环境污染——基于中国工业行业数据的分析》，《山西财经大学学报》2011 年第 5 期。

且不具备排他性，"公地悲剧"① 和"搭便车"不可避免出现在海洋生态资源的使用过程中加剧了海洋环境污染，加之海洋陆源性污染源头区域的划分和污染主体的界定具有复杂性，传统的陆海分治模式面临极大的挑战，由此产生的负面后果最终是由全社会或是沿海区域居民"买单"，承担日益增加的海洋环境治理成本和海洋污染经济损失，最终对 GDP 产生负面影响。海洋陆源性污染损失子系统关系见图 12-4。

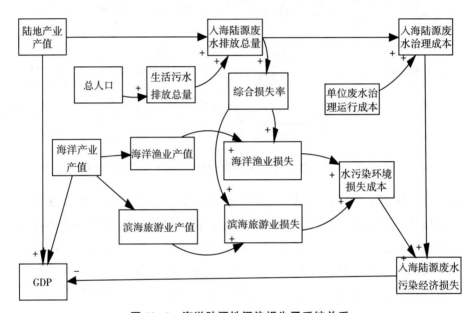

图 12-4　海洋陆源性污染损失子系统关系

第三节　陆海统筹治理的系统动力学流图

一　系统变量设置

基于指标数据的可得性以及系统假设的适用性，研究选取了总人口、浙江省经济生产总值 GDP、陆地产业总产值、海洋产业总产值、海洋污染经济损失值、生活污水排放总量、陆地产业工业废水排放总量、陆地产业工业废水排放总量、陆源污水排放总量、入海陆源废水排放总量、废水处

---

　　① 阳晓伟、杨春学：《"公地悲剧"与"反公地悲剧"的比较研究》，《浙江社会科学》2019 年第 3 期。

理率、技术贡献率作为海洋陆源性污染系统的可监测变量。海洋陆源性污染系统的状态方程见表12-1。

表 12-1　　　　　　　　海洋陆源性污染系统的状态方程

变量	单位	运算公式
总人口	万人	总人口=INTEG（出生人口−死亡人口，5072），该式表示浙江省总人口数的初始值（即2006年的数值）为5072万人，且总人口数=Σ（出生人口−死亡人口）
GDP	亿元	GDP=海洋产业产值+陆地产业产值−海洋污染经济损失
陆地产业产值	亿元	陆地产业产值=INTEG（陆地产业产值×陆地产业增长率，13865.14），该式表示浙江省陆地产业产值的初始值（即2006年的数值）为13865.14亿元，且陆地产业产值=Σ陆地产业年增加值
海洋产业产值	亿元	海洋产业产值=INTEG（海洋产业产值×海洋产业增长率，1856.5），该式表示浙江省海洋产业产值的初始值（即2006年的数值）为1856.5亿元，且海洋产业产值=Σ海洋产业年增加值
海洋污染经济损失	亿元	海洋污染经济损失=入海陆源污染环境损失成本+入海陆源废水治理成本
生活污水排放总量	万吨	生活污水排放总量=人均生活污水排放量×总人口
陆地产业工业废水排放总量	万吨	陆地产业工业废水排放总量=陆地产业产值×万元GDP工业废水排放量
陆源污水排放总量	万吨	陆源污水排放总量=城市生活污水排放量+工业废水排放总量
入海陆源废水排放总量	万吨	入海陆源废水排放总量=入海陆源废水总量×（1−废水净化率）
废水处理率	Dmnl	废水处理率=技术贡献率×资本贡献率×联防联控机制实施强度
技术贡献率	Dmnl	技术贡献率=INTEG（技术进步，0.962466），该式表示浙江省技术贡献率的初始值（即2006年的数值）为0.962466，且技术贡献率=Σ技术贡献率
环境规制程度	Dmnl	环境规制程度=环境治理投资总额/GDP

资料来源：《浙江省统计年鉴》《中国城市统计年鉴》《中国渔业统计年鉴》《中国区域统计年鉴》和《中国海洋统计年鉴》（2006—2017）等。

二　系统流程图设计

根据因果回路图中浙江省海洋陆源性污染产生的主要内生因素和外部控制因素，以及对陆源污染系统结构的分析，采用系统动力学软件构建了系统流程图（见图12-5）。

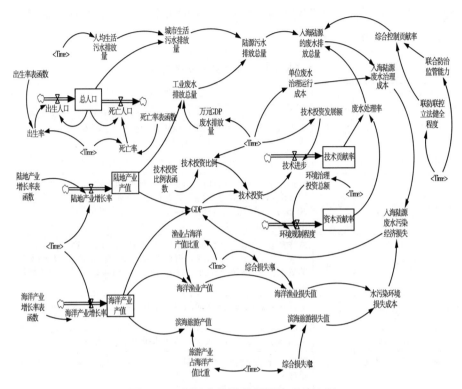

图 12-5   浙江省海洋陆源污染系统流程

第四节   陆海统筹治理的系统模型检验

一   模型有效性检验

为了验证所建立的模型能否准确地反映实际系统的特征，在仿真模拟之前要进行系统有效性检验。本章选定 2006 年为基准年，对比 2006—2017 年浙江省总人口、GDP 和陆源污水排放总量等主要指标的模拟结果和历史统计数据，验证模型的有效性和准确性。本章采用主要指标参数的相对误差进行分析：

$$\sigma = \left| \frac{A - B}{A} \right| \times 100\% \qquad (12.1)$$

式（12.1）中，σ 相对误差；A 为历史统计数据；B 为模型计算结果。若 $\sigma < 10\%$，则说明模型是合理的，模型与实际系统的拟合效果比较理想，

可以准确体现出系统的未来状态①。仿真模型主要参量的模拟值与实际值比较见表 12-2。

表 12-2　　　　　　　　SD 模型模拟值与历史数据的对比检验

年份	总人口			GDP			陆源污水排放总量		
	实际值/万人	模拟值/万人	相对误差/%	实际值/亿元	模拟值/亿元	相对误差/%	实际值/万吨	模拟值/万吨	相对误差/%
2006	5072	5072.00	0	15718.47	15693.5	0.106	330694.0	333115	0.732
2007	5155	5097.60	1.113	18753.73	18764.9	0.060	338101.0	347853	2.884
2008	5212	5121.22	1.742	21462.69	22379.0	4.293	350377.0	368157	5.075
2009	5276	5144.67	2.489	22990.35	24563.8	6.844	365016.7	401326	9.947
2010	5447	5168.49	5.113	27722.31	27153.6	2.051	394828.0	388020	-1.724
2011	5463	5192.94	4.943	32318.85	32823.2	1.561	419734.0	415447	-1.021
2012	5477	5214.07	4.801	34665.33	36268.1	4.624	420465.0	431401	2.601
2013	5498	5238.06	4.728	37756.58	40986.3	8.554	418646.0	421683	0.725
2014	5508	5261.94	4.467	40173.03	43507.9	8.301	417740.0	416106	-0.391
2015	5539	5288.25	4.527	42886.49	46367.6	8.117	433201.0	429622	-0.826
2016	5590	5314.80	4.923	47251.36	49412.7	4.574	447599.3	416215	-7.012
2017	5657	5345.09	5.514	51768.26	54454.7	5.189	462683.4	443331	-4.183

根据检验结果可知，2006—2017 年，浙江省总人口、GDP 和陆源污水排放总量的仿真值与实际值的误差均在 10% 以下，仿真值整体变化趋势与历史统计数据基本吻合，说明拟合度良好，指标预测的准确性较高，有效性检验基本通过，可用来进一步预测联防联控机制对浙江省海洋陆源性污染治理的长期效应。

二　模型灵敏度检验

灵敏度分析是分析模型中某些参数在合理范围内调整后，模型输出结果是否有显著的波动，模型行为是否有显著的差异。如有显著差异，那么模型行为对参数在合理范围内变动的反应过于灵敏，该参数无助于对不同

---

① Gu S., Fu B. T., Thenepalli T., et al., "Coupled LMDI and System Dynamics Model for Estimating Urban CO$_2$ Emission Mitigation Potential in Shanghai, China", *Journal of Cleaner Production*, Vol. 11, 2019, 1108034.

政策优劣的评价。在这种情况下,需要准确估计参数,或者重新调整模型结构①。

为了测试该模型的灵敏度,本章主要是通过改变浙江省海洋陆源性污染排放子系统中的相关参数来模拟现实情况的发展趋势,假设将人均生活污水排放标准和万元 GDP 工业废水排放标准分别降低 5%,入海陆源废水排放总量曲线将分别由 Current 变为 Current1 和 Current2(见图 12-6)。参数调整之后,尽管入海陆源废水排放总量曲线在振幅上有些许差异,但是曲线的变化趋势基本一致,未出现因条件改变而使原因突变出现模拟结果崩溃大幅度变化,说明该模型行为对参数变动的敏感性较低,该模型适用于参数精度不高、参数较多且参数关系复杂的系统预测②。

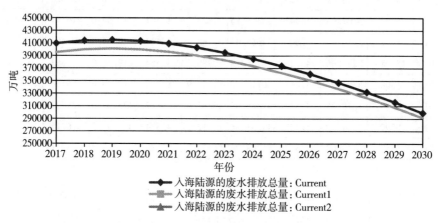

图 12-6 模型参数灵敏度检验示意

第五节 陆海统筹治理系统的情景模拟

一 情景设定与 BAU 情景

为探究不同的联防联控机制情景对浙江省海洋陆源性污染和经济发展的影响,设定基准情景(BAU)为 2017 年浙江省联防联控机制情景,

① 王其藩:《系统动力学》,上海财经大学出版社 2009 年版。

② Li F. J. , Dong G. C. , Li F. , "A System Dynamics Model for Analyzing the Eco-Agriculture System with Policy Recommendations", *Ecological Modelling*, Vol. 227, 2012, pp. 34-45.

A1—C3 为仿真情景。在基准情景中，浙江省联合防治监管能力指标参考中国监督执法考核评议指标体系方案进行取值，联防联控立法健全程度量化值是以浙江省出台的协同治理海洋环境污染法律法规文件数量占浙江省环境保护法律法规文件的比重为准，浙江省海洋生态环境保护的技术投入是根据浙江省历史财政投入数据得出，环境规制程度考量的是浙江省环境治理投资总额占其 GDP 的比重[①]，人均生活污水和万元 GDP 工业废水排放量是依据浙江省历史数据计算所得。

　　考虑到浙江省联防联控机制出台的最终目标，排放标准、法律约束日渐严格将成为必然趋势，技术投入和环境治理投资总额也会随之增加，以达到陆源污染减排的目标。因此，在仿真情景设定方面，对方案 A，在固定其他参数的情况下，将 A1—A3 情景下的排放标准分别提高 5%、10% 和 15%。对方案 B，将 B1—B3 情景下的技术投入比例和环境规制程度分别提升 5%、10% 和 15%。对方案 C，主要考虑到浙江省立法体系和监督体系逐步完善的现实规律，将 C1—C3 情景下的联防联控立法健全程度和联合防治监管能力分别提升 5%、10% 和 15%。具体情景设定如表 12-3 所示。

表 12-3　　　　　　　　浙江省联防联控机制仿真情景设定

系统参数		BAU 情景	敏感参数年变化率（%）								
			情景 A			情景 B			情景 C		
			近期	中期	长期	近期	中期	长期	近期	中期	长期
			(A1)	(A2)	(A3)	(B1)	(B2)	(B3)	(C1)	(C2)	(C3)
排放标准	万元 GDP 工业废水排放标准（吨/万元）	2.994	−5	−10	−15	—	—	—	—	—	—
	人均生活污水排放标准（吨/人）	58.38	−5	−10	−15	—	—	—	—	—	—
废水净化率	技术投入比例	0.0059	—	—	—	+5	+10	+15	—	—	—
	环境规制程度	0.0087	—	—	—	+5	+10	+15	—	—	—
法律约束	联防联控立法健全程度	0.4	—	—	—	—	—	—	+5	+10	+15
	联合防治监管能力	0.2	—	—	—	—	—	—	+5	+10	+15

①　李小平、卢现祥、陶小琴：《环境规制强度是否影响了中国工业行业的贸易比较优势》，《世界经济》2012 年第 4 期。

发展趋势预测是在原有模型的基础上，保持系统参数不变，得到发展趋势的预测结果。图 12-7 展示了 BAU 情景下联防联控机制对 2018—2030 年浙江省海洋陆源性污染影响的发展趋势预测。动态仿真结果表明，BAU 情景下，浙江省联防联控机制会使得入海陆源废水排放总量和入海陆源废水污染经济损失均出现下降，GDP 则呈现小幅度上升。2020 年、2025 年和 2030 年入海陆源废水排放总量分别下降 1.61%、6.22% 和 14.28%，入海陆源废水经济损失则分别下降 0.23%、2.87% 和 5.43%，GDP 上升 6.32%、6.38% 和 6.43%。同时，随着联防联控机制的持续推进，入海陆源废水排放总量和入海陆源废水污染经济损失的下降幅度逐渐增大，表明随着浙江省海洋陆源性污染联防联控系统的运行，联防联控机制对海洋环境和经济的影响日益增大。在此值得注意的是，GDP 的变化明显小于入海陆源废水排放总量和入海陆源废水经济损失，而且其增长趋势趋于平稳，原因可能是浙江省海洋产业产值占浙江省 GDP 比重相对较小，以及本章只考虑入海陆源废水污染对浙江省海洋经济的影响，使得联防联控机制引致的经济损失降低对 GDP 的影响不够显著，但这也可说明相较于对陆源废水的减排效果，联防联控机制对浙江省 GDP 的直接影响较为微弱。

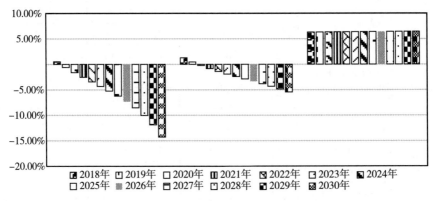

图 12-7　BAU 情景下，联防联控机制对浙江省海洋陆源性污染的影响（%）

二　情景 A——排放标准

由图 12-8 的仿真结果可知，随着 A1—A3 生活污水和工业废水排放标准的逐步提高，对入海陆源废水减排、GDP 的促进作用和对入海陆源废水污染经济损失的抑制作用都会逐渐增大。当生活污水和工业废水排放标准提高 5%、10% 和 15% 时，入海陆源废水排放总量在 A1、A2、A3 三个阶段分别平均下降 2.24%、5.38% 和 11.44%，入海陆源废水污染经济损失则分别平均下降 1.04%、2.45% 和 4.45%。表明污水排放标准越严格，与原来相比，居民和工业企业分别获得的生活污水排放权和工业废水排放权就越少。从企业生产的层面而言，为了满足生产需求，企业需要承担更多的废水排放成本，而废水排放成本作为生产成本的重要组成部分，根据成本最小化原则，企业在一定程度上会引进先进的污水处理技术和设备，减少废水排放，降低由于企业废水过度排放引起的外部成本；从居民生活的层面而言，考虑到用水成本提升，居民会提高水资源的重复利用率，实现生活污水的有效减排。两大主要污染源头排污总量的减少，能够有效降低入海陆源废水总量和污染经济损失，进而对 GDP 的增长起到促进作用。

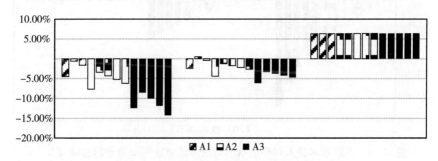

图 12-8 不同排污标准对海洋陆源性污染治理的影响（%）

三　情景 B——废水净化率

根据图 12-9 展示的情景 B 的仿真结果可知，技术投入和环境规制程度在 3 种不同的提升比例下，都会使入海陆源废水排放总量及污染经济损失保持持续下降的趋势，GDP 保持较为平稳的上升趋势，其中入海陆源废水排放总量对技术投入和环境规制程度的变化最为敏感。当技术投入比例分别增加 5%、10% 和 15% 时，入海陆源废水排放总量在 B1、B2、B3 三个阶段分别平均下降 0.73%、5.33% 和 14.78%；入海陆源废水污染经济损失进入 B2、B3 阶段后分别平均下降 2.51% 和 6.13%，而且随着技术投入比例和环境规制程度的逐渐提升，对入海陆源废水排放总量以及污染经济损失的积极作用明显增强。这表明政府科技投入的增加，既可以带动浙江省产业结构提档升级，改变传统的高耗能高污染发展模式，从源头上降低陆源污染的排放，又可助推企业进行技术创新成果的研发，从而应用于污染物的净化，提高陆源污染处理效率。相应地，政府环境治理投资总额的增加也为海洋环境污染治理提供了充足的资金保障，并且直接作用于海洋陆源性污染治理。同时，需要注意的是，政府技术投入和环境治理投入总额的增加，一方面可以减少入海陆源废水排放总量，从而降低入海陆源废水治理成本，但另一方面也会加重政府在环境治理方面的财政负担，使得入海陆源废水污染经济损失增加，最终造成入海陆源废水污染经济损失的下降幅度远不及入海陆源废水减排幅度。

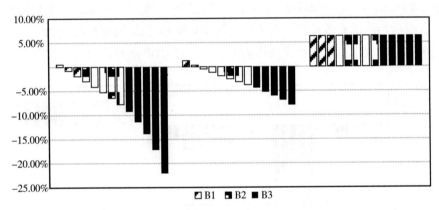

图 12-9　不同技术投入和环境规制对海洋陆源性污染治理的影响（%）

四　情景 C——法律约束

法律约束能力的强弱是通过联防联控立法健全程度和联合防治监管能力体现。由图 12-10 展示的情景 C 的仿真结果可发现，入海陆源废水排放总量以及入海陆源废水污染经济损失在不同程度的法律约束下，下降幅度有明显的差异。当联防联控立法健全程度和联防联治监管能力分别提升 5%、10% 和 15% 时，入海陆源废水排放总量在 C1、C2 和 C3 阶段分别平均下降 0.64%、5.25% 和 13.3%；入海陆源废水污染经济损失在 B2、B3 阶段平均下降 2.42% 和 5.42%。并且随着联防联控立法健全程度和联合防治监管能力的逐渐加强，入海陆源废水排放总量和污染经济损失的下降幅度逐渐增大。这说明随着联防联控立法体系日益健全，能够为浙江省海洋陆源性污染治理提供制度保障。通过法律可明确区域管理部门的责任和跨区域联合执法的权力，解决陆源污染防治区域权责不清，海陆污染治理分离的壁垒问题。同时，通过联合防治监管能力机制的建立，可实现浙江省各区域的联合监管和综合性治理，进而从法律层面强化"陆海统筹、协同治理"的治理思路。

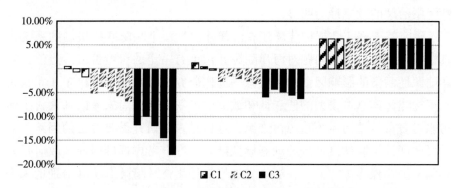

图 12-10　不同的法律制度约束对海洋陆源性污染治理的影响（%）

通过对比 BAU 情景和情景 A、B、C 发现，提高人均生活污水和万元GDP 工业废水排放标准、增加技术投入比例和环境规制程度以及加强联防联控立法健全程度和联合防治监管能力相较于保持联防联控措施的实施现状（BAU 情景），更有助于促进入海陆源废水的减排，且技术投入和环境规制的调整最能（情景 B1—B3）改善浙江省海洋陆源性污染现状。

第六节　陆海统筹治理系统存在的问题

通过梳理浙江省海洋陆源性污染排放子系统、控制子系统以及污染损失子系统之间的关联机制，上述构建了浙江省海洋陆源性污染联防联控机制的动态仿真模型，以降低浙江省入海陆源污染的排放、改善浙江省沿海地区生态为主要目标，设计了 3 种仿真情景。根据模型的仿真模拟结果，研究发现以下主要结论。

第一，从有效性检验和敏感性检验来看，该系统模型的实际拟合效果较好，模型有效且具有良好的稳定性，能够有效模拟浙江省海洋陆源性污染联防联控机制的现实情景。第二，从 BAU 情景发展趋势的预测结果来看，联防联控机制将有效减少浙江省入海陆源废水的排放，但是对浙江省GDP 的影响较为微弱。第三，从仿真情景的对比分析来看，相较于保持

2017 年参数不变情况下的发展趋势预测结果，提高排污标准、技术投入、环境治理投资总额、联防联控立法健全程度和联合防治监管能力等联防联控三大机制的实施强度能更有效地降低浙江省入海陆源废水排放和入海陆源废水经济损失。其中，技术投入和环境治理投资等均衡机制对海洋陆源性污染治理的效果最为明显。

研究基于现实数据构建浙江省海洋陆源性污染联防联控机制的系统仿真模型，发现的相关问题对海洋陆源性污染有一定的参考价值。当然，海洋陆源性污染的影响因素和污染源头远比研究已揭示的复杂得多，尤其是基于构建污染总量模型的便利性和数据的可获得性，尚未考虑到农村生活污水、畜禽养殖污染等陆源污染源，这也是未来研究需要考虑的因素。基于联防联控机制仿真情景的动态模拟结果，综合考虑标准引导、政府投入均衡和法律保障等方面，在浙江省近岸海域生态环境陆海统筹治理的未来政策建议方面可以从如下几点展开。

第一，制定更加严格的排污标准，控制陆源污染源头。从陆源污染联防联控综合治理的角度出发，要重点整治城市生活污水、工业废水以及农村乡镇污水的排放，提升污染源头治理的效率。对城市生活污水的治理，应该着重改善沿海城市的环境质量，制定更为严格的生活污水排放标准和城市居民居住环境综合治理考核制度，引导居民树立利益共同体意识和水资源循环利用的环境意识，尤其是要重点对待沿海主要海域功能区的污水排放达标问题，保证其达到合格的环境排污标准。对工业废水的治理，则是通过严格的排污标准限制企业的废水排放以及迫使企业引进先进的污水处理技术，降低入海废水中的污染要素含量。针对农村、乡镇污水的排放和处理，需要加强该地区污水处理厂的建设以及相应排污标准的出台。

第二，拓宽环境治理投资和技术投入的支持渠道，提高陆源污染物净化效率。一是可以发展新的融资平台，对地区工业企业实行污染治理"奖罚"制度，鼓励企业增加污染治理的资金投入，也可对居民收取相应的生活污水排污费用，改变政府作为陆源污染治理资金投入的单一来源的现状，拓宽海洋环境治理的融资渠道；二是政府作为陆源性污染治理的主导者，要继续增加技术投资占比，尤其对环保科研相关产业的投资，弥补外部性给科技创新企业带来的外溢损失，鼓励企业加强末端污染处理和净化技术的研发。

第三，完善联防联控立法，加强联合防治监管能力，强化法律的约束力。一是通过联防联控立法规定跨区域管理部门的管理权和执法权力、区域排放标准和监测标准以及相应的区域联防联控治理措施，为海洋陆源性污染联防联控防治提供制度保障；二是协同地方政府，开展跨区域的陆源性污染协同监测、统一评估和联合执法监管工作，改变立法部门和区域环境监管部门"分散化""碎片化"的"末端监管"模式，建立陆源污染从源头控制到末端监管的跨区域联合防治体系。

浙江近岸海域生态环境陆海统筹治理机制的政策优化

浙江近岸海域生态环境陆海统筹治理机制的高效运转需要相应的政策支持，政策的出台和完善能够减少浙江近岸海域生态环境陆海统筹治理机制在实施过程中所遇到的阻碍。本章从多主体、多要素和多路径三方面出发，提出了三条浙江近岸海域生态环境陆海统筹治理机制的政策优化方式，一是以多主体联防联控为核心，建立政府—市场—社会的协同治理机制；二是以多要素联防联控为载体，倡导预防—监管—治责的过程治理机制；三是以多路径联防联控为动力，形成执行—跟踪—反馈的纠偏治理机制。

第一节 以多主体联防联控为核心，建立政府— 市场—社会的协同治理机制

一 以政府治理为主导，攻克体制壁垒

（一）政策协同

政策协同是为了政策制定过程中跨界问题的治理，而这些问题无法由单独责任主体独立解决。中央政府与地方政府之间的交流沟通以及政府不同部门之间的协调对话使公共政策相互兼容、相互配合，从而共同保障以达到政策协同的治理目标。协同即是联合政策制定者排除单向的制定行动，从而转化成为双向甚至是多项协同联合的模式，谋求政府结构的调整与政策活动的有效整合，减少不适用的交叉与重复，优化政策协同的治理方式，以及确保共同的政策目标不被一个或多个单位的行动所妨碍。政策协同最终的产出结果是希望可以达到目标定位一致性、政策表达连贯性、

实施效果综合性以及政策容量的兼容性，通过一系列的协同标准最终保障每项政策的产出目标与要素要求达成协调一致。协同的本质内涵既是要肯定每个政策部门的个体性，同时又要求连接好不同部门内部的转换。

在基层服务方面，政策协同的连贯性同样落地在基层服务的供给端，确保服务类型是一系列连贯和一致的综合项目；在社会公众代表的需求端则要对照供给端，确保社会公众可以享受到满足自身需求的综合性服务。以政府治理为主导，攻克体制壁垒就是需要充分地发挥能够有效解决社会、经济、环境等公共问题的政策功能，谋求达到实现社会、经济、环境的公共利益。在边界跨区以及划界磨合的过程中政策功能的发挥能够实现空间位置的转移，综合实现政治、社会、生态、文化、经济、科技等方面的相互交融。政策协同是调动各类政策以实现最优组合，而公共政策所对应问题的性质和参与主体十分复杂，涉及多个部门、阶层、地区。在充分发挥政策协同的过程中利用政策的优势组合将公共问题进行分解，实现部门、区域的时空跨越性整合治理。

在政策协同过程中，要注意以下三点：一是要避免政策间的外部性。政策问题具有典型的复杂特点，针对公共问题需要充分考虑到不同政府级别和政府部门之间的"外部性"，由于部门之间的关联性，同时可能存在政权分散化、决策权分权化的问题，在解决公共问题时政策之间可能存在冲突和矛盾，由此制约了政策在解决公共问题时发挥的合力效果。二是要降低政策运行的"交易成本"。政策运行过程中会存在大量交易成本，尤其是当政策之间不协调、相互矛盾冲突的时候，会产生政策之间相互抵消的"摩擦力"，这种力量会增加政策制定和执行的机会和时间成本，政策成本主要包括政策协调成本、政策决策和执行成本以及政策的机会成本，在协同政策时注意各个政策在实施方案和遵循准则上保持协调一致，从宏观视角上将政策视为一系列的最优组合。三是要有效利用有限的政策资源。公共政策的制定和执行需要在一定的社会经济状况之下，有充足的物质资源和经济资源作为有效支撑。有限的公共资源需要有效分配，以充分保证政府职能的实现。联合部门之间或者政策组合的合力配置，能够提高资源分配效率，提高政策合力的综合性水平。

（二）绩效考核

建立责任清晰的近岸海域生态环境绩效考核标准。第一，明确各部门在生态环境保护中的权利义务和责任。近岸海域生态环境陆海统筹治理要涉及多个部门，每个部门不仅仅要各司其职地进行职权化治理，还要进行部门之间的联合治理，不同的部门主体分别进行政策规划、监测评估、监督执法、督察问责，以清晰的分工与合作关系进行近岸海域生态环境的保护与治理。

第二，利用地理信息三大技术实现定位与海域生态环境承载力度的考核目标。地理信息科学三大核心技术之间的关系是紧密联系、互相依靠的。基于遥感的动态监测，延伸自然观测视野范围，利用飞机、卫星等平台，建立跨空间的地面接收站，将地表观察、资源数据收集、自然灾害监测、土地详查、地质勘探、气象监测、作物长势监测等数据录入信息处理分析系统，可以将收集的数据以航空影像、卫星影像的形式用于评估近岸环境承载力。利用 GPS 全球定位系统对地理经纬度进行定位、导航，通过高精准、实时的全天候测量技术监测海域生态环境的板块移动等。通过 GIS 地理信息系统实现图形化、可视化、叠层化的地理数据显示地图，对近岸海域生态环境陆海统筹中的空间信息数据处理、空间统计分析进行三维显示，从而做好近岸海域生态环境保护与统筹治理。

第三，基于流域生态环境功能分区的综合考核体系。突破生态空间优化与水源生态涵养、流域水资源统一优化配置与调控、多水源水质水量联合调度等技术瓶颈，形成以河流为主轴的"点—线—网—面"结构的生态廊道网络，提升海域水源涵养与自净能力。精细管控河流水质和污染物排放，集成流域水质目标精细化管理、微污染水体净化技术和低温河道仿自然梯级湿地氮磷削减技术，保障水质稳定达标。治理与管理技术统筹、陆海统筹，保障滨海工业带产业绿色发展和环境质量，实现对产业复合区混合污水的高标准排放，助力构建近岸海域先进制造业基地高质量发展。

第四，建立区域性激励制度。针对社会经济结构、海域资源能耗、生态保护、技术创新与服务支撑等方面建立可操作性强、执行效果优、评估考核严的绩效评价体系，转变不适用的经济模式。而在重点开发区域构建绩效评价指标时要针对上述提到的社会经济结构、海域资源能耗、生态保护、技术创新与服务支撑这五个方面进一步强化评估。而针对开发区域受限的地区要调整与优化绩效强弱评估弹性，一是要加强海洋生态化供给端，保障水产品的质量安全等标准；二是要弱化单纯依靠经济指标的评价。对于开发禁止范围内的海洋生态保护对象要加强地域完整性、保护原真性、评估达标性的客观评价。绩效考核要制定科学合力的评价指标和体系，采取灵活的评价原则，有效评估陆海统筹治理的效果，及时总结经验、查漏纠偏，把浙江打造成我国乃至世界范围内有一定影响力的陆海经济统筹治理的发展典范，为新发展理念的贯彻落实提供新的可复制、可推广的经验。

（三）公共服务

促进陆海数据共享和信息平台对接，推进政府监管一体化，打破行政壁垒、加速要素自由流动、搭建立体化服务体系。首先，一体化的政府服务是区域经济社会高质量发展的重要环境。各地区利用现代信息平台与移动平台搭建好统一规划、互联互通的公共服务网络，让不同市场主体享受快捷、方便、一体化的行政审批和各类政务服务。公共服务的一体化、高质量发展必须充分发挥政府主导的作用。积极制定相关政策支持省域内的科教文卫、健康医疗、康养旅游等公共服务的整体布局和跨域跨区建设，明确中央与地方、本地政府之间的责任和义务，做到公共服务的权责明晰。与此同时，充分重视企业和社会公众对公共服务建设的重要参与作用。政府要积极引导和鼓励企业、社会公众参与到协同管理的社会性公共服务建设中。建立弹性的参与机制，一是对参与度高的主体给予鼓励；二是对参与积极性较低的主体给予激励措施。具体的激励方式可以是政府补贴、税收优惠，以及添加多样化的社会媒介手段，提高参与积极性与参与自豪度，最大限度地激发企业、社会团体、个体参与社会性公共服务的动力，形成互利互惠、互帮互助的社会服务共同体。

二　以市场运作为依托，强劲经济驱动

（一）创新驱动

充分发挥市场在创新资源配置中的决定作用，浙江近岸海域生态环境陆海统筹治理要依托强劲的创新研发技术，同时需要优化陆海统筹治理下的最优路线，调动市场对研发、导向路径、要素定位等方面的引导作用；在陆海统筹治理环节中制定合理且适用的管理体制改革标准，从而促进创新驱动下的项目、经费、成果及奖励机制的体系化建设。完善创新投入的市场化导向机制，改进支持方式，对于政府在基础设施、战略指导、科学性前沿探索以及深度挖掘技术特性等方面，要深化支持机制。适度地对政府干预进行放松，对具备条件的创新单位或机构试行与政府脱钩，激发市场活力，促进陆海统筹治理模式下的经济发展。

一方面，优化财政科技投入模式。创新投入是一种风险投入，在具备

高收益的同时也难以避免高风险。因此，要积极发挥政府财政对创新的支持作用，进一步完善财政性创新投入稳定增长机制，力争财政科技支出占比接近或达到创新水平强省的平均水平，以形成创新资金的强力有效支持。以近海养殖和远海捕捞为主的海洋渔业，既是浙江传统海洋经济的支柱产业，又是浙江未来海洋产业培育的基础。海洋科技转化效率和新型海洋养殖、海洋牧场、海洋捕捞技术的研发，都直接关系浙江海洋经济能否由数量增长型过渡到质量提高型。在围绕科技转化效率和科技成果积累方面，陆海统筹治理落在海域即是要挖掘并深化海水养殖、提升远洋技术、高效率完善加工链条、带活物流联通的发展思路，提升发展高质量的海洋渔业。对海洋渔业资源研究，科学控制近海捕捞总量和强度，优化海洋捕捞结构。强化陆海统筹治理中的海域管理，重点要建设浙江现代化渔业发展基地，近海渔业与远洋渔业同步进行深化改造；对远洋渔业来说，加强渔船更新与海水渔场的改造，利用技术搭建完善的基础设施与服务设施。在近岸海域的管理中要优先发展生态化的海水养殖模式，探索建立生态化的海水养殖场域，同时推动近岸渔港、渔村、生产基地等发展为生态化、绿色化、清洁化、多元精品化的产业园区。

另一方面，要建设近岸海域创新型试点城市。创新型园区转型高质量发展的辐射效应，创新产业科技能力，创新市场中企业模式。首先，构建以企业为主导的技术创新模式，联络高校、科研院所等组织实施具有明确市场导向特征的科研项目，优化市场经济带动模式下企业的市场作用，充分发挥在技术研发投入、科研创新决策、科研成本支出、创新技术实施以及科技成果转化等方面的作用。完善支持企业创新的各项普惠性政策，健全涵盖企业孵化、成长、成熟等不同阶段的政策供给体系。持续加大政府对企业开展基础性、前沿性创新研究以及人才引进培养的经费支持，部分具备高科技、前沿技术探索与国家科技成果认定潜力的企业可以按一定标准享受优惠政策，以此建立一套适用的激励机制。在政府—市场—社会协同机制的支撑下，要搭建好政府与企业之间的创新对话平台，在政府发挥引导力的同时，提升以企业为代表的市场机制的创新决策地位，从而放宽管束渠道，让更多的企业能够加入科技长期规划中。其次，壮大技术创新模式下的企业集群，对企业来说要做到精准施策、分类指导，形成立体化创新企业集群。完善高新技术企业入库培育标准和管理制度，探索完善高新技术企业分类认定制度，建立培育后备库。鼓励有条件的沿海城市或者部分下辖地区根据自身需求创立科研储备基金，进一步支持本地科技投入与驱动力强化。做好任务分解，把推动高新技术企业发展列为各市、县（区）创新发展的重要考核指标。最后，完善产学研协同创新机制，建立以企业为代表的市场化问卷、以创新动力为代表的科研院所联合投入、政府宏观把控下的立意立题、协同解答的产学研联合创新模式，从顶层设计到底层逻辑形成连贯的资源整合系统。深化产学研协同创新模式，让市场化中具有创新科研化探索的龙头企业与代表性骨干企业发挥核心支撑力，协同学科领域内具有优势的科研院所成立产学研协同的储备军，重点攻克具有挑战性、较高难度、较深难点的产业技术突破性问题。

（二）空间优化

近岸海域生态环境陆海统筹治理的实施需要推进近岸海域空间节约集约利用、空间有效衔接、空间顺利递延，将陆域空间和海洋空间有机连接，优化空间布局的基础上统筹陆域、海域、岸线的基本功能。首先，以沿海城市为基础，整合陆海经济空间，按照陆海联动、优势集聚、功能明晰的要求，依托沿海铁路、高速公路网来推进海洋产业集聚。将资源配置最优化、减小短板边缘化、提高空间发展交叉性、分工配置合理化的原则融入陆海统筹治理的空间区域布局中，从而提升近岸海域生态环境陆海统筹治理的蓝色经济空间效果。其次，以腹地城市为轴，优化陆海经济空间大后方。近岸海域生态环境治理需要联动陆海两域，横跨空间的治理模式需要沿海城市带动、内陆城市配合，前后协调衔接才能推进陆海统筹治理的实施。最后，陆海要实现空间发展的可持续性以及强化连通性，必须针对浙江近岸海域传统的海洋产业进行深化改造，引进科研技术与先进知识，提升海洋产业发展效率与科研成果转化效率。

对于陆海统筹治理中近岸海域生态环境系统内的运行效率的提升，具体来看，一是发挥海陆统筹中的地域性特色优势，即针对浙江近岸海域产业的发展，首先要推进海洋领域内新兴产业、科技化的服务业、融入技术力量的临港制造业和现代生态化的海洋渔业的建设与完善，同时培育出陆海发展的生态化产业基地，进一步加速建立高质量的陆海统筹治理模式。二是海陆统筹中既要做到"以海引陆"，同时还要兼顾海陆的双向性，做到"以陆带海"，双向联动的陆海统筹协调发展机制，在近岸海域内的不同区域进行适用性选择与标准筛选，进一步优化区域内的功能性，如浙江省推进的"一核两翼三圈九区多岛"的海洋经济总体发展格局。

（三）产业体系

首先，完善陆海生产性服务业市场机制，激发市场活力，促进高技术部门的发展。一方面，调整陆海市场供求机制，现行陆域生产性服务业相对成熟，然而海洋领域的生产性服务业部门尤其是高技术服务部门技术水平不高、技术规模较小、技术创新难突破，这种陆海较大的差距不仅限制了产业协同发展的水平，同时限制了陆海统筹治理的实施进程。因此，可以通过"产业分离""放宽准入"这两种方式充分激发市场活力，如通过二、三产业分离的方式，将制造业的生产性服务业外包给第三方机构，调动社会资本的积极性；或是增加市场中的供给和需求，吸引社会各类资本进入，拉活市场经济。另一方面，培育有效的市场价格和竞争机制。引导生产要素向生产性服务业尤其是高端和高技术生产性服务业集聚，强化生产性服务业的集聚效应和影响力，增强其对制造业的贡献度。

其次，改造提升传统海洋产业。一方面，海洋渔业具有较强的就业带动与消费市场提升功能，其对于推进陆海经济一体化发展具有较强动态持续性。海洋渔业的提质增效。一是要实现海洋渔业的空间扩展，从近海向远海、外海、远洋拓展。为促进海洋捕捞、水产品加工以及海上交通运输物流业的互通互融，拉动一批具有带动效力、市场竞争力强、海上作业规范的远洋渔业企业、捕捞作业船队以及海域综合渔业基地，形成海洋渔业的顶端优势。二是推进海洋养殖业技术升级，将当前存在分散、凌乱、小规模的养殖户或基地进行整合或整改，推进养殖技术先进化、养殖方式生态化、养殖基地健康规范化、深水养殖抗风险化。另一方面，在海洋交通运输业方面，积极打造国际航运中心，转型发展成以互联网络技术为支撑、以航空物流运输为媒介、以时代金融发展为重点方式的新型业态，将链条上相关的集聚港口、航运物流等资源整合起来，搭建综合服务平台，打造具有较强辐射能力和资源配置功能的国际航运中心。以带动"21世纪海上丝绸之路"沿线国家和地区为轴，以要素资源合作开发为落脚点，以港口事务共同参与为突破点，探索和强化近岸海域地区的港口企业积极开拓产业园区的开发与建设、勇于创新物流产业园区以及优化集聚区的产业项目。

再次，培育壮大海洋高科技产业。一是海洋生物医药业，具有较强技术含量和广阔市场前景的海洋新兴产业，对推进陆海经济协同发展，增强海洋经济竞争力具有重要作用。海洋生物医药需要依托相关海洋科研院所，加大对海洋生物技术的培育和发展力度，利用科研院所的知识储备力量推进生物技术研发与创新，不断优化海洋动植物以及海洋微生物等基因组，设计功能性基因工程，注重水产品的科研开发。建设微生物物种资源库和基因资源库、国家级亚热带和热带海洋生物资源数据库。加强海洋生物制品精加工与深加工，拓展产品价值链，延伸"远洋捕捞—深海养殖—精深加工"高附加值产业链条。二是海洋工程装备制造业，海洋新兴产业中工程装备制造业具有战略性的地位，其配备的高端装备为新兴海洋产业链注入科技力量，其高密度的技术知识需求和高效益的经济回报有利于优化陆海产业结构布局，推动海洋船舶工业、海工装备、生产性服务业集群化发展。首先，培育发展高端海洋工程装备产业，加强相关领域国际产能合作；其次，鼓励已有的大中型海洋装备制造业企业及相关配套装备研发企业与欧、美、日、韩的先进企业开展产业、技术和研发合作，综合利用各方优势与资源搭建海上工程联合实验室、科技转移核心区、科研知识交流中心等，进一步提升功能海洋工程联合设计制造能力；最后，以市场化、商业化为发展目标，推进海洋工程装备研发与产业化，增加经济效益。三是海洋智能化与信息化产业。依托"互联网+"、大数据、智能化、信息化等现代先进技术，基于现代先进金属优化工程设备的更新与迭代升级，探索海洋智能化控制装备系统设计，推进海洋领域信息化建设。

最后，创新发展现代化服务业。一是滨海旅游业。生产性服务业能促进陆海两域的资源、产品、市场相互对接，有利于近岸海域生态环境陆海统筹治理的实施。创新发展特色滨海旅游业要丰富旅游业的需求层次，打造满足当代海上旅游需求的主题公园，可以效仿热门的 IP 公园产业设计，打造符合海洋旅游特色的海上品牌。在凝聚海域资源与转型升级海上产业新业态时，利用好水上游艇等海上娱乐项目，同时注重浮潜等海底项目，综合设计并开发出当代休闲旅游、生态养护、人与自然和谐共生的海洋游憩模式，多维度打造浙江特色的立体化、广辐射的滨海旅游品牌。旅游产业的发展需要把内陆城市功能和邮轮产业有机融合，制定相关鼓励支持性政策，优化政策软环境，简化通关程序和口岸查验程序，吸引更多的国际邮轮企业开辟更多国际邮轮航运业务。二是海洋文化产业。推动陆海生态环境治理要发挥文化软实力的重要作用，让文化发挥促进陆海融合、衔接海洋科技创新、金融服务、旅游休闲、创意设计、高端制造业的协调发展的作用。鼓励海洋文化的多元化探索和发掘，丰富海洋文化内涵。三是海洋金融业。科技金融服务于科技进步和技术研发，绿色金融服务于绿色发展和生态环保，海洋金融服务于海洋产业的发展。要鼓励相关金融机构加强对海洋产业发展的支持，创新涉海信贷产品，优化信贷结构，加大保险补贴力度，探索建立多种保险机制等金融支持对策，促进沿海经济的发展。四是海洋信息服务业。信息技术的发展催生了新一代信息技术与海洋产业的融合，积极谋划建设海洋智库，重视海洋信息科技发展和信息系统建设，利用现代化的信息技术服务与数据储存、加工与信息挖掘，发展海洋大数据服务，通过网上云服务器搭建起海洋数据信息互通平台。

三　以社会参与为支撑，拓宽沟通渠道

（一）开放发展

在近岸海域生态环境陆海统筹治理中要建立不同社会领域之间的联系，在社会组织中存在非政府组织、社会团体、非营利机构、营利机构等，在这些组织群体中加强对海域生态环境陆海统筹治理的呼吁非常重要。在这个开放社会主体参与发展的过程中，媒体具有巨大的利用潜力，可以通过议程设置和引导公众注意力来创新治理模式，提高陆海统筹治理的积极性。利用媒体的方式是许多非政府组织尝试与公众、政府和其他社会团体进行沟通以改变现有治理体系的一项策略方式，通过这种方式调动社会主体参与积极性以及注意力，使各主体参与互动空间并发挥重要作用。使用媒体来鼓励生态系统管理可能更加适用于现代陆海统筹治理的多元化治理模式。

（二）绿色参与

绿色发展是环境生态化发展的重要目标，是可持续发展的绿色无污染的重要体现，近岸海域生态环境陆海统筹治理中政府与社会共同参与的绿色行为有利于建立以政府为主导，社会参与为支撑，以公共财政为重要经济投入的绿色投融资体制，让主体的绿色行为与近岸海域生态环境陆海统筹治理的生态补偿机制相辅相成。对于近岸海域生态环境补偿、海域内生态环境污染修复以及陆域流动性污染的治理机制要按照"谁投资、谁受益"的原则，治理生态环境的过程中鼓励吸纳社会资金加入，共同推进生态环境修复，探索近岸海域生态环境陆海统筹碳排放、排污权和水权交易等机制的建设，不断拓宽以政府主体为代表的政府机制、以企业为代表的市场机制、以社会公众为代表的社会机制的三位一体的绿色参与渠道。

第二节　以多要素联防联控为载体，倡导预防—监管—追责的过程治理机制

一　建立以预防为导向的前期治理机制

（一）环境评价

环境影响评价制度作为预防环境污染的基本制度，对近岸海域生态环境陆海统筹治理的优势在于制度设计的目标落地性和制度执行的方案可行性。环境影响评价要从事前衡量、中检收集与整理、事后反馈辅助三方面展开。一是作为系统动态过程，明确环境评价是以预防为导向的制度设计过程，要在陆海统筹治理的防治环节提前考虑与衡量后期安排计划对环境的影响，从而提高陆海统筹治理的前期预防措施水平；二是环境影响评价要采集需求数据，通过整理与调配客观信息，强化近岸海域居民和社会公众对工业生产活动管控、海域生态保护以及减少近岸海域污染行为的公共意识；三是作为陆海统筹生态环境治理的手段，环境评价能为决策主体提供有效的决策参考依据。

如何合理确定近岸海域污染物具体来源、污染物来源的具体排放情况、具体的行业与产业排污情况等，都需要海岸带产业、陆源区域间进行有效的环境影响评价。首先，充分肯定环境影响评价手段的重要基础地位，在近岸海域生态环境陆海统筹治理环境利用环境评价方法进行评估。确定具体各海域的区划功能时，要分区域、分功能、范围式的全面分析，针对近岸海域海岸线、沿海居民范围、海岸带产业布局、陆海生产活动等进行综合评估。其次，以个体行为为抓手，评估陆海两域的生产行为、生活行为，分析行为要素对近岸海域生态环境所产生的负面影响。利用环境影响评估方法对具有威胁性的污染行为进行评估，建立管控措施，通过强弱联合治理的方式，对污染行为主体给予管制。最后，不断完善近岸海域生态环境陆海统筹治理的环境影响评价体系，解决海岸线、陆海边界线上的生态环境问题，减少不必要的污染与废水、废气等排放，综合保护沿海和近岸生态环境。由于近岸海域划界分权的难度相对较大，针对近岸海域地方政府的治理权限还没有在具体的法律保障中清晰地勾勒出来，治理生

态环境污染问题时，政府大多依据行政区域划分的标准进行治理，然而这种治理方式可能存在遗漏治理区域的问题。海域生态环境的治理以及划界区域与地方政府的陆域行政区域管制有所不同，涉及陆域与海域以及海路沿线的管制需要根据地方实际情况具体细分指导。

建立预防为导向的近岸海域生态环境陆海统筹治理机制要以前期环境保护与监控为重心，在采用环境影响评价方法时，不仅对近岸开发和兴建的项目进行环境评估，同时要能够有针对性地进行环境影响的预测，从防治源头以及后期防治方案双向入手。环境影响评价制度在我国法律体系中已经经过了 30 多年的实践，利用已经过历史考核与检验的现代环境影响评价建立适用于近岸海域生态环境陆海统筹治理的管理方式，推动海域生态环境、海岸线污染治理、陆海生态统筹发展的良性发展。环境影响评价在近岸海域生态环境治理中的定位主要是以预防为主的前期防治，近岸海域生态环境保护、海洋工程的开发建设等一系列沿岸建设或海上活动都需要控制在环评管理体系之内，做到污染行为有管制、建设工程排污有监管、近岸海域生态有保障。整体来看，鉴于海域的特殊性，污染问题存在流动的特点，环境评价影响制度在海洋环境治理中具有重要的意义与价值。依据评估结果决定相关经济行为和环境治理行为，建立海洋资源环境承载能力评估机制，实施符合各区域实际情况的环境准入条件，实行海域水环境承载能力评估。

（二）风险控制

建立区域风险防控机制，做好防御机制的建立以应对近岸海域生态环境陆海统筹中的污染问题。风险防控即在近岸海域生态环境陆海统筹治理中针对紧急环境污染事故作出快速响应，在风险体系中进行隐患筛查、防污预警、污染监控、应急响应以及信息反馈等，从而连接各个环节建立区域性风险防控机制，从先控预防处下手，使得各个环节有机地衔接起来。

在风险防控预警的管理体系下，针对陆源污染物减排制度应从源头处入手，首先，建立近岸海域生态环境陆海统筹污染治理的排污名录制度。根据现有的法律法规制度，学习并借鉴国际海域环境污染治理的有效经验，完善适应于地方特点的近岸海域生态环境污染排放"黑名单"，对有害的污染物划定清晰的标准。尽管在近岸海域实际环境污染防控应用层面可能存在难以完全覆盖管制区域或者在治理环节可能存在遗漏之处，但在整体把控上做好防污治污能有效降低海域生态环境的并发问题。其次，在陆源污染防治中,对区域内"三重点"(重点污染物、近岸重点海域位置以及污染排放中的重点流域)进行严格的风险控制管理。陆源污染排放的污染对近岸海域生态环境造成破坏,严格把控好污染物中的毒性、金属等沉积物质以及危害流域生态的其他有害物质,基于"三重点"的风控标准,改进近岸海域生态环境中常见的水体富营养化或是大量水体藻类暴发等污染现象。风险控制在以预防为导向的前期治理机制中从区域性污染监测与防控、近岸海域重点区域的治理与管控、重点流域的水质检测与监管"三管齐下",最终建立联防联控的治理机制。最后,在联防联控的治理过程中,要强化政府的环境责任,充分发挥政府代表着环境保护代理人的主体身份,从而牵引其他主体的参与。现代社会忍受风险的尺度与资源环境利用的标准是环境风险预防的重要基础,它需要政府与相关主体能进行有效的信息交流、有效的执法管理,并适时调整。

(三)环境规划体系

近岸海域生态环境陆海统筹治理的关键之一是如何能够提前有效的防治生态污染及破坏,而环境规划是针对近岸海域生态环境污染或破坏之前的一项预防手段。环境规划需要发挥以中央和地方政府为代表的行政管制作用,在重点污染物处理、重点污染区域、重点污染流域之间制定环境综合规划制度,搭建起陆海统筹的污染防治和生态保护综合规划体系。围绕建设近岸海域生态环境评估与风险控制的先防治理思想,制定以严控陆海沿海交错带污染、沿岸流域陆源污染纠察与整治、沿海产业面源污染监管与防控为核心的环境规划治理制度。以政府为代表的环境治污人要参与进来,落实执法线行动,强化执法人员的治污理念、做好监督执法的人员培训、提高执法标准。环境规划的治理是一项长期任务,短期内依赖政府的管制措施很难真正落实治污、防污的环境规划制度,因此要动员企业与社会公众参与进来,建立长效的综合管理规划体系。对近岸海域生态环境的重点污染物处理、重点污染区域治理、重点污染流域管制的问题进行循序渐进式的有效治理。环境规划治理要抓中"三重点"区域进行总量控制,不依赖于传统的行政管制区域界限,利用长效的综合管理合作机制引导政府、企业、社会公众等规划好重点污染物排放标准、重点污染区域污染监测尺度、重点污染流域防治敏感程度等,对近岸海域生态环境内的产业进行合理化调整、高度性升级。

依据国务院发布的《全国主体功能区规划》中针对陆海统筹所指导

的宝贵思路，结合近岸海域生态环境陆海统筹治理的区域性特点，从六大方面进行联防联控的预防治理。第一，近岸海域生态环境的治理要充分肯定区域内开发建设的独立性，根据省域内陆地空间和海域空间的具体边界进行统一协调治理；第二，结合全国海洋主体功能区的划分，结合省域内海域经济状况、资源承载能力、区域内陆海开发要求，设计并制定适用于本地污染防治的监管措施；第三，控制近岸海域地区的集聚人口和沿海经济发展的规模，要与近岸海域生态环境承载能力相匹配，以陆海统筹的思路考虑海域生态环境保护与近岸沿海陆域污染防治的管理；第四，近岸海域生态环境沿线的资源保护要根据划定的沿海区划功能防护不可预测的污染；第五，省域内尤其以沿线海岸带的开发与建设等活动要以保护近岸海域生态环境为前提，在保护海域生态自然属性的同时开展各类经济活动；第六，建立省内近岸海域生态环境系统，合理开发沿海滩涂，规划好对有益于生态系统建设的红树林、海草床、珊瑚礁等项目的落成。

基于浙江省内经济发展与近岸海域生态环境保护的视角，结合我国环境规划的实践及应用经验，确立和完善浙江省近岸海域陆海统筹治理中的环境规划体系。一是要改善环境规划应用维度，要将环境规划纳入社会经济发展的方方面面；部门规划要摆脱、管理权限过大和信息不充分等问题，在陆源污染防治中加强有效协作。二是要改变环境规划整体思路。要结合陆源污染损害特征及相关群体影响，制定适用本省的环境规划要考虑到省域内陆海边界的统一协调发展。在以保护近岸海域生态环境为前提，以保障沿岸海域居民生活宜居与经济发展为要求，以环境质量管制可控性为重点的治理思路下，抓住总量控制，联合各部门、各主体进行协同管制。

（四）信息共享

建立统一的国家生态环境网络和信息网络。"互联网+"时代基于大数据平台实现政策信息共享，利用充分的信息是制定科学决策的重要依据。信息披露、技术交换、服务支撑是近岸海域生态环境预防治理中的软骨节。联防联控的治理方式要制定主体间共同的目标，保持合作方协作的一员，同时注重主体间信息的对称与沟通交流，而信息共享是这个环节的关键。以中央或地方政府为代表的行政主体在进行政策制定时，要基于近岸海域生态环境的信息作支撑，从而在体制内分解为横向和纵向两条传播链。信息共享过程中的横向传播即是平行传播，由于此时的传播链是平级关系间的信息链条，因此要避免共享链上的成员之间被动获取信息与传播信息的现象，打破平级链条上部门间的"信息壁垒"。对于纵向的传播链中，由于存在上下的等级关系，要确保信息披露、技术交换以及服务支撑等共享信息的原真性需要严格控制好传播链条上的加工、删减等环节，确保收集到的共享信息能够真实反映近岸海域生态环境陆海统筹的治理实情。在海洋环境治理中，各级政府和相关部门的决策要充分基于对称信息来制定，保证决策与收集到的实际数据信息协调、连贯与一致。为有效治理政策冲突，必须扩大政策信息在各级政府之间及职能部门间的交流，拓展信息的收集渠道。一是要联络好横向和纵向的信息交流链，建立常态化的沟通机制以保障信息对称；二是稳定信息共享链条中要遵循的原则与遵守的严控制度，避免传播链上进行加工、过滤、信息闭塞以及反馈脱节的问题；三是利用互联网等信息支撑技术，进一步推行近岸海域生态环境治理的信息技术建设，搭建陆海统筹治理环节的数据支撑平台，实现区域内数据共融互通与智能化近岸海域生态环境治理。

二　形成以监管为抓手的中间反馈机制

（一）污染控制

建立一体化的污染防控监督体系。近岸海域生态环境的污染问题既要注重源头治理，也要做好应对已经存在的生态环境问题的中间反馈监管。生态环境问题中间的管制问题需要给予充分的监管权限，利用专业的技术鉴定检测并监测省域内陆海沿线环境污染、"三废"排放、空气质量以及沿岸滩涂或水体质量，进一步制定应对措施。

首先，鉴定近岸海域常见污染物清单列表。通过技术检测来评估近岸海域生态环境情况，将影响近岸海域生态环境陆海统筹治理的关键污染物或者污染要素整理成清单列表，通过行政管控和监督的方式公布并给予一定的强制标准，规定禁止某些污染要素的排放，制定对应的奖惩制度。依据相关的海域污染物排放指示文件强化企业、社会公众的污染处理与环保意识，根据沿海岸带的企业情况进行定期污水处理培训与反馈监察工作。

其次，对污染物分类监管与处理。做好"三废"污染处理以及鉴别海域生态环境污染分类的前提需要污染排放主体掌握科学的分类知识以及强化对污染物识别与危害意识的培养。现在国际条约或区域性条约中普遍认可的是将陆源污染的来源途径主要分为陆地、海域以及大气层三个方面，近岸海域生态环境中相关的海域污染可以进一步基于范围特点从点和面上进行治理。以工业排污管道为例的固定式的排污模式是点源污染，而以氮磷等营养物质分散式的大面积污染为面源污染，在污染控制环节，点源污染相对方便控制，同时也是中间监督反馈的主要对象。

最后，要控制好渐发性陆源污染。污染防治的中间环节是对已经存在的污染现象进行管控，根据污染的可预知性与发生的进程速度可以分为渐发性陆源污染与突发性陆源污染。在污染防控环节中最难处理的是渐发性的陆源污染问题，由于渐发性的陆源污染是持续累积式的影响近岸海域生态环境的退化，在治理过程中相对复杂，因此污染控制的中间环节要抓好渐发性陆源污染问题。

在污染控制环节中重要的制度还包括排污申请登记制度、排污收费制度。排污申请登记制度是将污染排放的管控活动按照申报流程的标准作定向管控，制度的关键在于协调环境污染与经济发展关系的同时能够将陆源污染，不论是面源污染还是点源污染控制在一定区域，通过污染总量监控的方式改善近岸海域生态环境的质量。排污申请登记制度首先是以企业为代表的排污主体提交污染排放与污水防治的情况申请书，之后由环境保护相关行政主管部门对其进行监督管理，与此同时污染主体接受包括监管在内的一系列规划的规则系统。排污申请登记制度将区域内污染主体的排污情况进行相对的公开与信息披露，有利于管理部门实时监控区域内的污染情况。排污收费制度是针对已经向环境排放污染或者排放的污染超过了规定的排放标准的排污者，要根据相关的法律法规向地方政府缴纳一定标准排污费用的制度。这个过程中可以反向倒逼排污者强化内部污染物的排放或严格进行污水处理再排放的防治约束，进一步改善生态环境减少污染物的排放。

这些制度是"谁污染、谁付费"的原则体现，能够对污染监管和保护生态环境的污染防治责任进行分解，分担到经济体身上，共同承担促进经济发展中保护生态环境的责任。排污费上缴的企业或其他主体会将经济利益与环境排污管理关联起来，从而提升个体的经营管理水平与环保相关的管理水平，优化内部产业结构并淘汰高耗能的机械设备，最终推动排污者的经营发展迈向经济、节能、绿色、环保的生产模式。

（二）综合管理

建立跨区域、跨部门的生物多样性等环境综合管理体系。近岸海域生态环境陆海统筹的治理要以"预防为主、防治结合、综合治理"为指导思想，利用政府在治理环节中的强制性特点，协调和保护近岸海域生态环境的质量，关注区域内生产发展与环境相融合的生态保护模式。在充分进行资源配置的过程中实现经济、社会、技术与生态环境之间的自然平衡，推动近岸海域生态环境可持续发展，实现保护生物圈进化的最大潜力。

在海岸带综合管理过程中要以生态适宜性、系统稳定性为基础。管理过程中将生态—经济—社会看作近岸海域的复合系统，从而实现综合管理中生态环境稳定，自然资源可持续利用，经济社会协调发展的管理目标。以生态系统综合管理为基础的综合管理模式，不仅能更好体现环境综合管理的有效性，同时能更好利用陆海资源环境实现保护生态的综合监管。因此，健全并完善环境责任监管制度，落实污染主体环境保护责任需要进行近岸海域生态环境的综合管理的协作。利用综合管理参与的协作既能为政府部门分担生态环境保护与陆海统筹治理的责任，同时可以鼓励企业和社会公众的协作参与，基于信息支撑的陆海生态环境保护机制将环境监管、责任分摊和排污管控有效连接。在综合管理过程中，基于政府—市场—社会的框架，将政府—企业—社会公众通过管控链条连接起来，搭建污染惩罚制度、排污处理激励手段、责任分担、法律保障的责任体系。在现实管理机制与行政区划背景下，从多重视角考虑所涉及的利益相关者。

此外，在建立以监管为抓手的中间反馈机制的过程中注意海域相关管理制度的落实。一方面要严格落实海域适用示范建设项目制度以及用海预审制度。根据相关的制度办理申请手续才可获得用海使用权，这个过程中要推进项目海域使用评估和环境影响评价方法的同步进行。对近岸海域生态环境项目进行严格的审批，规范行政许可管理，建立海域使用审计机制。另一方面要落实环保措施，为控制项目建设中产生的不良影响，要进行必要的检查、审查、评估与反馈工作，对项目建设的可行性和后期落地效果进行评估。禁止向近岸海域排放油、酸、碱、剧毒废液、放射性废水五种污染物等其他物质，同时向违规者处以必要的行政处罚。落实环保的具体工作要根据法律条文规定的污染物排放标准进行科学的污水处理与排放活动，禁止向水域中排放含有严格限制的有害物质的污水；向海域排放污染物和达标排放污染物，应当符合其他海域环境保护的规定。

（三）市场监管

建立统一的市场监管规则。充分发挥市场在近岸海域生态环境陆海统筹治理中的作用，为了营造统筹治理中公正、公开、公平的市场监管环境，需要建立标准统一、管理公平、主体平等的市场监管标准。结合综合管理与污染控制建立近岸海域生态环境陆海统筹治理的市场机制，企业既是作为污染排放的主要主体，同时也作为市场监督员的身份定位，在政府引导、企业参与、社会公众共同协作的治理结构中充分发挥近岸海域生态环境陆海统筹治污中的市场监管的治理机制。

三　强固以追责为目的的事后惩罚机制

（一）企业责任

强化近岸海域生态环境陆海统筹治理中企业的环保责任。由于长久以来我国对近岸海域污染治理与环保责任落实的意识不深刻，造成了近岸海域生态环境保护的责任与海洋环境污染的惩罚体制没有成熟发展起来，这就需要污染主体增强自己的排污责任意识，积极主动参与到社会经济建设与环保生态维护中来。

最关键之处在于发挥政府的强制效力，对企业在近岸海域污染排放中存在的不符合规定的行为进行处罚。一方面要增加违法成本。由于污染责任落实体制尚不完善，因此污染物排放这一过程中，存在部分企业采取灰色法律边缘的做法进行污染物排放，针对这一现象要提高违法成本，抑制企业的逃避行为。这在我国海洋污染与水污染防治中屡见不鲜，企业在排放污水过程中往往存在环保意识不强、污水防治与污水处理能力不达标、存在机会主义逃避行为等，最终造成近岸海域污染查获水平低下，由此制约了近岸海域生态环境陆海统筹的治理进程。因此要强化企业责任，对采取污染行为的企业要进行警告、罚款、吊销经营许可、责令关闭等惩处。理论上的奖惩制度可能无法在力度和效果上制约或管束企业的行为，单纯地进行理论上的惩罚很难充分地发挥作用，要结合多角度、多方法来尽可能地减少企业的这种投机行为。借鉴《水污染防治法》《大气污染防治法》《固体废物污染环境防治法》等，如引进治安拘留的措施，对一些既违反海洋环境保护法律规定又危害公共安全、触犯《治安管理处罚法》的故意行为，规定给予 1 日以上 15 日以下的治安拘留处罚①。

另一方面要完善企业责任承担的具体方式，优化责任管理方式。在原

---

① 戈华清：《海洋陆源污染防治法律制度研究》，科学出版社 2016 年版。

有单一的以人身处罚、金额处罚的基础上丰富责任惩戒的方式，就以企业为代表的排污主体而言，要具体细化责任体制，行事、民事分类惩戒。责任体制的具体和详细落实到位就需要结合近岸海域生态环境污染监测中的评估、检查、监督环节，综合利用好重点污染物、重点污染区域以及重点污染流域的统计数据监测污染主体的行为，最终实现海域生态环境保护与污染责任惩戒的治理目的。

值得注意的是，政府的影响效力贯穿在这一过程中，政府对污染企业施加的强制执行能从行政手段方面施加压力，从而使企业能够"主动"承担污染责任，快速作出应对；此外，政府的软硬并施的结合方式能够加强近岸海域生态环境陆海统筹过程中对主体的治理效果。具体做法是，适度给予企业主体排污交易与企业之间集中处理污染的权限，能够保障在一定范围区域内实现企业之间对污染处理活动的优化配置，企业对污染的防治或后期处理过程不再是单一的主体，而是能够联合同质的企业合作治污，不仅适度减轻企业防污治污的责任，同时有利于防污治污效率的提升。

与此同时，实行企业责任承担治理的限期管理制度也是关键所在。提高污染防治及治理效率的最优办法即是给予限期设定，规定对近岸海域生态环境造成污染的企业在规定的时间范围内，完成或达到规定污染处理或排放的具体内容，达到防污治理的效果。这一过程是由政府直接下达的行政命令治理制度来规范企业责任承担中的具体行为，在规定的时间范围、重点区域、具体治理内容中达到某项具体化的治污效果。限期管理制度能有效提高企业防污治污的进度，通过必要的强制行政手段是责任主体在一定时期内快速采取治污行动，尤其针对有害物质或其他超过标准的物质的超标排放治理、规定时限内尚未完成的污染物排放消除治理以及严重危害近岸海域生态环境的污染物的治理这三种情况时能够充分发挥限期治理管理制度的优势，达到保护海域生态环境防污治理的目的。

（二）社会其他主体责任

海洋环境保护是全人类的责任，所有相关主体都应承担相应的环境责任。在近岸海域生态环境陆海统筹治理中要联合多主体共同承担近岸海域生态环境统筹治理的责任并进行协作管理与监督。一是非政府组织的责任共担。随着民众防污治污意识的强化与团体组织的规范和体系化，一批具有组织性、非营利性、自发性、志愿性以及民间性特点的社会团体出现，并主动承担环境保护等方面的公益性事务。二是近岸海域沿线的一些非企业类型组织或其他团体式社会组织，相对非政府组织而言更加自由化，没有严格的限制标准。三是以社会个体为代表的广大民众，其中包括小范围的经营户。这三类为主要形式的社会其他主体类型在海域污染防治与治理过程中的角色地位逐渐发生变化，主体之间的合作与各个主体参与的贡献比例逐年上升。

从现有的法律条款来分析，社会其他主体的治污能力与治污地位已经发生变化。在环境相关的《水污染防治》《限期治理管理办法（试行）》等规定中，可以发现以个体为代表的社会公众在排污收费制度、排污许可证制度等方面规定的实施中与企业的规定制度具有相同的地位，因此不仅要重视这些主体的污染责任管理，同时也要注重主体间分担治污管理的重要角色。结合近岸海域生态环境陆海统筹治理的特点，完善和优化非政府组织的责任共担、非企业类型组织及团体式社会组织的责任共担、社会个体为代表的广大民众的责任共担这三大类社会公众参与的责任管理制度能更好地强化巩固以追责为目的的事后惩罚机制，以明确的责任追究体系，确定近岸海域生态环境陆海统筹治理中的责任范围与责任体制。

（三）政府责任

从企业责任的落实到激励社会其他公众群体的参与，政府行为贯穿在近岸海域生态环境陆海统筹的全过程治理中。由于近岸海域生态环境陆海统筹治理的特殊性与复杂性，省域内的管制与多主体的责任落实需要政府行为的推动。推动企业责任的落实与社会其他公众的参与需要进行政府部门之间的相互监管与协作监督，这一过程要落实政府在防污治污中的重要责任。落实政府职责与责任的具体内容，首先要打破政府行政部门之间的壁垒，解决多主体监督、行政职责划定模糊、横向部门之间信息不对称、纵向部门之间权责跨级等问题，优化近岸海域生态环境治理的制度体系。

首先，要明确部门具体职责与职权划定的范围，避免边界模糊、相互推诿的现象。要规定好政府对近岸海域生态环境防治的主要内容。海域的流动性、污水扩散的不确定性使得政府在管制过程中所要划定的治污面积或者管理范围相对宽泛，这个过程需要政府不再是进行简单的监督管制，而是需要对污水排放标准、处理标准、环境监管标准、评估质检标准等专业性的问题作出详细规定与统筹治理。

其次，还需把握好近岸海域生态环境治理过程中政府横向监管与纵向监管职能间的同构性与重叠性，减少政府左右层级和上下层级之间不合理的权责制度设置。从政府横向监管来看，近岸海域生态环境的统筹治理要进行职能部门之间的优化配置与协调管理，在陆海统筹治理过程中各部门之间的职责、权力、治污责任、平级信息等方面进行综合评估与合理化配置，避免平级政府部门之间的权责交叉等。从政府纵向监管来看，上、下级政府间职权跨级要完善和优化，逐级管制与适度的下级权限有利于调动地方海域的各类资源、维护地方近岸海域生态环境的权益，从而确立不同层级的环境行政主管部门之间在海域生态环境防污治污过程中的职责，落实政府环境监管过程中的责任。

最后，建立政府内部的考评管理制度。通过一系列的政府间和政府内部的考核指标能达到激励政府横向和纵向层级之间的监管行为，并且达到一定相互制约与监督的效果。从激励制约的层面来看，激励方式或制约方式推动了行政执法人员的执行力，能够保障一定范围内的执行效果，对具体的治污与防治行为产生激励与约束。这种激励与约束制度对推行行政制度的下放与落实至关重要。从政府内部监督达到的效果上看，合理的考评管理制度能够丰富政府在责任承担这一环节中的主体形式。一般来讲，近岸海域生态环境陆海统筹治理中存在刑事、民事以及行政责任这三类政府法律责任，通常以刑事和行政责任这两种形式为主。在治理环节，如果单纯地依赖某一具体的法规要求政府承担治理责任，很难在现实层面达到具体的要求，落实政府职责要放到区域性污染防治、环境管理目标以及经济社会政策的综合框架下，对政府行为进行考核评估。由于近岸海域生态环境污染治理的特点，陆海分界的行政主体在统一的协调指导下监管沿岸污染与水域污染，地方政府之间需要相互配合才能构建统一的陆海统筹的监管机制，相互补充以优化政府监管责任与跨流域的环境污染防治责任管理体制。要有效地防治近岸海域生态环境陆海统筹治理过程中的陆源污染，必须要构建统一的环境监管机制，完善区域政府责任，深化监管责任与跨区域环境污染损害赔偿责任的落地。

近岸海域生态环境陆海统筹治理的核心是解决陆域排放入海、沿岸海域污染等陆域延伸至海域的污染问题，因此不论是落实到企业责任、社会其他公众的责任还是政府责任，在统筹治理中不能仅仅关注某一固定区域，要对重点污染物、重点污染区域、重点污染流域及其之外的污染治理与防治采取全面措施；此外，政府以身作则进行防污治污过程时要明确监督海域污染排放的具体规定，确定横向部门之间、纵向部门之间的防治职能，在考虑污染物随水域流动转移的特点后，将具有单向性污染物、扩散新污染物的防控进行分类处理，做好区域内的内陆政府与沿海政府之间、沿海政府与海岸线污染主体之间的防控机制。完善近岸海域生态环境陆海统筹治理中的反向职责监管机制，将近岸海域污染物的预防、产生、管控、治理落实到多主体之间实行联防联控治理。

第三节　以多路径联防联控为动力，形成执行——跟踪——反馈的纠偏治理机制

一　保障执行，分层决策

（一）建立健全社会保障体系

近岸海域生态环境陆海统筹治理要协调陆域社会、沿岸海域社会系统内部不同主体之间的利益矛盾。近岸海域生态环境陆海统筹涉及第一、二、三产业，其中，近岸海域以渔业为主要生活经济来源的渔民在防污治理中作为重要的利益相关者，对污染防控具有重要影响。从经济地位上看，近岸海域的渔民经济来源以渔为主，经济地位低；从渔业的作业区域上看，渔民占有的海域面积可能存在激烈的价值争夺冲突，使用权容易受到威胁，在传统占用的海域中若由他人成片开发或被流转作为其他使用途径时，以渔业为生的渔民处于弱势地位；从维权保障上看，由于传统的小农经济发展与渔民自身知识储备的现状，大多渔民很少会有较为全面的法律知识背景，因此在发生渔业经营问题时很难使用法律武器抵抗遭遇的利益侵害。

基于上述困境，在近岸海域生态环境陆海统筹治理时以渔民为代表的部分利益相关者需要进行维权保护，解决利益问题的重要措施便是建立健全社会保障体系。海域利益相关者与陆域问题中牵涉的利益相关者不同，可能存在保护机制不完善的问题，渔民作为非农非公的特殊群体在近岸海域统筹治理过程中需要采取具有区域性、特殊性、个体性的保障措施。根据现有已经相对成熟的社会保障制度，针对近岸海域以渔民为代表的保障群体相关的制度还需要进一步完善并优化，建立以国家立法为基础，政府引导为根基，财政补贴为关键手段，渔民互动参与的保障模式，优化近岸

海域生态环境陆海统筹治理中的社会保障体系。

（二）成立陆海统筹管理委员会

设立近岸海域生态环境陆海统筹治理工作中的专门机构进行协调统领。

首先，优化统筹管理的总体规划。近岸海域生态环境治理涉及多主体的参与配合，各部门之间需要进行协调，确保信息对称。在这一治理过程中往往需要中间主体发挥作用，既是要避免主体间由于分散导致的管理问题，同时更注重信息链在政府上下级管制、同级协作以及企业和社会公众之间的反馈问题，从而在多主体之间搭建起上通下达、左右互通的治理渠道，协调管理近岸海域生态环境陆海统筹中的污染问题，完善统筹治理环境的战略步骤，制定适用于近岸海域治理的发展思路、发展规划以及对海域污染治理的工作部署。专业的陆海统筹管理委员会能够有效提高相关牵涉主体的工作效率，达到一种中间监督的影响效果，从而提高部门之间、利益主体之间的协调配合，提高治理效率。

其次，科学统筹规划陆海发展战略。委员会或类似机构的成立要深入分析浙江省近岸海域地区经济社会发展的阶段性特征，把握浙江海洋经济发展的现实起点，尽快制定出台本地区陆海统筹治理的发展规划，在浙江沿海经济带层面逐渐上升战略地位，以奠定国家战略基础为目标，协调并争取适用于近岸海域生态环境治理的优惠政策与支持。对于陆海统筹治理环节需要的资金储备，可以进一步设立由陆海统筹管理委员会监管的近岸海域生态环境治理支持专项基金，重点以支持治污防污治理工作、利于治污工作开展的科技成果或发明、支持防污治污的产业转型项目等；同时专项资金可以为治理过程中的专业咨询提供支撑，主要应用于专业咨询与战略指导，聘请国内相关海域治理的专家、涉海研究防污治理的学者等寻求智力支持。

最后，形成专业化管理体系。陆海统筹发展的管理不仅涉及多个利益相关主体，还涉及近岸海域陆海产业之间的统筹、生态资源的利用与保护等多个方面，近岸海域生态环境的陆海统筹战略规划能够保障防污治污实施的顺利进行，科学进行近岸海域规划，以点带面、点轴结合、双管齐下的治理手段形成专业的管理制度体系，不仅在层次上具有清晰的上下结构，同时注重平级之间的双向乃至多向联系，从而提高管理体制的科学性与适用性。专业的陆海统筹管理委员会在管理体系上进行分类，在不同的主体之间搭建沟通的信息桥梁，提高近岸海域生态环境陆海统筹治理的效率。

（三）创新企业—政府—院所协同链条

浙江近岸海域生态环境陆海统筹治理的联动机制在满足市场、政府、科研院所协同支持的前提下，依靠市场经济的带动、行政管理的强制手段、技术创新的驱动力建立近岸海域生态环境陆海统筹治理的保障执行链条。市场经济的带动是以企业为代表的主体参与到陆海统筹治理中，而政府关键是实施行政管理手段，协调区域发展，营造近岸海域生态环境陆海统筹治理的制度环境并为鼓励科技创新提供支持。在海域陆海统筹治理中科技的创新主体是企业，创新孵化与产业化的推动助手是政府主体，而创新的理论根源在于科研院所的智力支持，因此保障统筹治理的创新协同链条关键在于促进企业—政府—科研院所的协同合作。

推动创新协同链条要提高海域生态环境治理过程中的科技进步与科技转化效率。

一是基于我国海洋管理"九龙治海"的多主体参与的管理体制，要从治理体系根部开始进行经费投入、科技支撑、资本引入等鼓励强化科技含量，逐步提升浙江省海洋经济的科技含量以及提高科技成果转化效率，为"海上浙江"战略的实现奠定基础。在搭建企业—政府—科研院所的创新链中针对人力资本的管理进行分类管控，根据具体的防污治理项目、部门建设拨款等进行自上而下的明细分类，从而建立科学、合理、公开、透明的近岸海域生态环境陆海统筹治理中的科技供给结构，提高企业—政府—科研院所创新链的稳健性。

二是提升近岸海域利益相关者海洋科技教育水平，从而使防污治污、科技研发、成果转化、利益分配、蛋糕共享的执行链条得到有力保障。提高科技教育水平是从长远角度考虑，以期为未来近岸海域生态产业发展奠定科技与知识储备的基础，同时能够吸引并聚集海洋教育资源，培育出具备海洋知识背景的科技人才，从而推动市场发展与防污治污水平的提升。在这一过程中要构建科研经费具有"随人走"的配置政策特征，能够动态地实时调整政策以适应发展需求。

三是完善市场体系促进技术市场转化，不仅专注于科研院所的开发水平，同时关注普通社会公众或小型团体组织的研发能力与研发实力，充分肯定市场化的发展潜力，建立海洋科研成果管理、鉴定、评估、反馈、奖励的机制，推动科研院所或企业的科技投入，最终推动以企业为代表的市场机制、以政府为代表的政府机制、以科研院所为代表的智力支持这三方搭建起的产—学—研战略联盟，以保障近岸海域生态环境陆海统筹治理的执行效果。

二　错误跟踪，对点调试

（一）联防联控的网络追踪体系

建立近岸海域生态环境陆海统筹治理联防联控的预警追踪机制。统筹治理海域生态环境污染问题进行定点追踪，协同多主体的合力进行有针对性的环境执法跟踪与监管。要搭建近岸海域生态环境陆海统筹治理的环保联合工作机制。坚持重点污染物防治、重点污染区域整治、重点污水流域管制，坚持陆海统筹和河海兼顾，在联防联控网络追踪过程中要从主要污染物检测、近岸海域生态环境影响评价、沿岸海域环境保护制度、环保行政部门监督、环境应急管理保护制度、联合环保执法等方面进行综合管理，定点追踪。这个过程中要将追踪—反馈体系搭建起来，建立近岸海域生态环境陆海统筹污染防治的监察机制与信息共享和反馈机制。

联防联控的追踪体系要结合当下海洋生态文明建设的战略背景，提高生态环境污染防治的标准，同时在进行治污防污审查时要加大监管力度，定位定点地进行防污治污工作，追踪流域内的污染排放漏点，形成近岸海域生态环境陆海统筹治理的长效机制。重视生态环境保护的空间溢出效应和政府竞争的"逐项竞争"策略，摒弃"搭便车"和"逐底竞争"行为，强化在近岸海域生态环境治污与标准制定过程中有效对接，重视对区域内、流域内、重点污染物集中点三个定点的防控力度，优化联防联控的政府策略行为。对于沿江和沿河上游的地区要注意对水体的保护，增强对水体污染防控和治理的主观能动性，将近岸海域生态环境治理的污染治理的外部性进行内部化转变，从而减轻地区及沿海城市的陆海统筹污染治理难度。

（二）政府勤勉的行动调控机制

针对近岸海域生态环境治理的问题建立政府勤勉行动调控机制，从事前预防、事中响应以及事后处置减少治理过程中的问题，采取响应应急措施转移或减轻损失，旨在通过"治"达到"防"的目的。

首先，政府事前的预防机制要从三方面着手。一是从宏观层面上，政府部门要积极引导、开展、重视海域环境风险的产生、扩散和防控体系的研究，完善环境治理的相关法律、法规、政策制度体系。二是地方政府要结合前期环境污染识别的数据和资料积极地开展定期排查和识别，根据类别、等级的差别优选出重大环境污染检测预防点。三是地方政府部门要积极通过报纸、电视、网络等媒体，加强公众对海洋环境风险危害和防范教育，促进有关政府部门对环境污染信息的及时、准确地公开。

其次，政府事中响应机制要求各部门要启动海域环境治理的应急预案，以最快的事件应对风险因子的释放，最大限度地降低海域环境污染的风险，其内容主要包括海域环境污染的应急监测、污染事故报告以及应急处置等。根据突发的海域环境污染类别、特征有针对性的监测，查清风险原因、危害，高效合理地调配资源减少环境污染风险的危害。要完善重要应急物资的储备、调拨、配送和质量监管，利用环境污染风险防控的应急联动制度，通过流域安保、重点污染区域安监、消防流域定点等将污染风险控制在一定范围内。

最后，政府的事后处置机制重点在于对环境污染风险发生后的影响，采取有针对性的环境治理与修复。政府应当及时根据污染等级与危害程度科学地预测造成的中长期影响，有针对性地提出保护方案。对于威胁社会的、主观的、隐性的、内生型等由人为活动引发的环境污染，要查明导致此问题的责任人，启动问责处理程序。对于威胁生态的、客观的、显性的、外源型等自然活动引发的环境问题，由于没有直接的责任人，事后处置机制主要聚焦在对海域及其周边地区受灾民众的补偿和心理疏导等。

（三）政策与时俱进的调整机制

做好政策的适时调整是对近岸海域生态环境治理失误中的反馈调整。当下解决近岸海域生态环境陆海统筹治理的重要一步是健全海域污染联防联治的监督与反馈机制，解决现存的治理困境。不仅要注重政府机制的有效发挥，同时建立不同主体的监督，发挥多主体联合的防控效力，建立公正、公开、信息对称的防污治污体制。做好政策的对点调试工作要加大海洋环境政策运行中的监督力度，将向上纵向监督、同级横向监督、定点监督、社会监督和舆论监督等充分调动起来，发挥重要的监督效力。把政策执行过程中出现的问题及时地反馈到政策相关部门，以便能够及早发现和处理问题。完善近岸海域生态环境陆海统筹治理中的追踪—反馈机制要基于长期视角建立标准化、专业化、常态化、体系化以及稳态化的追踪—反馈机制，对定点监察信息实时反馈、定点追踪，从而在实际防污治理中能够及时调整作出决策。

三　定期评估，反馈响应

（一）资源价值评价与环境风险响应

海岛资源环境评价是浙江海岛资源开发利用与保护的前提。海岛的价值主要包括海岛的自然生态价值、资源利用价值、科研探索价值、经济发展价值以及储备价值等类型。浙江海岛数量多、分布广、类型多样，不同的海岛由于区位条件、自然条件和资源特征的差异，可能包括上述全部或部分价值，因此，进行浙江海岛价值评价和分类是进行浙江海岛开发的前提和基础。近岸海域环境风险会随着信息传播、自然变化、社会个体或团体的反应共同塑造风险，这就容易造成社会风险，从而进入社会系统，形成社会对海域环境风险的解读和反应——社会响应机制。海洋环境风险的响应主体主要有以企业为代表的市场主体，以政府为代表的法治主体，以社会组织或公众为代表的社会主体，三者之间存在密切联系。政府在面临环境风险问题时，其制定的出发点、利益分配、民主化程度与宣传手段等都会影响民众和社会组织对风险的信号判定。在政策制定过程中，政府能否为社会组织与公众提供积极参与的正规渠道、政府尊重接纳外来意见的程度会影响到社会组织对政府的支持程度与公众对政府的信任程度。社会组织作为风险事件的第三方组织力量，承担政策宣传与推广的社会责任，其运用资源优势，将组织的思想主张灌输给民众，鼓励民众参与，与政府相抗衡。

（二）政策绩效评价机制

政策评估是贯穿于全部政策过程的一项十分重要的政策活动，对政策进行绩效评价不仅是正确有效地开展政策活动的重要保证，而且对提高政策活动质量和水平有重要价值[①]。近岸海域生态环境陆海统筹治理通过评估后，能有效判断防污治污的政策效果是否满足前期防治要求，在追踪—反馈中具有重要的作用。实时的政策评估能够客观地对政策进行决策支持，决定政策下一阶段的主要方向，通过调整—总结—反馈，最终优化政

---

① 杨磊：《包头市限摩交通管理政策效果评价研究》，硕士学位论文，内蒙古大学，2020年。

策体系。建立政策绩效的评价机制，一是要构建科学量化的政策评价指标体系，将影响海洋环境政策执行效果的各个因素进行量化分析，兼顾政策工具理性和价值理性，构建出可参照、客观准确的评价指标体系；二是遵循一定的程序和方法，有计划、有步骤地进行政策评价活动。

（三）政策调整与监督反馈

加大同体监督、异体监督中社会公众的参与力度，提高政策接受社会公众监督的主动性与积极性。加大海洋环境政策运行中监督力度，一是要发挥市场—政府—社会主体的监督合力与各项治理方式的作用，使横向监督、纵向监督、技术监督、舆论监督等都发挥监督作用；二是要推进法制建设，把政策监督与评估、追踪与反馈等纳入监督管理体制，明确各监督主体的权责与职责。完善独立的监督机构的建设，明确其余政策制定主体间的相互独立地位，保证监督的客观、公正。这个过程中一定要保障监督主体与监管机构的独立性、个体性以及专业性，避免出现相互干扰和影响的现象，要将公开、透明、法治的思想贯穿其中，发挥好监督反馈的中介调节作用。政策反馈是政策过程中起中介作用的环节，能够在上下链条上进行追踪与反馈，及时发现问题，追查问题，找到问题并解决问题。这种事后处理的反馈机制能够实时进行防控治理，及时补漏纠偏。

参考文献

[1] A. J. Jakeman, R. A. Letcher, J. P. Norton, "Ten Iterative Steps in Development and Evaluation of Environmental Models", *Environmental Modelling & Software*, Vol. 21, No. 5, 2006, pp. 602-614.

[2] Abadie A., Diamond A., Hainmueller J., "Comparative Politics and the Synthetic Control Method", *American Journal of Political Science*, Vol. 59, No. 2, 2015, pp. 495-510.

[3] Abadie A., Diamond A., Hainmueller J, "Synthetic Control Methods for Comparative Case Studies: Estimating the Effect of California's Tobacco Control Program", *Journal of the American Statistical Association*, Vol. 105, No. 490, 2010, pp. 493-505.

[4] Abadie A., Gardeazabal J., "The Economic Costs of Conflict: A Case Study of the Basque Country", *American Economic Review*, Vol. 93, No. 1, 2003, pp. 113-132.

[5] Aswani S., Christie P., Muthiga N., et al., "The Way Forward with Ecosystem-Based Management in Tropical Contexts: Reconciling with Existing Management Systems", *Marine Policy*, Vol. 36, No. 1, 2012, pp. 1-10.

[6] Authotity Gbrmp, *Great Barrier Reef Marine Park Zoning Plan 2003*, Great Barrier Reef Marine Park Authority, 2004.

[7] Balgos M. C., Cicin-Sain B., VanderZwaag D., "A Comparative Analysis of Ocean Policies in Fifteen Nations and Four Regions", *Routledge Handbook of National and Regional Ocean Policies Routledge*, 2015, pp. 3-49.

[8] Breen B., Hynes S., "Shortcomings in the European Principles of Integrated Coastal Zone Management (ICZM): Assessing the Implications for

Locally Orientated Coastal Management Using Biome Portfolio Analysis (BPA)", *Marine Policy*, Vol. 44, 2014, pp. 406-418.

[9] Burgman M. A., *Risks and Decisions for Conservation and Environmental Management*, London: Cambridge University Press, 2005.

[10] Cantasano N., Pellicone G., "Marine and River Environments: A Pattern of Integrated Coastal Zone Management (Iczm) in Calabria (Southern Italy)", *Ocean & Coastal Management*, Vol. 89, 2014, pp. 71-78.

[11] Charles A., Garcia S. M., Rice J., "Balanced Harvesting in Fisheries: Economic Considerations", *ICES Journal of Marine Science*, Vol. 73, No. 6, 2016, pp. 1679-1689.

[12] Chen S., Ganapin D., "Polycentric Coastal and Ocean Management in the Caribbean Sea Large Marine Ecosystem: Harnessing Community-Based Actions to Implement Regional Frameworks", *Environmental Development*, Vol. 17, 2016, pp. 264-276.

[13] Chen Y., Dou S., Xu D., "The Effectiveness of Eco-Compensation in Environmental Protection: A Hybrid of the Government and Market", *J Environ Manage*, Vol. 280, 2020, pp. 111-130.

[14] Day V., Paxinos R., Emmett J., et al., "The Marine Planning Framework for South Australia: A New Ecosystem-based Zoning Policy for Marine Management", *Marine Policy*, Vol. 32, No. 4, 2008, pp. 535-543.

[15] Deboudt P., Meur-Ferec C., Morel V., "De La Protection Du Milieu Marin Aux Politiques Maritimes Intégrées", 2014.

[16] Dong Z. Q., He Y., Wang H., et al., "Is There a Ripple Effect in Environmental Regulation in China? Evidence from the Local-Neighborhood Green Technology Innovation Perspective", *Ecological Indicators*, Vol. 118, 2020, pp. 1-15.

[17] Doren R., Trexler J., Gottlieb A., et al., "Ecological Indicators for System-Wide Assessment of the Greater Everglades Ecosystem Restoration Program", *Ecological Indicators*, Vol. 9, No. 6, 2009, pp. S2-S16.

[18] Druel E., Treyer S., R. Billé, "Institute for Sustainable Development and International Relations", *International Journal of Marine and Coastal Law*, Vol. 27, No. 1, 2012, pp. 179-185.

［19］Forrester J. W., "System Dynamics and Its Cause in Understanding Urban and Regional Development", *Journal of Shanghai Institute of Mechanical Engineering*, Vol. 14, No. 4, 1987, pp. 95-106.

［20］Forrester J. W., "Industrial Dynamics: A Major Breakthrough for Decision Makers", *Harv Bus Rev*, Vol. 36, No. 4, 1958, pp. 37-66.

［21］Goldsmith, Stephen and William D. Eggers, *Governing by Network: The New Shape of the Public Sector*, Washington, DC: Brookings Institution Press, 2004.

［22］Gu S., Fu B. T., Thenepalli T., et al., "Coupled LMDI and System Dynamics Model for Estimating Urban CO_2 Emission Mitigation Potential in Shanghai, China", *Journal of Cleaner Production*, Vol. 11, 2019, pp. 110-134.

［23］Guo Z. D., "Moral Hazards and Prevention Measures of Third-Party Governance over Environmental Pollution", *Environ Sci Manag*, Vol. 41, No. 2, 2016, pp. 1-4.

［24］Harmon M. M., Mayer R. T., *Organization Theory for Public Administration*, Little Brown, 1986.

［25］Harvey N., Caton B., *Coastal Management in Australian*, University of Adelaide Press, 2010.

［26］Harvey N., Clarke B., "21st Century Reform in Australian Coastal Policy and Legislation", *Marine Policy*, Vol. 103, 2019, pp. 27-32.

［27］Harwell M. A., Long J. F., Bartuska A M, et al., "Ecosystem Management to Achieve Ecological Sustainability: The Case of South Florida", *Environmental Management*, Vol. 20, No. 4, 1996, pp. 497-521.

［28］Hsiao C., Steve Ching H., Ki Wan S., "A Panel Data Approach for Program Evaluation: Measuring the Benefits of Political and Economic Integration of Hong Kong with Mainland China", *Journal of Applied Econometrics*, Vol. 27, No. 5, 2012, pp. 705-740.

［29］J. P. Davis, K. M. Eisenhardt, C. B. Bingham, "Developing Theory Through Simulation Methods", *Acad. Manag. Rev.*, Vol. 32, 2007, pp. 480-499.

［30］Joas M., Kern K., Sandberg S, "Actors and Arenas in Hybrid Net-

works: Implications for Environmental Policymaking in the Baltic Sea Region",
Ambio, Vol. 36, 2007, pp. 237-242.

[31] Kern K., Löffelsend T., "Sustainable Development in the Baltic Sea
Region. Governance Beyond the Nation State", *Local Environment*, Vol. 9,
No. 5, 2004, pp. 451-467.

[32] Kidd Sue, Shaw Dave, "The Social and Political Realities of Marine
Spatial Planning: Some Land-Based Reflections", *ICES Journal of Marine Science*, Vol. 71, No. 7, 2014, pp. 1535-1541.

[33] Lindenmayer D., Burgman M, *Practical Conservation Biology*, 2005.

[34] Li F. J., Dong G. C., Li F., "A System Dynamics Model for Analyzing the Eco-Agriculture System with Policy Recommendations", *Ecological Modelling*, Vol. 227, 2012, pp. 34-45.

[35] Li K. T., Bell D. R., "Estimation of Average Treatment Effects with
Panel Data: Asymptotic Theory and Implementation", *Journal of Econometrics*,
Vol. 197, No. 1, 2017, pp. 65-75.

[36] Long R., Charles A., Stephenson R., "Key Principles of Marine
Ecosystem-Based Management", *Marine Policy*, Vol. 57, 2015, pp. 53-60.

[37] Markus T., *Challenges and Foundations of Sustainable Ocean Governance*, *Handbook on Marine Environment Protection*, Cham: Springer, 2018,
pp. 545-562.

[38] Mercer Clarke, C. S. L., *Rethinking Responses to Coastal Problems:
an Analysis of the Oportunities and Constraints for Canada* (*Doctor of Philosophy*), Halifax: Dalhousie University, 2010. Retrieved from URL: https: //
dalspace. library. dal. ca/handle/10222/12841? show = full.

[39] Middle G., Clarke B., Franks D., et al., "Reducing Green Tape
or Rolling Back IA in Australia: What Is Each Jurisdiction Up to?", 2013.

[40] Munn E., Munn R. E., *Environmental Impact Assessment: Principles and Procedures*, SCOPE, 1979.

[41] O'Neill K., *The Environment and International Relations*, London:
Cambridge University Press, 2009.

[42] Oberthür S., Buck M., Müller S., et al., "Participation of Non-
Governmental Organisations in International Environmental Governance: Legal

Basis and Practical Experience", Berlin: Ecologic, 2002.

[43] Pascoe Sean, "Economics, Fisheries, and the Marine Environ-ment", *ICES Journal of Marine Science*, Vol. 63, No. 1, 2006, pp. 1-3.

[44] Qin M., Sun M. X., Li J., "Impact of Environmental Regulation Policy on Ecological Efficiency in Four Major Urban Agglomerations in Eastern China", *Ecological Indicators*, 2021, pp. 130-135.

[45] Qin M., Yue C. X., Du Y. W., "Evolution of China's Marine Ranching Policy Based on the Perspective of Policy Tools", *Marine Policy*, Vol. 117, 2020, pp. 1-10.

[46] Rutherford R. J., Herbert G. J., Coffen-Smout S. S., "Integrated Ocean Management and the Collaborative Planning Process: The Eastern Scotian Shelf Integrated Management (Essim) Initiative", *Marine Policy*, Vol. 29, No. 1, 2005, pp. 75-83.

[47] S. Elsawah, S. A. Pierce, S. H. Hamilton, H. van Delden, D. Haase, A. Elmahdi, A. J. Jakeman, "An Overview of the System Dynamics Process for In-tegrated Modelling of Socio-Ecological Systems: Lessons on Good Modelling Prac-tice from Five Case Studies Environ", *Model. Software*, Vol. 93, 2017, pp. 127-145.

[48] Salomon M., Markus T., *Handbook on Marine Environment Protec-tion: Science, Impacts and Sustainable Management*, Cham: Springer, 2018.

[49] Schmid E., *Land-Based Industries//Handbook on Marine Environ-ment Protection*, Cham: Springer, 2018, pp. 297-309.

[50] Schreiber E., Bearlin A., Nicol S., et al., "Adaptive Manage-ment: a Synthesis of Current Understanding and Effective Application", *Ecolog-ical Management & Restoration*, Vol. 5, No. 3, 2004, pp. 177-182.

[51] Sorensen J., "National and International Efforts at Integrated Coastal Management: Definitions, Achievements, and Lessons", *Coastal Manage-ment*, Vol. 25, No. 1, 1997, pp. 3-41.

[52] Su S., Tang Y., Chang B. W., et al., "Evolution of Marine Fish-eries Management in China from 1949 to 2019: How Did China Get Here and Where Does China Go Next?", *Fish and Fisheries*, Vol. 21, No. 2, 2020, pp. 435-452.

[53] Susan, Cormier, "Manual of Environmental Analysis", *Integrated Environmental Assessment and Management*, 2012.

[54] Tone K., "A Slacks-Based Measure of Efficiency in Data Envelopment Analysis", *European Journal of Operational Research*, Vol. 130, No. 3, 2001, pp. 498–509.

[55] Tone K., "A Slacks-Based Measure of Super-Efficiency in Data Envelopment Analysis", *European Journal of Operational Research*, Vol. 143, No. 1, 2002, pp. 32–41.

[56] Tsamenyi M., Kenchington . R, "Australian Oceans Policymaking", *Coastal Management*, Vol. 40, 2012, pp. 119–132.

[57] Wescott G., "Reforming Coastal Management to Improve Community Participation and Integration in Victoria, Australia", *Coastal Management*, Vol. 26, No. 1, 1998, pp. 3–15.

[58] Wescott G., "The Long and Winding Road: The Development of a Comprehensive, Adequate and Representative System of Highly Protected Marine Protected Areas in Victoria, Australia", *Ocean & Coastal Management*, Vol. 49, No. 12, 2006, pp. 905–922.

[59] Winter C., *Impacts of Coastal Developments on Ecosystems//Handbook on Marine Environment Protection*, Cham: Springer, 2018, pp. 139–148.

[60] Won L., Heu C. H., "A Study on Strengthening the System of Marine Ranch Governance", *The Journal of Fisheries Business Administration*, Vol. 48, No. 3, 2017, pp. 33–45.

[61] Yng D. B., Geng H., Wang F., "Marine Regulations' Impact on Environmental Sustainability in Maritime Shipping and Coastal Economic Activities", *Journal of Coastal Research*, 2020, pp. 79–84.

[62] Yu J., Bi W., "Evolution of Marine Environmental Governance Policy in China", *Sustainability*, Vol. 11, No. 18, 2019, pp. 50–76.

[63] Zeng L. J., Sui Y. H., Shen Y. S., "Study on Sustainable Synergistic Development of Science & Technology Industry and Resource-Based City Based on System Dynamics", *China Popul Resour Environ*, Vol. 24, No. 10, 2014, pp. 85–93.

[64] Zhou X., "Eledr m. Regional Air Quality Management in China: The

2010 Guideline on Strengthening Joint Prevention and Control of Atmospheric Pollution", *International Journal of Sustainable Society*, Vol. 5, No. 3, 2013, p. 232.

［65］白书祥:《对初次分配与再分配关系的再认识》,《前沿》2004年第1期。

［66］曹忠祥、高国力:《我国陆海统筹发展的战略内涵、思路与对策》,《中国软科学》2015年第2期。

［67］曾呈奎:《中国海洋志》,大象出版社2003年版。

［68］陈琦、胡求光:《中国海洋生态保护制度的演进逻辑、互补需求及改革路径》,《中国人口·资源与环境》2021年第2期。

［69］陈卫东、顾培亮、刘波:《中国海洋可持续发展的SD模型与动态模拟》,《数学的实践与认识》2009年第21期。

［70］方诚、陈强:《棚户区改造安置的第三种方式——以安庆市的房票政策为例》,《经济学》(季刊) 2021年第2期。

［71］方诚:《棚户区改造方式对于房价与居民消费的作用》,博士学位论文,山东大学,2021年。

［72］方春洪、刘堃、滕欣等:《海洋发达国家海洋空间规划体系概述》,《海洋开发与管理》2018年第4期。

［73］盖美、田成诗:《大连市近岸海域水环境质量、影响因素及调控研究》,《地理研究》2003年第5期。

［74］高翔:《跨行政区水污染治理中"公地的悲剧"—— 基于我国主要湖泊和水库的研究》,《中国经济问题》2014年第4期。

［75］戈华清、蓝楠:《我国海洋陆源污染的产生原因与防治模式》,《中国软科学》2014年第2期。

［76］戈华清:《海洋陆源污染防治法律制度研究》,科学出版社2016年版。

［77］戈华清:《陆源污染对公众健康的危害及法律对策分析》,《生态经济》2011年第5期。

［78］胡爱荣:《京津冀治理环境污染联防联控机制的应用研究》,《生态经济》2014年第8期。

［79］胡求光、沈伟腾、陈琦:《中国海洋生态损害的制度根源及治理对策分析》,《农业经济问题》2019年第7期。

［80］胡求光、余璇:《陆海统筹防治海洋污染政策是否行之有

效？——来自合成控制法的检验》，《海洋开发与管理》2022 年第 2 期。

[81] 胡求光、沈伟腾：《陆海统筹，要统筹什么？》，《中国生态文明》2019 年第 4 期。

[82] 黄爱宝：《区域环境治理中的三大矛盾及其破解》，《南京工业大学学报》（社会科学版）2011 年第 2 期。

[83] 黄晖、胡求光、马劲韬：《基于 DPSIR 模型的浙江省海域承载力的评价分析》，《经济地理》2021 年第 11 期。

[84] 黄惠冰、胡业翠、张宇龙等：《澳大利亚海岸带综合管理及其对中国的借鉴》，《海洋开发与管理》2021 年第 1 期。

[85] 黄南艳：《海洋环境管理中的经济学手段研究》，《海洋信息》2004 年第 3 期。

[86] 姜秋香、董鹤、付强等：《基于 SD 模型的城市水资源承载力动态仿真：以佳木斯市为例》，《南水北调与水利科技》2015 年第 5 期。

[87] 蒋小翼：《澳大利亚联邦成立后海洋资源开发与保护的历史考察》，《武汉大学学报》2013 年第 6 期。

[88] 靳超、周劲风、李耀初等：《基于系统动力学的海洋生态承载力研究：以惠州市为例》，《海洋环境科学》2017 年第 4 期。

[89] 李斌、赵新华：《经济结构、技术进步、国际贸易与环境污染——基于中国工业行业数据的分析》，《山西财经大学学报》2011 年第 5 期。

[90] 李俊龙、刘方、高锋亮：《中国环境监测陆海统筹机制的分析与建议》，《中国环境监测》2017 年第 2 期。

[91] 李潇、许艳、杨璐等：《世界主要国家海洋环境监测情况及对我国的启示》，《海洋环境科学》2017 年第 3 期。

[92] 李小平、卢现祥、陶小琴：《环境规制强度是否影响了中国工业行业的贸易比较优势》，《世界经济》2012 年第 4 期。

[93] 李泽源、景刚：《绿色营销中的渠道建设问题研究》，《中国管理信息化》2016 年第 4 期。

[94] 刘秉镰、吕程：《自贸区对地区经济影响的差异性分析——基于合成控制法的比较研究》，《国际贸易问题》2018 年第 3 期。

[95] 刘乃全、吴友：《长三角扩容能促进区域经济共同增长吗》，《中国工业经济》2017 年第 6 期。

［96］孟春阳、王世进：《生态多元共治模式的法治依赖及其法律表达》，《重庆大学学报》2019年第6期。

［97］宁凌、毛海玲：《海洋环境治理中政府、企业与公众定位分析》，《海洋开发与管理》2017年第4期。

［98］牛桂敏、郭珉媛、杨志：《建立水污染联防联控机制，促进京津冀水环境协同治理》，《环境保护》2019年第2期。

［99］秦正茂、樊行、周丽亚：《陆海统筹语境下的城市海洋环境治理机制探索——以深圳为例》，《特区经济》2018年第7期。

［100］全永波、尹李梅、王天鸽：《海洋环境治理中的利益逻辑与解决机制》，《浙江海洋学院学报》（人文科学版）2017年第1期。

［101］沈满洪：《海洋环境保护的公共治理创新》，《中国地质大学学报》（社会科学版）2018年第2期。

［102］沈伟腾、胡求光、余璇：《沿海城市经济增长目标约束对近海污染的影响》，《资源科学》2021年第5期。

［103］石磊、钱易：《清洁生产的回顾与展望——世界及中国推行清洁生产的进程》，《中国人口·资源与环境》2002年第2期。

［104］石绍成、吴春梅：《适应性治理：政策落地如何因地制宜？——以武陵大卡村的危房改造项目为例》，《中国农村观察》2020年第1期。

［105］史春林、马文婷：《1978年以来中国海洋管理体制改革：回顾与展望》，《中国软科学》2019年第6期。

［106］苏治、胡迪：《通货膨胀目标制是否有效？——来自合成控制法的新证据》，《经济研究》2015年第6期。

［107］孙家文、方海超、于永海等：《基于海洋生态文明建设的我国近岸海域综合治理》，《海洋开发与管理》2019年第8期。

［108］谭晓岚：《我国海洋生态文明建设中统筹监管体制与机制探讨》，第八届海洋强国战略论坛论文，厦门，2016年10月。

［109］王方、胡求光：《海洋陆源性污染联防联控机制的SD仿真分析——基于浙江省的经验证据》，《海洋开发与管理》2020年第11期。

［110］王刚、宋锴业：《中国海洋环境管理体制：变迁、困境及其改革》，《中国海洋大学学报》（社会科学版）2017年第2期。

［111］王其藩：《系统动力学》，上海财经大学出版社2009年版。

［112］王琪、丛冬雨：《中国海洋环境区域管理的政府横向协调机制研究》，《中国人口·资源与环境》2011 年第 4 期。

［113］王琪、何广顺：《海洋环境治理的政策选择》，《海洋通报》2004 年第 3 期。

［114］王树义、蔡文灿：《论我国环境治理的权力结构》，《法制与社会发展》2016 年第 3 期。

［115］王小丽、李娜娜、朱嘉澍等：《西部大开发：自然增长还是政策效应——基于合成控制法的研究》，《资源开发与市场》2019 年第 4 期。

［116］王印红、渠蒙蒙：《海洋治理中的"强政府"模式探析》，《中国软科学》2015 年第 10 期。

［117］王兆峰、刘庆芳：《长江经济带旅游生态效率时空演变及其与旅游经济互动响应》，《自然资源学报》2019 年第 9 期。

［118］吴永华：《我国海洋区域污染防治管理模式研究——以渤海海域污染防治模式为例》，硕士学位论文，西南大学，2014 年。

［119］肖协文、于秀波、潘明麒：《美国南佛罗里达大沼泽湿地恢复规划、实施及启示》，《湿地科学与管理》2012 年第 3 期。

［120］谢子远、闫国庆：《澳大利亚发展海洋经济的经验及我国的战略选择》，《中国软科学》2011 年第 9 期。

［121］邢新朋：《能源和环境约束下中国经济增长及其效率问题研究》，博士学位论文，哈尔滨工业大学，2016 年。

［122］严宏谟：《回顾党中央对发展海洋事业几次重大决定》，《中国海洋报》2014 年 10 月 8 日第 4 版。

［123］阳晓伟、杨春学：《"公地悲剧"与"反公地悲剧"的比较研究》，《浙江社会科学》2019 年第 3 期。

［124］杨爱平、陈瑞莲：《从"行政区行政"到"区域公共管理"——政府治理形态嬗变的一种比较分析》，《江西社会科学》2004 年第 11 期。

［125］杨经国、周灵灵、邹恒甫：《我国经济特区设立的经济增长效应评估——基于合成控制法的分析》，《经济学动态》2017 年第 1 期。

［126］杨磊：《包头市限摩交通管理政策效果评价研究》，硕士学位论文，内蒙古大学，2020 年。

［127］杨立华、张云：《环境管理的范式变迁：管理、参与式管理到

治理》，《公共行政评论》2013 年第 6 期。

[128] 杨妍、黄德林：《论海洋环境的协同监管》，《东华理工大学学报》（社会科学版）2013 年第 4 期。

[129] 杨振姣、孙雪敏、罗玲云：《环保 NGO 在我国海洋环境治理中的政策参与研究》，《海洋环境科学》2016 年第 3 期。

[130] 姚瑞华、张晓丽、刘静等：《陆海统筹推动海洋生态环境保护的几点思考》，《环境保护》2020 年第 7 期。

[131] 姚瑞华、张晓丽、严冬等：《基于陆海统筹的海洋生态环境管理体系研究》，《中国环境管理》2021 年第 5 期。

[132] 余敏江：《论生态治理中的中央与地方政府间利益协调》，《社会科学》2011 年第 9 期。

[133] 余璇、胡求光：《中国海域承载力空间差异及其收敛性分析》，《海洋开发与管理》2020 年第 7 期。

[134] 余璇、沈满洪、谢慧明等：《中国沿海城市化推进对海洋污染的影响及作用机制——基于面板空间计量方法》，《中国环境管理》2020 年第 6 期。

[135] 袁蓓：《澳大利亚海洋科技计划比较分析》，《全球科技经济瞭望》2019 年第 2 期。

[136] 张程：《论我国海洋环境保护行政监管体制的完善》，中国环境资源法学研究会 2014 年年会暨 2014 年全国环境资源法学研讨会论文，广州，2014 年 8 月。

[137] 张海柱：《理念与制度变迁：新中国海洋综合管理体制变迁分析》，《当代世界与社会主义》2015 年第 6 期。

[138] 张继平、潘颖、徐纬光：《中国海洋环保 NGO 的发展困境及对策研究》，《上海海洋大学学报》2017 年第 6 期。

[139] 张金阁、彭勃：《我国环境领域的公众参与模式——一个整体性分析框架》，《华中科技大学学报》（社会科学版）2018 年第 4 期。

[140] 张立：《美国佛罗里达大沼泽生态系统的研究与管理》，《湿地科学与管理》2010 年第 2 期。

[141] 张立：《美国佛罗里达生态工程典范之三：世界人工淡水湿地——大沼泽生态恢复区》，《湿地科学与管理》2013 年第 3 期。

[142] 张强：《陆海统筹导向下的湾区生态环境协同治理策略——以

福建省环三都澳区域为例》，《安徽农业科学》2020年第23期。

［143］张舒平：《山东半岛蓝色经济区海洋环境整体性监管的问题与对策》，《中国行政管理》2016年第11期。

［144］张微微、金媛、包吉明等：《中国海洋生态环境监测发展历程与思考》，《世界环境》2019年第3期。

［145］张晓丽、姚瑞华、徐昉：《陆海统筹协调联动 助力渤海海洋生态环境保护》，《环境保护》2019年第7期。

［146］张志锋、许妍、索安宁：《海岸带综合治理，怎样做到生态优先?》，《中国生态文明》2019年第4期。

［147］赵绘宇：《资源与环境大部制改革的过去、现在与未来》，《中国环境监察》2018年第12期。

［148］赵建东：《海洋局下发关于建设海洋生态文明示范区的意见》，《中国海洋报》2012年2月10日第2版。

［149］《浙江省防治环境污染暂行条例》，《环境污染与防治》1981年第2期。

［150］郑敬高：《海洋行政管理》，中国海洋大学出版社2002年版。

［151］郑尚植、王怡颖：《东北老工业基地振兴的绩效评估——基于合成控制法的检验》，《地域研究与开发》2019年第2期。

［152］郑展鹏、岳帅、李敏：《中部崛起战略的政策效果评估：基于合成控制法的研究》，《江西财经大学学报》2019年第5期。

［153］郑雪晴、胡求光：《海洋产业集聚对海洋环境污染的影响及空间溢出效应分析——基于中国沿海11省市数据的检验》，《科技与管理》2020年第1期。

［154］《中华人民共和国环境保护法（试行）》，《环境保护》1979年第5期。

［155］仲雯雯：《我国海洋管理体制的演进分析（1949—2009）》，《理论月刊》2013年第2期。

［156］周杨明、于秀波、于贵瑞：《自然资源和生态系统管理的生态系统方法：概念、原则与应用》，《地球科学进展》2007年第2期。

［157］朱娅春：《澳大利亚保护区管理研究》，硕士学位论文，华东师范大学，2015年。

后　记

本专著的完成，标志着我们对浙江近岸海域生态环境治理问题的研究和探索取得了一定的成果。在这里，我要向所有关心、支持和参与本专著研究工作的专家学者表示衷心的感谢！

书稿得以顺利完成，感谢我的研究团队和研究生同学的大力支持。感谢余璇博士、沈伟腾博士的全力参与，感谢博士生周宇飞、马劲韬、王方和魏昕伊，感谢过梦倩负责通稿；感谢单亦轲、王睿敏、林龙、曹诗媛和黄黎静等研究生同学的协助校稿。

在本书稿研究期间，得到了诸多专家学者和朋友师长的关心支持。非常感谢程永毅、闭明雄和黄晖的大力支持，感谢为本书稿撰写提供诸多帮助的海洋生态环境监测机构及其实务部门，感谢在我刊发论文的过程中给与宝贵建议的杂志社编辑和审稿专家。

在本书的编写过程中，常与海洋生态领域的专家和朋友切磋讨论，得到不少的指导鼓励，也有一些启发性的头脑风暴；感谢浙江省新型重点专业智库——宁波大学东海研究院，感谢浙江省海洋发展智库联盟，感谢宁波大学商学院，感谢各位专家学者和广大同仁的大力支持。感谢浙江省社科联给与丛书撰写的大力指导！

本书在撰写过程中，借鉴、参考和引用了本领域诸多专家的观点和看法，尽量都在文中一一标识并心存感激，但也难免会存在疏漏之处，敬请各位专家同仁提出批评指正。感谢一直以来的理解和支持。

最后，我要特别感谢中国社会科学出版社的宫京蕾老师，为本书的顺利出版先后付出了诸多努力。再次感谢所有为本专著研究工作付出辛勤努力的人们。希望本专著能够为相关领域的学者、决策者和从业人员提供一定的参考价值，并促进江近岸海域生态环境治理工作的深入开展。

　　限于我的经验、学识和能力，书中难免存在错、误、谬、浅、漏之处。敬请各位同仁不吝赐教，以推动与我们息息相关的近岸海域生态环境治理问题得到实质性解决。作为第一作者，也是全书的负责人，我本人对本书稿可能存在的所有瑕疵和问题承担全部责任。

胡求光

2023.5